大数据与计算智能

柴园园　贾利民　陈　钧　著

科学出版社

北　京

内 容 简 介

　　本书通过深入探讨计算智能的理论起源和计算本质，归纳大数据处理流程中有待解决的核心问题，总结出基于计算智能的处理范式及算法流程，并对部分模型进行实验分析。全书共六章，主要内容包括：大数据及相关概念、大数据理论研究、大数据面临的主要问题、计算智能基础、计算智能与大数据处理以及计算智能在大数据领域的应用前景展望。

　　本书可供进行计算智能及其分支算法理论学习及研究的本科生、研究生及科研人员使用，也可供从事大数据相关工作的技术人员参考。

图书在版编目(CIP)数据

　大数据与计算智能 / 柴园园,贾利民,陈钧著.—北京:科学出版社,2017.1
　ISBN 978-7-03-050616-0

　Ⅰ.①大…　Ⅱ.①柴…②贾…③陈…　Ⅲ.①人工神经网络-计算
Ⅳ.①TP183

　中国版本图书馆 CIP 数据核字(2016)第 271853 号

责任编辑：耿建业　武　洲 / 责任校对：郭瑞芝
责任印制：吴兆东 / 封面设计：铭轩堂

科 学 出 版 社 出版
北京东黄城根北街 16 号
邮政编码：100717
http://www.sciencep.com

北京凌奇印刷有限责任公司 印刷
科学出版社发行　各地新华书店经销
*
2017 年 1 月第　一　版　开本：787×1092　1/16
2022 年 1 月第六次印刷　印张：15 3/4
字数：375 000
定价：78.00 元
(如有印装质量问题,我社负责调换)

前　　言

世界的本源是运动的、变化的、由问题组成的。对于科学问题的求解,是人类从事科学研究活动的初衷。问题的提出是人类智慧和想象力的结晶,代表寻找到了一个新的探索方向,从这个视角出发,发现科学问题甚至比解决科学问题更加重要。

伴随 Web 2.0 模式下的互联网信息爆炸和人类行为创造的数据海洋,"大数据"的概念被广泛提出。从各大搜索引擎的搜索量排名,到各大行业的科研调查报告,随处可见"大数据"的影子。大数据的浪潮席卷之际,我们不由自主地对这个未知的概念心存顾虑。如何对大数据复杂的内在结构及其涌现机理进行研究,如何对大数据引发的共性科学问题进行分层次抽象,如何探索区别于传统思维方式的大数据前瞻性理论和方法。这一系列科学问题的解决,势必会给人类的哲学认知和科技水平带来颠覆性的变革。

不同于传统符号主义人工智能的结构模拟,基于连接主义思想的计算智能本着功能实现的研究宗旨。计算智能从人脑和神经系统的生理背景和智能现象出发,模拟它们的工作原理和学习方式,研究非程序的、适应性的信息处理的本质和能力,涉及神经网络、模糊逻辑、进化计算等多学科的交叉和融合,为解决那些不具有纯粹的解析性,无法进行精确描述,难以建立有效的形式化计算(推理)模型进行求解的问题提供了先进的计算理论和框架。

可以看出,基于数值计算和结构演化的计算智能无疑是解决大数据不同层面问题的一个有效工具。针对大数据处理流程中所面临的几类主要问题及其相互关系,本书在讨论计算智能的非线性映射及自适应的算法特性和计算能力的基础上,提出基于计算智能的解决方法和一般过程,形成了大数据背景下计算智能研究的理论体系架构。

人类思想的解放带动了人类科学研究的进步,科学研究的发展是人类了解自然界,改造自然界,并征服自然界的原动力,是人类生产生活,乃至繁衍繁荣的前提。在创新的道路上,永远没有可以嘲笑的提问者。本书的出版希望可以为致力于大数据理论和计算智能研究的专家学者和思想先锋提供一些新的思考和方向。

　　本书的撰写要感谢我的导师贾利民教授多年来对我研究工作的辛勤指导和大力帮助；感谢中国国防科技信息中心刘林山主任对我工作的鼓励和肯定；感谢北京交通大学轨道交通控制与安全国家重点实验室秦勇教授对我学术研究的支持。其中，毛彬参与了本书第 1 章 1.2 节和 1.5 节的撰写与校对工作，田昌海参与了第 6 章 6.1 节的整理和撰写工作，叶宇铭参与了第 6 章 6.2 节的整理和撰写工作。大数据实验室的罗威、武帅、罗准辰和田丰参与了专著前期的总体架构设计，薛万鹏、谭玉珊、孙鑫和于洋参与了第 1 章和第 2 章的排版和绘图工作，张吉才、高辉、牛海波和孙登峰参与了第 3 章的材料整理和校对工作。此外，国内外同行对本书的部分研究工作也给予了建议，在此一并表示感谢。

　　感谢鲁汶大学的 Michel Verleysen 教授对我学术水平的认可及理解，这是本书创作的初衷之一。特别感谢我的爱人、儿子和父母给予我的爱和支持，谨以此书献给他们！

　　由于作者知识水平及能力有限，书中难免存在不足之处，敬请读者批评指正。

柴园园

2016 年 8 月于北京

目　　录

第1章 大数据及相关概念

1.1 大数据的产生背景

1.1.1 物理空间、信息空间与赛博空间

任何事物都处于一定的时空之中。近代物理学认为,时间和空间不是独立的、绝对的,而是相互关联的、可变的,任何一方的变化都包含着对方的变化。因而,把时间和空间统称为时空,在概念上更加科学和完整。

其实,"空间"一词不够确切,时空(四维)与空间(三维)有着一个维度的区别。如果把宇宙看作四维"时空",有一个很重要的原因在于它恰好可以全面地描述发生在人类能够认知的三维空间中的一切事件。在本书中,不考虑"时间"维度,我们简要地介绍"物理空间"、"信息空间"和"赛博空间"(cyberspace)三者的含义及联系。

长期以来,人类一直赖以生存和竞争的空间称为"物理空间"。区别于其他生物,人类在物理空间里不断地发明和制造新的工具,扩大自己生存和感知时空的能力。从依靠自身有限的器官去看、去听、去嗅、去品尝、去抚摸……的直接感知,到应用各种工具如听诊器、望远镜、显微镜、超声探测仪、X 射线、CT 断层扫描……的间接感知。工具的发明和使用大大延伸了人类所能感受的时空领域,强化了我们探索自然界、社会以及人类自身生理和心理的能力。

望远镜和显微镜大大强化了人类探索物理空间的能力,带来了观测领域的一场革命,促进了科学的极大发展[1]。

1608 年荷兰人汉斯·利伯希发明了第一部望远镜。1609 年意大利佛罗伦萨人伽利略·伽利雷发明了 40 倍双镜望远镜,这是第一部投入科学应用的实用望远镜。在现代天文学中,望远镜包括了射电望远镜、红外望远镜、X 射线和伽马射线望远镜。近年来天文望远镜的概念又进一步延伸到了引力波、宇宙射线和暗物质的领域。

望远镜的发明和不断改进大大扩展了人类的视野,1990 年美国发射的哈勃空间望远镜(Hubble space telescope,HST)将人类观察宇宙的能力扩大到银河系以外,测量了宇宙中所见过的最远的星系,打破了宇宙距离记录。美国航天局在 2014 年发射了功能更强大的詹姆斯·韦伯太空望远镜(James Webb space telescope,JWST)替代哈勃空间望远镜。它可以按照天文学家的指令去观测宇宙中的任意星体。使我们的观测距离扩展到 130 亿光年,同时使我们可以追溯到 137 亿

年前,宇宙大爆炸以来宇宙的形成和演变的历史。下一步是建造巨型太空望远镜的 Atlas T 计划,预计要到 2025 年才可能运行。

显微镜是人类 20 世纪最伟大的发明之一。在它发明之前,人类关于周围世界的观念局限在用肉眼或者靠手持透镜帮助肉眼所看到的东西。最早光学显微镜是在 1590 年由荷兰的眼镜制造匠人詹森发明的。这个显微镜是用一个凹镜和一个凸镜做成的,制作水平还很低。詹森虽然是发明显微镜的第一人,却并没有发现显微镜的真正价值。也许正是基于这个原因,詹森的发明并没有引起世人的重视。事隔 90 多年后,显微镜又被荷兰人安东尼·范·列文虎克(Antony van Leeu-wenhoek)研究成功了,并且开始真正地用于科学研究试验。关于列文虎克发明显微镜的过程,也是充满偶然性的。后来经意大利伽利略的改良,显微镜具有了更佳的效果。现在的光学显微镜可把物体放大 1600 倍,分辨的最小极限达 0.11 微米。

1932 年,德国科学家诺尔和鲁斯卡(Ruska)制成了世界上第一台电子显微镜,将放大倍数提高到 1 万倍。到 20 世纪 90 年代,世界上已经研制出放大率 200 万倍的电子显微镜,人们利用它看到了物质内部的精细结构。看见所有物质都是由一些肉眼看不见的极小的微粒组成的,于是发现了原子世界。1981 年,由格尔德·宾宁(Gerd Binnig)及海因里希·罗雷尔(Heinrich Rohrer)发明了扫描隧道显微镜,也称为扫描穿隧式显微镜。这种显微镜比电子显微镜更先进。自从扫描隧道显微镜发明后,世界上便诞生了一门以 0.1～100nm 这样的尺度为研究对象的新学科,这就是纳米科技。

随着因特网和电子商务的迅速发展,人类正在被带入到一个新的世界环境之中。也就是说,除了生存的物理空间外,一切生物(动植物,包括人)还有另一个生存空间——信息空间(information space),只不过人类很晚才真正意识到这个空间的存在和重要性。信息空间是人们进行交流、活动的一个新的场所,它是全球所有通信网络、数据库和信息的融合,形成一个巨大的、包罗万象的、相互关联的和相互交流的"景观"。在信息空间中,人们进行数据的获取和处理,传送电子邮件,传播信息和知识,甚至进行情感交流。在不久的未来,全球网络的融合将改变单个网络的特性,网络将不再只是简单地作为一种人们进行交流的中介,而是创造出一个"全球网络生态",人们能够在"全球网络生态"环境下从事各种活动。

人类生存空间的演进总是与科学知识的积累和科学技术的进步相联系,在每一个历史年代,人类依靠知识和智慧的积累创造各种新的科学技术,使自身不断进化。20 世纪 50 年代以来计算机技术飞速发展,人类发明了各种新型的通信、存储、传感、处理和计算工具,经历了数字化革命,特别是 20 世纪 90 年代后,与现代通信技术结合而形成的互联网络迅猛发展,为人类创造了一个全新的数字化、虚拟化网络空间——赛博空间。人们已经感受到这个空间对人类社会的巨大作用,认识到我们不仅要在物理空间中生存,还要在这个虚拟的赛博空间中竞争。

"赛博空间"一词是控制论(cybernetics)和空间(space)两个词的组合,这个词的本义是指以计算机技术、现代通信网络技术,甚至包括虚拟现实技术等信息技术的综合运用为基础,以知识和信息为内容的新型空间,这是人类应用知识创造的人工世界,一种用于知识交流的虚拟空间。赛博空间由居住在加拿大的科幻小说作家威廉•吉布森在 1982 年发表于 *omni* 杂志的短篇小说《融化的铬合金(burning chrome)》中首次创造出来,它是指在计算机以及计算机网络里的虚拟现实。如今赛博空间已经不再是计算机领域中的一个抽象概念,随着互联网的普及,生活中到处都可以看到它的影子。[2]

赛博空间中被利用的是数据(知识),因此,从某种意义上说,赛博空间的诞生不仅影响着人与人之间的文化交流,而且影响着人和自然的关系。"赛博空间由交易、关系和思想本身构成,它们像一道永恒的波浪,在我们的交流之网上部署着。我们的世界无处不在,又无处可寻,我们的世界不是肉体存在的世界。"

信息空间与赛博空间关系图见图 1.1。需要指出的是,信息空间是由无形的信息所构成的虚拟空间,它相对于有形的物理空间;物理空间中的很多事物会映射到信息空间中。人类构建的赛博空间只是宇宙中信息空间的一个子集,互联网是构成赛博空间的重要组成部分,但绝不是全部。赛博空间中还包含无线通信网、电力网、专用网、工业控制网和特种业务网,它们并不一定应用 TCP/IP 与互联网相连通,内域网、外域网和物联网中也有相当一部分不与互联网相连。

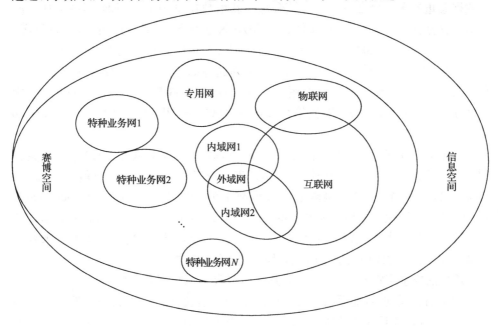

图 1.1　信息空间与赛博空间

　　尽管人类所创造的赛博空间只是信息空间中很小的一部分,但它对人类社会的发展起着极其重要的作用,是推进人类文明进步的巨大动力。

1.1.2　赛博空间中的数据爆炸

　　在赛博空间中,人们靠什么来观察和发现各种现象和问题,并进行分析和推断? 麻省理工学院斯隆管理学院的经济学教授埃里克·布吕诺尔夫松(Erik Brynjolfsson)称:如果想要理解"大数据"的潜在影响力,首先可以看看显微镜的例子。

　　显微镜是在四百多年前发明的,可以进行原子层面上的测量,突破人类以往用肉眼观察周围事物的局限,把一个全新的世界展现在人类的视野里。布吕诺尔夫松解释说,数据测量就相当于现代版的显微镜。举个例子,谷歌搜索引擎、基于Facebook 帖子和 Twitter 消息的分析,使得对人们行为和情绪的量化测量成为可能。也就是说,这种虚拟的"显微镜"已经成为人类观测数据、认识赛博空间的有力工具。布吕诺尔夫松进一步指出,在商业、经济及其他领域中,将逐步基于数据和分析作出决策,而不再凭借经验和直觉。"我们将开始变得越来越科学化。"他这样说道。

　　而作为人类观察和关注的对象,数据正以前所未有的速率和量级迅速增长。若将互联网上的内容抄录到书页大小的纸上,堆起来的高度将为地球到冥王星距离的 10 倍。全球最大的美国国会图书馆供查阅的书达 1.4 亿册,但这仅为互联网上数据总量的千万分之一。人类社会每年新增数据量约 1~2 EB,其中包括了所有信息存储媒质:书报、杂志、文件、PC、相片、X 射线照片、TV、声频、CD、DVD 等。人均约为 250 MB。每年打印出来的数据约为 240 TB,其中约有 75 亿份办公文件100 万种新书、40000 种报纸、80000 种期刊,而这些的总量不足总数据量的 1%。如果在网上搜索"information"一词,用 Google 只需 0.33 秒就给出 3710000000 条搜索信息,用 Yahoo 只需 0.23 秒就给出 15300000000 条,用 AOL 可给出 1220000000条。[3]

　　根据 IDC(国际数据公司)的跟踪分析,全球产生的数据总量 2010 年首次突破1ZB(10^{21}字节),2012 年达到约 2.8ZB,2020 年有望达到 40ZB。仅就数量而言,40ZB 的数据相当于:如果地球上所有海滩上的沙粒有 700500000000000000000000颗,40ZB 相当于地球上所有海滩上的沙粒数量的 57 倍;如果把 40 ZB 的数据全部存入现有的蓝光光盘,这些光盘的重量(不带盒子或包装)相当于 424 艘尼米兹号航母;2020 年,40ZB 相当于地球上人均 5247GB 的数据。

　　IDC 的数字宇宙研究报告预测,到 2020 年,全球数据总量中有 22%将来自中国。持续的互联网、智能手机及社交网络消费者增长;聚焦"物联网",设备成本的下降;三网融合项目的实施等,促使 2014 年中国数据总量达 909EB(10^{18}字节),占世界 13%的份额,预计 2020 年将达到 8060EB。若用一堆 0.29 英寸厚、128GB 内存的平板电脑存储中国数据,2013 年其总高度为地球至月球距离的 9%;到 2020年,其总高度将达到地球至月球距离的 1.2 倍。[4]

从应用角度出发,信息技术指的是一个信息流,从获取、传输、存储、计算到最后的使用。在过去的发展过程中,摩尔定律催生了微电子的快速发展,实际上是通过预测来进一步推动技术的变革。摩尔定律是由英特尔(Intel)创始人之一戈登·摩尔(Gordon Moore)提出的。其内容为:当价格不变时,集成电路上可容纳的晶体管数目约每隔 18～24 个月便会增加一倍,性能也将提升一倍。换言之,每一美元所能买到的计算机性能将每隔 18～24 个月翻一倍以上,这一定律揭示了信息技术进步的速度。

在过去二十年里,由于微电子的发展,CPU 的计算性能提高了 3500 倍,但内存和硬盘的价格下降了 45000 倍和 360 万倍。当通信的带宽变得越来越廉价且增长速度远远超过摩尔定律的时候,单机就进入了网络计算,离线就进入了在线时代,新的信息技术变革迅速开启。Web 2.0 的应用使得过去技术单向交流的方式开始进入了双向交流的时代,我们甚至不用知道服务方在哪里,只需要关注我们需要获取的服务和相应的资源。这也就意味着,通过网络获取信息资源变得越来越快速和低成本,互联网的应用进入了第二次价值挖掘,从而也引发了赛博空间中数据规模的剧增。

在数据发展历程上,"超大"规模一般表示对应 GB(1GB=1024MB)级别的数据,"海量"一般表示的是 TB(1TB=1024GB)级的数据,而现在的"大数据"则是PB(1PB=1024TB)或 EB(1EB=1024PB),甚至 ZB(1ZB=1024EB)级别以上的数据。

可以看出,在大数据时代,数据规模和复杂度的增长已经超出了计算机软硬件能力增长的摩尔定律,这对现有的 IT 架构以及计算能力来说是极大的挑战,也为人们深度挖掘和充分利用大数据的"大价值"带来了巨大机遇。

数据爆炸是现实,信息爆炸尚可言,但绝不存在知识爆炸,更不可能存在智慧爆炸[4]。作为人类观测数据的"显微镜",大数据技术仍是这个时代解决各类问题的关键。大数据技术和服务市场代表着全球快速增长的数十亿美元的机会。事实上,2015 年年底 IDC 的预测表明,大数据技术和服务市场将以 26.4%的复合年增长率增长,到 2018 年为 415 亿美元,大约是总体信息技术市场增长率的六倍。此外,IDC 认为到 2020 年,行业买家可以使分析数据超出其绩效管理的历史值,这关系到非结构化的实时情报和发现探索的两位数增长率。

1.1.3　数据量快速增长的原因

大数据时代已经来临,全球数据量正呈指数级的增长趋势,其主要原因归纳如下。

（1）各种传感器的剧增及互联网产生的各类数据、高清晰度的图像和视频，导致了数据量的增长。[5]

许多基础学科研究的障碍就在于对象信息获取困难，而一些新机理和高灵敏度的检测传感器的出现往往会成为该学科进展的突破。随着传感器技术的广泛应用及不断发展，传感器获取的数据数量也不断增加，为许多基础研究以及生产实践提供可能。

Google现在能够处理的网页数量在千亿以上，每天将近2300万美元的收入；新浪微博每天有数十亿外部网页和API访问需求，夜晚高峰期，新浪微博的服务器群组每秒要接受100万个以上的相应请求；中国联通用户上网记录83万条/秒，即1万亿条/月，对应数据量为3.6PB/年（10^{15}字节/年）。

同时，近年来互联网服务导致人们的日常生活数据量飙升。据IDC公司统计，2011年全球被创建和被复制的数据总量为1.8ZB，其中75%来自于个人（主要是图片、视频和音乐），远远超过人类有史以来所有印刷材料的数据总量（200PB）。

（2）自然科学研究产生的数据量剧增。数学、天体物理学、生物学、基因组学和脑科学等都是以数据为中心的学科。这些领域的基础研究产生的数据越来越多。例如，用电子显微镜重建大脑中的突触网络，1立方毫米大脑的图像数据就超过1PB。[6]

此外，现在的科学研究比以往任何时候都更依赖将大量数据进行高速可靠的远距离传输及相关实验论证。在过去的10年里，连接超过40个国家实验室、超级计算中心和科学仪器的能源科学网（ESNET）上的流量，每年以72%的速度增长。2012年夏天，疑似上帝粒子——"希格斯玻色子"（Higgs boson）的发现就需要每年36个国家的150个多个计算中心之间进行约26PB的数据交流。

科学研究催生了大数据。如何对其进行收集、管理和分析日渐成为网络信息技术研究的重中之重。以机器学习、数据挖掘和人工智能为基础的大数据技术，将促进数据到知识的转换，形成从知识到行为的跨越。

（3）企业及商业活动产生的数据量剧增。早在2007年，沃尔玛拥有当时世界上最大的数据仓库系统，其存储量高达4PB以上。麦肯锡全球研究院估计，2010年，全球企业在硬盘上存储了超过7EB的新数据，消费者在PC和笔记本电脑等设备上存储了超过6EB的新数据，这些数据总量相当于美国国会图书馆存储量的5.2万倍。一项对531名独立Oracle用户进行的调查发现，90%的企业的数据量在迅速上涨，其中16%的企业的数据量年增长率达到50%或更高，不少企业已经感受到失控的数据增长对绩效造成的冲击。

持续增长的数据正在成为一种资源，一种生产要素，渗透至各个领域。而重中之重是，拥有数据的处理能力，即善于聚合并有效利用数据，将会带来层出不穷的创新，从某种意义上说它代表着一种生产力，麦肯锡认为"人们对于海量数据的运用将预示着新一波生产率增长和消费者盈余浪潮的到来"。

1.2　大数据和大数据时代

数据的通信、网络、传感、存储、搜索、分析和处理等技术及工具的发展促进和催生了大数据时代。"大数据"正在对每个领域都造成影响：在商业、经济及其他领域中的决策行为将日益基于对数据的分析，进而利用这种数据分析来进行指导决策、削减成本和提高销售额；有学者将数学与政治科学联系起来，通过对博客文章、国会演讲和新闻稿件的分析，洞察政治观点的传播方式；在科学、体育、广告和公共卫生等领域，也朝着数据驱动型发现和决策的方向转变。

哈佛大学量化社会科学学院(Institute for Quantitative Social Science)院长加里·金(Gary King)称："这是一种革命，我们确实正在进行这场革命，庞大的新数据来源所带来的量化转变将在学术界、企业界和政界中迅速蔓延开来，没有哪个领域不会受到影响。"数据已经成为一种新的经济资产类别，就像货币或黄金一样，大数据是一种能帮助人类与贫穷、犯罪和污染等现象展开斗争的智能工具。

1.2.1　大数据定义及属性

1. 定义

自从"大数据"这个术语出现在人们的视野后，与绝大多数枯燥的计算机科学研究不同，大数据在最短的时间内得到了公众和媒体最热烈的关注。标题如"大数据：巨大的收益还是侵犯隐私？(Big data: The greater good or invasion of privacy?)"[7]和"大数据：一个敞开的大门，但是否泄露了太多(Big data is opening doors, but maybe too many)"[8]等各类观点层出不穷。从一开始大数据就与大量的技术和社会问题交织在一起，迄今为止也没有一个确切的定义。从历史上看，最早记录使用这个术语的相关文献来自于许多不同的领域，这也导致了大量，模糊的，甚至是相互矛盾的定义。为了方便进一步的科学研究，给出"大数据"的一个具体定义是一项非常重要的工作。

加利福尼亚大学伯克利分校的研究人员估计，1999 年世界已经生产了约 115亿 GB 的信息；2003 年的研究发现，信息的数量在 3 年内翻一番。人类面临的数据量已经越来越大。"大数据"貌似是一个时髦词，但它涉及的很多概念并不是新的，如数据存储和数据分析。因此，这里出现了一个问题，即大数据背景下的相关技术如何显著地区别于传统的数据处理技术？对于这个问题的基本理解，我们首先从对大数据的"量化"入手，即给出一个精确的定义。事实上，很多学者试图定义或描述了什么是"大数据"。

　　第一个使用"大数据"这个术语的记录出现在 1997 年,由美国航空航天局 (NASA)的科学家撰写的文章 *Application-controlled demand paging for out-of-core visualization* 中。他们描述了什么是"大数据"问题,即数据集一般相当大,消耗主内存、本地磁盘、甚至远程磁盘的能力。同时指出,当数据集不再适合主内存,甚至当它们不适合本地磁盘时,最常见的解决方案是获取更多的资源。[9]

　　在 2001 年的 3-D *data management*:*controlling data volume*,*velocity and variety* 一文中,工业分析师 Doug Laney 提出了 3V 特性,作为企业"数据管理挑战"的关键,并提出大数据是具有 3V 特性(即数量、速度和种类)的信息资产,需要信息处理的创新形式,用以提高洞察力、决策和自动处理的能力。[10]

　　在 2008 年,一些杰出的美国计算机科学家普及了这个术语。他们预测"大数据计算"将改变企业、科学研究人员、医疗从业人员,以及我们国家的国防和情报行动的活动,但是,"大数据计算"这个术语在文献中并没有定义[11]。

　　"大数据"定义的另一个权威来源是 Viktor Mayer-Schönberger 和 Kenneth Cukier 的专著 *Big Data*:*A Revolution That Will Transform How We Live*,*Work and Think*。书中讨论了可以用数据来做什么,以及数据量规模的重要性。他们认为社会正以全新的方式利用信息,产生有用的见解或产生重要价值的商品和服务,以及在提取新的观点或创造新价值形式的目标下,基于大规模数据可以完成的事情,绝大多数不可能基于较小的数据集完成。

　　全球各大知名的企业组织纷纷加入"大数据"产业化的角逐中。

　　(1)引用次数较多的定义是由 Gartner 在 2001 年的报告给出的。Gartner 的报告没有太多提及"大数据"这个名词,而是预估了当前的趋势。迄今为止,该报告被普遍认为是"大数据"的关键定义之一。Gartner 提出的三重定义不仅涵盖了 3V——数量(volume)、速度(velocity)、种类(variety),同时讨论了数据量的增加、数据产生速度的增长,以及数据格式和表达形式的增加等问题。

　　虽然作为大数据领域的常见文献,Gartner 提出的定义佐证不足,没有大数据的数值量化。NIST[12] 和 Gartner 在 2012 年对这个定义进行了重申[13],并由 IBM 进行了扩充[14],包括提出第四个 V——准确性(veracity)。准确性包括关于数据以及数据的分析结果的信任度和不确定性的问题。

　　(2)Oracle 避免采用任何一个 V 进行定义。相反,Oracle 声称,大数据是从业务决策驱动的传统关系数据库中推导出的"价值"的派生词,另外,他们还补充了新的来源——非结构化数据[15]。这种新的来源包括博客、社会媒体、传感器网络、图像数据和其他形式的数据,这些非结构化数据的大小、结构、格式等在不停地变化。

　　他们认为,大数据包含额外的数据源,以增加现有的操作。值得注意的是,Oracle 定义的重点是基础设施。与其他定义不同,Oracle 强调一整套技术,如 Nasal、Hadoop、HDFS、R 和关系数据库。在提出大数据定义的同时,他们也给出了大数据的解决方案。虽然这个定义比较容易应用,但它同样缺乏量化。Oracle 的定义仍然没有明确给出什么时候可以应用大数据技术,而仅仅告诉了我们什么是大数据——"当你看到它,你就知道它"。

(3) 麦肯锡(McKinsey)在 2011 年关于大数据的研究报告中提到,数据集的大小超出了典型的数据库软件获取、存储、管理和分析数据的能力。麦肯锡的研究人员承认这个定义是相对主观的,并给出了另外一个定义,即数据集应该具有什么规模,才能被认为是大数据。不一定大于某一数量级(TB)的数据就是大数据。可以想象,随着科技的进步及时间的推移,被称为"大数据"的数据集的大小也将随之增加。同样地,随着部门的不同,大数据的定义可能会有所不同,这取决于在某个特定的行业,通常应用什么样的软件工具,处理多大规模的数据集。今天,在许多行业里,大数据的范围通常从几十 TB 到几百 PB[16]。

因此,所有关于"大数据"的定量研究结果,包括加利福尼亚大学伯克利分校的数据更新(预估每年企业和用户存储了多少新数据),都只与数据量的数值相关。例如,没人试图评估企业存储的多少数据(或"数据集")是所谓的"大数据"。

(4) Intel 是为数不多的在文献中提供具体数字的公司。Intel 将大数据链接到"每周产生的数据中位数为 300 TB"的公司[17]。不同于上述组织提供的定义,Intel 通过量化其业务伙伴描述了大数据。Intel 指出,被调查的公司广泛使用非结构化数据,并对产生速度大于每星期 500TB 的数据进行分析。Intel 认为,数据分析中最常见的数据类型是存储在关系型数据库中的业务交易数据,其次是文件、电子邮件、传感器数据、博客和社交媒体。

(5) Microsoft 提供了一个非常简洁的定义:大数据是这样一个术语,它被越来越多地用来描述运用重要的计算能力(如最新的机器学习和人工智能)来处理超大规模和高度复杂度的信息集[18]。这个定义表达了一种含义,即大数据需要显著的计算能力。这在以前的定义中虽然有所提起,但从未直接说。此外,这个定义介绍了两类技术,即机器学习和人工智能,这是以前的定义所忽视的。因此,这一概念引入了一组相关技术,组成该定义的关键部分。

(6) IBM 的定义:"每天,我们创造 2.5EB(10^{18}B)的数据资料,数据量如此之多,而世界上 90% 的数据是在过去的两年里创建的。数据的来源无处不在:传感器收集的气候信息、社会媒体网站数据、数字图像和视频、交易记录,以及手机全球定位系统(GPS)的信息等,这些数据就是大数据。"[14]

(7) Google Trends 提供了有关大数据的以下各类术语[19],从最常见的开始列举:数据分析、Hadoop、NoSQL、Google、IBM、Oracle。通过这些术语,我们可以看出:首先,大数据本质上与数据分析有关,旨在从数据中观察和发现;其次,大数据与一些技术相关,如 NoSQL 和 Apache Hadoop;最后,有许多组织,特别是工业组织与大数据相关。

Google Trends 认为,大数据涵盖一整套相关的技术。NoSQL 存储包括 Amazon Dynamo、Cassandra、CouchDB、MongoDB 等工具,在存储大量非结构化的和高度可变的数据中发挥关键作用。与 NoSQL 数据存储关联的是一系列的数据分析工具和方法,包括 MapReduce、文本挖掘、自然语言处理、统计编程、机器学习和信息可视化。这些技术中某一种方法的单独应用并不能充分地反映"大数据"这个术语的优点。相反,正是这些技术的组合和针对海量数据集的使用才充分体现了大数据的本质。大数据作为一项科技运动,它结合新的和旧的思想,颠覆性地影响社会和商业的发展。

(8) 上述定义都不同程度地依赖于数据量的大小、复杂性和技术,有一个不太常见的定义,完全依赖于复杂性。Method for an Integrated Knowledge Environment(MIKE 2.0)项目介绍了一个潜在的矛盾的想法,"大数据"可以是非常小的数据集,并不是所有大的数据集被称为"大数据"。这是一个有关复杂性的论证即不以数据量的大小作为主导因素。MIKE 项目指出:正是数据集高度复杂的排列和相互作用关系定义了大数据。

(9) "大数据不容易被常规工具处理",这是一种常见的大数据定义。这个想法也被 NIST 的定义支持:大数据是这样一种数据,超出传统方法和系统的处理能力[12]。鉴于计算机科学的不断发展,类似"大数据是挑战当前范式和算法的数据"的定义,人们已经不再觉得新鲜了。这种定义表明,数据的"大"是相对于目前的计算标准,先进计算方法的研究和发展可以缩小大数据的规模。这个定义只能作为一套不断运动的规则和建议。大数据一直存在,并将永远存在。

(10) SAS 公司则认为大数据是一个流行的术语,用来描述信息的指数型增长、可用性和使用性,包含结构化和非结构化数据。最终,无论包含多少要素,我们都认为大数据是相对的;它应用于当一个公司需要存储和分析的数据的能力超过其现有能力的时候。

(11) 弗里斯特调查公司(Forrester)将大数据理解为一个公司存储、处理和访问数据(SPA)的前沿能力,它需要有效运行,作出决策,减少风险,并为客户服务。

(12) 国际数据中心(IDC)则认为大数据技术作为新一代科技技术和架构,通过实现高速的获取、发现和(或)分析,可以便捷地从大量、多元数据中提取价值。

(13) O'Reilly 公司称,大数据是指那些超过传统数据库系统处理能力的海量数据。这些数据太大,增长速度太快,或不适合结构化的数据库架构。为了从这些数据中获得价值,必须选择另一种方法来处理它。

许多数字图书馆和电子百科针对大数据给出各种定义,试图从不同角度描述大数据。

(1) 牛津英语字典(OED)给出了传统、权威的定义:大数据是指非常大的数据,通常在某种程度上对它进行的操作和管理都呈现出严峻的逻辑挑战。

(2) 在维基百科中,大数据指任何大型而复杂的数据集,难以手工使用数据库管理工具或传统的数据处理程序进行处理。人类面临的挑战包括数据获取、管理、存储、搜索、共享、传递、分析和可视化。

(3) YourDictionary 则将大数据描述为:数据的集合,庞大并且笨重,应用常规的数据库管理工具很难对其进行获取、存储、共享和管理。

(4) PCMag 的百科全书中提到,大数据是大量的数据,这些数据很难通过通用的数据库管理工具进行分析和处理,包括商业交易、电子邮件、照片、监控视频和活动日志。大数据还包括非结构化的文本信息,如张贴在网站、博客和社交媒体的各种数据。

(5) Techopedia 认为大数据是一种过程及方法,可以应对传统的数据挖掘和处理技术无法处理的海量基础数据。数据可以是非结构化的,或时序的,或是非常大且不能用关系型数据库引擎直接处理的。这种类型的数据需要不同的"大数据"处理方法,即基于既有的硬件采用大规模并行分布式处理方法。

(6) 随着时间的推移而采集的大量数据,Encyclopedia 认为很难对其使用传统的数据存储工具和处理方法,包含市场营销趋势、制造业、医学和科学等不同领域的数据。这些数据的类型包括商业交易、电子邮件、照片、监控视频、活动日志、博客和社会媒体的非结构化文本,以及大量的来自传感器的多元数据。

(7) Investopedia 指出,大数据涉及结构化和非结构化数据快速增长的数量、创建和收集的速度,以及数据涵盖的范围。大数据往往有多个来源,并以多种格式汇集。

(8) 美国国会图书馆(Library of Congress)将大数据定义为一种文化、技术和学术现象,取决于以下各因素的相互作用:①技术,最大限度地提高计算能力和算法的精度,用以收集、分析、链接和对比庞大的数据集;②分析,基于大数据集进行模式识别,用以满足经济、社会、技术和法律的需求;③神话,伴随着真理、客观性和准确性的光环,巨大的数据集提供了一个更高的智力形式,产生从未有过的知识和见解。

在 2011 年,美国国会图书馆还提出大数据具有流动性:虽然可以很容易地通过普通工具来操作,但它对于某些组织来说是特定的,即只能应用该机构的基础设施进行管理。一个研究人员或组织关于大数据的定义也许对于其他的人员或组织来说是无用的。

(9) Urbandictionary 的说法非常风趣,它称大数据为现代版的 Big Brother。在线搜索、商店购买、Facebook 帖子、Twitter 或 Foursquare 登记、手机使用等,创造大量的数据,当这些数据被有效地组织、分类和分析时,就可以揭示人类和整个社会的习惯和发展趋势。

（10）在 Webopedia 中，大数据被定义为一个时髦词或流行语，用来描述大量的结构化和非结构化的数据，数据量如此之大，很难用传统的数据库和软件技术进行处理。在大多数企业里，数据量太大，或太快，或超过当前的处理能力，针对这些问题，大数据可以帮助企业提高运营速度，并作出更快、更聪明的决策。

此外，很多学者在各大博客、微博、技术发展论坛和市场调研平台上，对"大数据"这个术语的概念展开了讨论。

（1）Andrew Brust 在 2012 年提出：大数据是关于处理大数据集的技术与实践，数据量非常之大，以至于传统的数据库管理系统不能有效地处理，甚至有时无法处理它们。

（2）FCW 在 2013 年将大数据描述为面向非结构化数据的、能够简易扩展的系统，同时可以处理结构化的数据集。

（3）2012 年，John Weathington 将大数据刻画为一条奔腾的河流：大量的数据以飞快的速度流动。为了竞争客户，大数据创造有价值且独特的产品；为了与供应商竞争，大数据提供免费的服务，有些甚至没有限制；为了与新兴行业竞争，大数据进行各种创造性的尝试；为了与同类商品竞争，大数据的产品标准极高，以战胜其他的类似产品。

（4）Mike Gualtieri 在 Forrester 博客上给出了一个更为实际的大数据定义——指数型的数据增长对数据的管理提出挑战（存储、处理和访问）。数据包含非确定性的信息，企业可以用于改善业务成果。数据的规模也是相对的，一个公司的大数据对于另一个公司来说可能微不足道。对于 IT 和业务人员来说，一个实用的大数据的定义必须是可操作的。

（5）John Ebbert 认为世界总是有大数据的存在。"大数据"之所以成为 2012 年的关键词，不仅仅是因为数据量的大小，也涉及数据的访问方法和操作技术，以及发现的海量数据的意义。

（6）2012 年，Tim Gasper 在 TechCrunch 提出，大数据是目前新技术的代名词，如 Hadoop 和 NoSQL 数据库，包括 Mongo（文件存储）和 Cassandra（键-值存储）。

（7）Margaret Rouse 在 TechTarge 将大数据解释成一个通用术语，用来描述由公司创建的大量的非结构化和半结构化数据，由于耗时和花销太多，几乎不可能使用关系型数据库进行分析。虽然大数据并没有说明某个具体的数量，但这个词经常用来形容 PB 或 EB 级的数据。

（8）2013 年，Mike Loukides 在 O'Reilly Radar 中引用了 Roger Magoulas 对"大数据"的定义，这也是他最喜欢的定义，即大数据就是指数据的大小已经成为问题的一部分。

（9）2009 年，Jimmy Guterman 在 O'Reilly 中提出，大数据是指数据的管理规

模和性能要求已成为实施数据管理和分析的重要组成和决定因素。对于一些组织,首次面对几百 GB 的数据可能会触发一个重新考虑数据管理业务的需求。对于其他人,当数据量达到几十或几百 TB 时,数据大小已然成为一个重要的考虑因素。

(10) wikibon. org 的一篇报告归纳了大数据的如下特点:非常大且松散的结构化数据的分布式聚合。这些数据通常是不完整的或不可访问的:PB 或 EB 字节的数据,数以十亿/百亿的记录,松散的或分布式的数据,复杂的、相互关联的平台式架构,涉及时间标记的事件,以及不完全的数据组成(包括数据元素之间的连接,通常是概率推断)。大数据的应用一般包含事务型(如 Facebook、Photobox)或分析型(如 ClickFox、Merced Applications)。

(11) 2013 年,Steven Burke 在 CRN 上的文章中表示,大数据不仅是关于分析,而是关于以数据为中心的应用,即将一些经验介绍给客户,并实时地指导他们处理问题。

(12) 2012 年 6 月 Slashdot 引用的一篇 SAP 行业调查显示,近 76% 的管理人员认为大数据是一个机会。然而,受访者对大数据的描述在很大程度上是不同的。近 1/4 的高管认为,大数据是被设计来处理海量数据的技术;另外 28% 的人将大数据定义为洪流般的数据本身;还有另一组(19%)将大数据等同于数据存储;18% 的人将大数据定义为数据源的增加,包括社交网络和移动设备。

(13) 2011 年,在 Brian Hopkins 和 Boris Evelso 在 Forrester 的博客中,大数据被解释成极端的经济规模下处理数据的科学技术。大数据与商业智能(BI)的区别见图 1.2。

(14) 2012 年,维基百科“大数据”定义的创始人 Bob Gourley 认为:一直以来,“大数据”这个术语以及它应该如何被使用,一般由企业的首席技术官(CTO)负责定义。

(15) 2012 年,Bob Gourley 将大数据定义为由高速、复杂、多样化以及快速增长的数据量所描述的一种现象,通常包含三个维度——数量、速度和种类。同时,大数据需要先进的科学技术,以实现信息的获取、存储、分配、管理和分析。

(16) Stephane Hamel 在他发表的一篇评论中阐述,大数据最简单的定义是“它不适合于 Excel 表格”。这个定义是真实的,对大多数人来说,不知道该如何从传统的方法转变到针对大数据的处理方法。

各领域的科学家,各大著名公司、企业,以及各类新闻媒体对大数据的关注,更加凸显了“大数据”似乎无处不在。这个词在 2013 年被加入牛津英语字典,在 2014 年出现在韦氏英语词典中。2014 年,Gartner 发布的 Hype Cycle 显示,“大数据”通过“膨胀预期的高峰”并向着“幻灭低谷”前进。

为了从更广泛的视角观察并解读“大数据”,Berkeley 信息学院(UC Berkeley

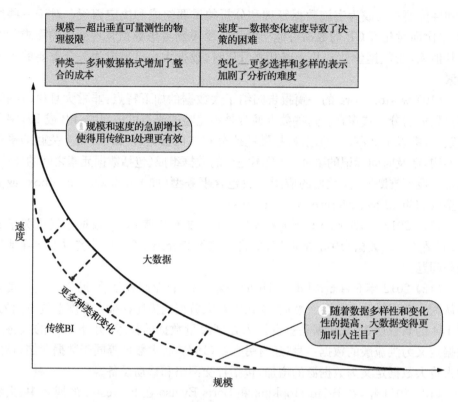

图 1.2　大数据与商业智能对比图

school of Information)询问和归纳了 39 个思想领袖和学术精英的精确定义,他们来自出版业、时尚界、食品界、汽车业、医药业、营销业等许多行业。他们对于"大数据"的解读,可能会让你感到惊讶。

（1）Silicon Valley Data Science 的创始人和首席技术官 John Akred 认为"大数据"是指一种综合的方法,这种方法基于数据,以及一组能有效地实现非常大及不同种类数据的分析及观察的有利技术,进而辅助作出决策。传感技术的进步、电子商务和通信的数字化,以及社交媒体的出现和增长,已经创造了一个使用大规模细粒度的数据来深度了解系统、行为和商业的机遇;同时,技术的创新使得应用信息进行决策和结果改良变得经济可行。

（2）Data. gov 的首席架构师 Philip Ashlock 认为可以根据具体的用途选择并使用大数据。针对大数据的分析是很困难的,或者人们也许不知道准确的问题,大数据分析可以帮助人们发现模式、异常,或在混沌和复杂的数据中挖掘新的结构。

他总结道:很多大数据的工作通常是围绕 TB 级的数据进行的,这相对于使用PC 存储的文件数据集似乎相当大,围绕着大数据这个概念的许多工具似乎都是处理大规模的数据的。其实,大数据中最重要的概念并不是需要处理多"大"规模的数据量；相反，许多工具和方法更需要适用于小规模数据集。自然语言处理与基于搜索引擎的 Lucene 是大数据技术最好的例子，它经常应用于一个相对小规模的数据集。

（3）O'Reilly Media 的首席编辑 Jon Bruner 将大数据视为以最细粒度级收集信息的结果："当你设计一个系统，可以存储收集到的全部数据时，你就拥有了大数据。"

（4）Brooks Bell 的数据科学家 Reid Bryant 认为，随着计算效率的不断提高，"大数据"集的实际数据量将会减少，而处理它的特定专业知识需要增加。最重要的一点是，"大数据"将最终描述任何足够大的数据集，以至于需要高级编程技巧和统计方法将这些数据资产转换成价值。

（5）Ford Motor 公司的数据科学家和管理者 Mike Cavaretta 不希望拥有太多的数据。他感觉大数据是在讲故事——无论是通过信息图形还是其他视觉辅助，以不同领域的人可以理解的方式进行解释。他认为事实上数据越原始，人们可做的事情就具有越多的可能性。

（6）Project Florida 的数据部长 Drew Conway 认为，大数据最初作为分布式计算的一种科技创新，现在发展成一个文化运动，基于这种运动，我们继续发现人类如何大规模地与世界互动，与彼此互动。

（7）Stylitics 公司的 CEO 和联合创始人 Rohan Deuskar 将大数据理解为"先收集，后整理"的数据处理方法。人们在一个大量丰富的活动或交易上收集和存储数据，并以此为基础了解它的含义。低成本的存储和高效率的分析方法表明，在收集数据之前，一般不需要有一个特定的目标。

（8）2U. Inc 的数据科学家 Amy Escobar 将大数据视为一个机会，通过数据的收集、存储和检索技术以及操纵、分析数据的创新思想的进步，获得和理解不同因素之间的复杂关系，并发现以前未被发现的模式和知识。

（9）Mode Analytics. Inc 首席技术官 Josh Ferguson 指出，大数据是当有关于人类生活的各方面数据可用时，我们面临的挑战和机会的一个统称。它不仅仅是关于数据，还包括从数据中发现意义的人、过程和分析方法。

（10）MailChimp 的首席数据科学家 John Foreman 则给出了一个灵活的、功能性的大数据定义。大数据是当企业需要基于数据来解决一个问题或生产一个产品时，很多标准简单的方法（也许是 SQL，也许是 K-means，也许是一个单服务器）无法在这个规模的数据集上正常运行，以至于我们需要花费时间、创造力和金钱来寻找解决问题的另一种方法，这些方法和手段真正地利用数据而不只是简单的抽样或删除记录。

这里需要考虑的因素是，在应用全部数据寻求复杂的、潜在脆弱的解决方案的花费，与使用一种较小的数据集以一种更便宜、更快、更稳定的方式获得的收益之间进行权衡。

（11）Google 的高级研究科学家 Daniel Gillick 总结，从历史上看，大多数决策（政治、军事、商业和个人）通过人脑来完成，人脑具有不可预测的逻辑性和依据主观经验的操作性。"大数据"代表了一种文化转变，越来越多的决策通过运行于记录的、不可变数据上的透明的逻辑算法来执行。他还指出，"大"代表的是这个变化的普适本质，而不仅仅是任何特定的数据量。

（12）Data Science Central 的联合创始人 Vincent Granville 提出，大数据是指即使进行有效地压缩后，仍然会包含现有信息量 5～10 倍的信息（信息熵或预测能力/单位时间），并需要不同的有效方法来从中提取价值的数据集。

（13）加利福尼亚大学伯克利分校信息学院讲师、伯克利劳伦斯国家实验室的网络应用程序开发人员 Annette Greiner 将大数据称为包含适量观测数据的数据集，由于其庞大的规模需要异常的处理。随着时间的推移，异常（unusual）会有所变化，从一个学科变化到另外一个学科。科学计算推动并开发出解决数据规模不断增长的新技术，但很多其他学科刚刚发现拥有庞大数据量的价值，这也是当前的挑战。

（14）Joel Gurin 在 *Open Data Now* 中将大数据描述为如此之大、复杂而迅速变化的数据集，以至于它们推动着人类分析能力的极限。同时，这是一个主观的术语：现在看似"大"的数据，随着分析处理能力的提高，在以后的几年里并没有那么"大"。尽管大数据可能来自任何领域，最重要的数据（也许是唯一值得努力的）是那些基于社会、公共健康、经济、科学或其他主题的研究，对人类产生重大影响的数据。

（15）*The New York Times* 的副科技编辑 Quentin Hardy 认为大数据不仅仅是指数据库的大小，也是数据源的大数量，就像遍布世界各地的数字传感器和行为追踪器。因此，人类可以获取更多方面的信息，就能在自然和社会中发现迄今未知的模式，模式创造是新的艺术、科学和商业的源泉。

（16）教育咨询委员会数据科学部长及 Data Community DC 总裁兼联合创始人 Harlan Harris 将"大数据"理解为一种状态，即一个组织可以宣称说，他们有权改造、理解和重建他们所关心世界的一部分。应用大数据，人类可以（尝试）预测未来世界的状态，优化自身的流程，进行更有效和合理的活动。

（17）InstaEDU 的数据科学部长 Jessica Kirkpatrick 称可以使用复杂的大数据集来解决一个公司或组织中的问题，并通过这个组织的数据分析得出可操作性的见解，以驱动企业决策。

（18）*The New York Times* 的 David Leonhardt 认为大数据只不过是捕捉现实的工具——正如报纸报道、摄影和新闻一样。但这是一个更令人兴奋的工具，因为它可以通过一些更清晰和更准确的方式拥有捕捉现实的潜力，比人们过去能够做的多得多。

（19）Fast Forward Labs 的创始人 Hilary Mason 将大数据解读为一种获取和探索信息的能力，在这样一种方式下，我们可以了解到以前无法探知的有关于世界的一切。

（20）加利福尼亚大学伯克利分校信息学院副教授 Deirdre Mulligan 声称大数据代表了无尽的可能性，或者是从摇篮到坟墓的枷锁，辅助我们作出政治、道德和法律的选择。

（21）ClearStory Data CEO 和创始人 Sharmila Mulligan 认为，大数据意味着利用更多不同来源的数据。数据的"种类"和"速度"是关键（每一个来源都代表"一个信号"，表示业务上正在发生的事情）。通过利用数据种类，实现数据来源的自动化和统一化，向用户提供快速更新的、有用的见解。

（22）A Stealth Startup 咨询数据科学家和联合创始人 Sean Patrick Murphy 表示，虽然"大数据"相对于可用的工具集往往是指规模的大小，"大"更多的含义是指重要性。科学家和工程师早就知道数据是有价值的，但现在世界上的许多其他人也能理解数据可以创造价值。

（23）Paxata. Inc 联合创始人、CEO 和总裁 Prakash Nanduri 将当今人类可以轻松获取的大量的数据称为大数据，他指出，人们处在数字消耗的年代，从车库门的开启到咖啡壶的使用。毫无疑问，我们已经成为需要实时访问信息的一代人，从千里之外的国家是什么样的天气到哪个商店销售更好的烤箱。大数据是收集、组织、存储并将所有的原始数据转变为真正有意义信息的交叉型技术。

（24）DataHero 的 CEO 和联合创始人 Chris Neumann 说，在 Aster Data 的市场营销中最初使用"大数据"这个术语，指的是区别于传统的数据仓库软件的分析型 MPP 数据库。虽然两者都能够存储一个"大"的数据量（2008 年我们定义 10TB 或以上），但真正的"大数据"系统能够对顶层数据进行复杂的分析，一些数据仓库软件则不能。

因此，他将原始的"大数据"定义为这样一个系统：①能够存储 10TB 或更多的数据量；②针对大容量的数据，能够处理高等级的工作负载，如行为分析或市场分析。随着时间的推移，在这些系统中数据的多样性开始变得更加普遍（特别是混合结构化和非结构化数据的增长），因此，迄今为止，3V 特性（体积、速度和种类）仍作为大数据的一个基本定义。

（25）哥伦比亚大学 Lede 计划的项目负责人 Cathy O'Neil 认为"大数据"不仅仅是指某一具体事件，它甚至还能作为一种重要的修辞手段，即可以用来欺骗、误导，甚至改写。因此，部署大数据模型的人不仅要考虑技术问题，而且要考虑道德问题，这一点非常重要。

（26）在 Birst 的首席产品官和董事长 Brad Peters 看来，大数据是需要新的处理技术来处理的大规模数据。在某些情况下,大数据需要对各种数量和种类的数据集进行大量的并行处理(存储或计算)。

(27) KDnuggets. com 的总裁和编辑 Gregory Piatetsky-Shapiro 认为大数据最好的定义是"当数据量的大小变成了问题的一部分,这就是大数据"。他还补充,这个定义只说明了数据的规模。现在最时髦的"大数据"是指企业、科学和技术的新型数据驱动范式,在这种范式下,庞大的数据规模和范围可以提供更好的和更新的服务、产品和平台。此外,大数据也产生了大量的炒作,可能会被新的流行语所取代,如物联网;但开启"大数据"服务的公司,如谷歌、Facebook、亚马逊、定位服务、个性化/精密医学等,将会继续保持和繁荣。

(28) DataKind 创始人兼执行董事 Jake Porway 提出,随着人们的生活从物理世界转移到数字世界,如智能手机和无处不在的互联网等日常工具已经创造了大量的数据。大数据中"大"的含义是膨胀,如某个 500 强公司刚刚发布的一个应用程序,即可以基于每一个用户的点击行为,创建用户的数据流;或者一个非营利组织刚刚推出的手机应用程序,用来找到最近的无家可归者,收容所的每一次搜索或用户的每一次点击所产生的海量信息,使得人们拥有了大数据。面对这些数据,需要存储、处理和管理数据技术的巨大转变,也为社会各行业快速地收集、分析信息,以解决当今世界最紧迫的挑战,提供了巨大的机遇。

(29) Optimizely 的优化部长 Kyle Rush 给出了一个丰富多彩的大数据的定义,大数据意味着在一个大的规模和速度下进行的数据工作。

(30) 加利福尼亚大学伯克利分校信息学院院长 AnnaLee Saxenian 说他并不喜欢"大数据",因为太过专注于数据量,仿佛掩盖了数据在当今世界对个人和组织产生深远变化的本质。他的理解是,"大数据"是指不能使用标准的数据库进行处理的数据,因为对于传统数据处理工具来说,大数据的数据量太大,变化太快,并且太复杂。

(31) Chartbeat 首席数据科学家 Josh Schwartz 阐述了海量数据存储和分析平台持续攀高的可访问性以及每 TB 下降的成本,使得各种各样的公司在很长一段时间内,可以存储关注范围内的几乎所有数据——每一条日志记录、客户互动和事件。他还提出"存储一切,稍后处理"的精神,这比任何其他的事物都能刻画在当代"大数据"的镜头下观看计算系统世界的特点。

(32) LinkedIn 的企业家和前首席数据科学家 Peter Skomoroch 描述了大数据是在消费互联网行业,基于大规模的数据集,应用算法来解决问题。例如,通过收集大量的数据(如整个社会网络的关系),可以观测到许多特征和信号,如果使用小规模的样本则无法实现。处理这样大型的数据集往往是非常困难的,费时费力,而且容易出错,随着先进技术(如 MapReduce 和 Hadoop)的出现,迎来了一波相关工具和应用程序,统称大数据技术。

（33）Rent the Runway 分析工程师 Anna Smith 认为，大数据是指当数据量增长到一定阈值，支持数据的技术必须发生改变的现象。它还包括不同的数据如何进行组合，如何加工变成观点（知识），并改造成智能产品等各种议题。

（34）Data Science 101 数据科学家 Ryan Swanstrom 将大数据表示为使用单独的机器无法进行处理的数据。现在，大数据已经成为一个流行词，代表数据分析和可视化相关的任何技术。

（35）Lattice Engines 的 CEO 和创始人 Shashi Upadhyay 称大数据是一个总结性的术语，蕴涵着许多不同的东西，它意味着针对数据使用现代机器学习技术，做出不平凡的事情。无论是预测疾病、天气、传染病的传播，或人们会买什么商品，大数据为改善人类生活提供了一个可能性的世界。

（36）*Think Bigger* 的作者、BigData-Startups 的 CEO 和创始人 Mark van Rijmenam 指出大数据并不全是指数据量，它还指结合不同的数据集，进行实时分析，并获得人类感兴趣的观点。因此，对大数据的正确理解应该是：混合的数据。

（37）Google 首席经济学家 Hal Varian 认为大数据意味着不适合于标准关系型数据库的任何数据。

（38）加利福尼亚大学伯克利分校信息学院教授 Steven Weber 表示，某些技术的定义（如"太大而不适合 Excel 电子表格"或"太大而无法存储"）是必要的，但并不是"大数据"真正的要点。大数据是指在某一规模和范围内，以一定的基础方式变化的数据，或者指当人们面对一个复杂问题时的解决办法。

（39）Julia Developer 的科学家 John Myles White 认为大数据是非常有用的概念，这个术语描述了数据量的大，导致传统的数据分析方法无法有效应用。这可能意味着需要对无法存储的大规模数据进行复杂的数据分析，或者处理一个不提供标准关系型数据库全部功能的数据存储系统。重要的是，人们过去的做事方式不再适用。

尽管在上述定义中存在不同的应用范围和各种差异，但仍有许多相似性。对于大数据的定义至少包含下列因素之一。

（1）大小：数据集的数量。通常，很多人认为数据量达到 TB 或 PB 级以上才能称为大数据。事实上，不同的行业和地区对数据量的需求各有不同。

（2）复杂性：①数据类型的复杂性，包括结构化、半结构化和非结构化数据；②数据来源的复杂性，包括数据之间的相互关系，以及数据集的结构、行为和排列。

（3）技术：用于处理一个庞大或复杂的数据集的工具和方法，主要实现以下功能：①存储大量非结构化的和高度可变的数据；②大规模数据集的分析和挖掘。

基于这三个因素，本书将"大数据"定义如下：大数据是用来描述大型或复杂数据集存储和分析的一个术语，使用了一系列的技术，包括但不局限于 NoSQL、MapReduce、机器学习和计算智能（人工智能），用来创造可观的经济价值，提高工作效率,辅助决策,进行风险管理和客户服务。

总而言之,大数据不仅仅表示大规模的数据量,更包含可用的工具集,以及从海量数据中得出的结论(知识)。大数据不仅仅是资源,也是产业,更是未来的重要学科。在这个领域中有很多未知的科学问题,也有未知的需要实践的技术和系统问题,更加需要政策和人才队伍的有效支持。

2. 属性

Gartner 的分析师 Doug Laney 在 2001 年描述了主流的大数据定义,首次给出了大数据的属性(3V)。

(1)庞大的数据量(volume):数据量也许是与大数据最相关的特征,指企业为了改进决策而试图利用的大量数据。公司收集各种来源的数据,包括商业交易、社会媒体和传感器信息等。数据量以前所未有的速度持续增加。另外,对于不同的机构,"大"所表示的数据量也不同。在过去,存储这些巨大的数据就一个难题,新技术的发明(如 Hadoop)可以减轻这个负担。

(2)速度(velocity):数据创建、处理和分析的速度持续在加快。加速的原因是数据创建的实时性,以及将流数据结合到业务流程和决策过程中的需求。数据快速地流动,RFID 标签、传感器和智能计量驱动着需要被实时处理的数据洪流。对于具有时间敏感性的流程,如实时欺诈监测或多渠道"即时"营销,某些类型的数据必须进行实时分析,才能产生价值。

(3)种类(variety):是指管理多种数据类型的复杂性,包括结构化、半结构化和非结构化数据。企业需要整合并分析来自复杂的传统和非传统信息源的数据,包括企业内部和外部的数据。随着传感器、智能设备和社会协同技术的爆炸性增长,数据以各种类型的格式被获取,即传统数据库中的数据以及非结构化的文本文件、电子邮件、微博、视频、音频、股票和金融交易的数据。

除了这三个属性,大数据还具有下列四个属性。

(4)变化性(variability):除了数据剧增的速度和种类以外,数据流与周期性峰值并不一致。每日,季节性和事件触发的峰值数据负载对于数据的管理,尤其是非结构化数据,具有很大的挑战性。例如,社交媒体的趋势几乎无法预测。

(5)复杂性(complexity):数据来自于多个来源,使得它难以连接、匹配、清洗和跨系统的数据转换。非常有必要的一项工作就是梳理数据之间的连接关系、层次结构并进行多数据结合,否则数据将会快速地失去控制。

(6)准确性(veracity):准确性包括对数据以及数据的分析结果的信任度和不确定性的问题。追求高数据质量是大数据的要求和挑战,但是即使最优秀的数据清理方法也无法消除某些数据固有的不可预测性,如天气、经济或者客户最终的购买决定。

不确定性的确认和规划是大数据的一个重要方面,这是随着企业高管需要更好地了解围绕在他们身边的不确定性因素而引入的维度。管理不确定性的方法通常有数据融合(如依靠多个可靠性较低的数据源创建一个可靠性更高的数据点)和数据处理方法(如优化技术和模糊逻辑方法)等。

(7) 价值(value):价值密度低是大数据的一个典型特征。因此要根据这些大量的、看似互不相关的海量数据挖掘大数据的价值,实现对未来趋势与模式的预测性分析。如何通过强大的机器学习算法迅速地完成数据价值的"提纯",成为目前大数据背景下亟待解决的难题。

1.2.2　大数据的深层次含义解读

从 Google Trends 可以看出,"Big Data"一词的搜寻次数从 2011 年开始飙涨。"大数据绝不仅仅是数据的大规模"是许多学者都认同的一个观点,那么大数据的深层次含义究竟是什么? 我们从以下六方面进行探讨。

1) 大数据即科技(big data as technology)

大数据并不是什么全新的概念,几十年前 CERN 的科学家就在处理每秒 PB级的巨量资料。那为什么一个出现多年的词突然被放到聚光灯下? 这不是简单地因为我们现在比数十年前拥有更加大量、快速和多品种的数据,而是由于新技术的推动,特别是开放源技术,如 Hadoop 和 NoSQL 等数据存储和处理方法的快速崛起。这些新工具的用户需要一个术语,区别于以往的技术,最终选择了"大数据"。

因此,大数据不只是指资料,也指这些用来分析、处理巨量资料的新兴科技。大数据是帮助人类发现数据的相关性以及分析数据含义的新工具。

2) 大数据即不同的资料类型(big data as data distinctions)

大数据不同于以往仅仅"大"规模的数据,其含义在于以下两点。

(1) 交易、互动和观察。这是 Hortonworks 公司战略副总裁 Shaun Connolly的观点。在过去,资料大部分是人工手记下来的交易记录(transactions),现在则是机器替我们记录下来的交易资料。除此之外,还有人跟事物、企业间的互动资料(interactions),例如,人们在互联网上点击网页及链接的记录;最后则是机器自动生成和累积下来的观察资料(observations),如智能型家居产品记录下来的室温变化等。

(2) 过程介导的数据(process-mediated data)、人源信息(human-sourced information)和机器生成的数据(machine-generated data)。这是由 Barry Devlin 给出的定义,他撰写了第一篇关于数据仓库的论文。与 Shaun Connolly 表述的含义基本相同。

3) 大数据即信号(big data as signals)

SAP 公司的高管 Steve Lucas 通过意图(intent)和时机(timing)而不是数据

类型来划分世界,看待大数据。在过去,企业收集到的资料只能在事情发生后引以为鉴,但现在企业收集到的是"新信号",可以使用这些"信号"数据来预测发生什么,并进行干预以改善情况。例如,某品牌广告在网站上的点赞数、点阅率跌落谷底,公司便可以预期接下来该产品的销售量一定也会惨不忍睹;而在过去,公司所得到的数据只有产品发售后的销售量。

4) 大数据即机会(big data as opportunity)

这来自 Matt Aslett 的研究报告,广泛地定义大数据为"由于以前技术的局限性而被忽视的数据"。

其实他在文中并不是用 Big Data 一词,而是使用"Dark Data(暗数据)"。事实上许多公司都使用"Dark Data"这个词,因为当资料变"暗"了,便表示一个漏掉的信息或错失的机会,在企业策略中留下一个盲点。一直以来,各企业雇佣数据专家的目的就是希望能"点亮"这些暗数据(illuminate the dark data),观察到以前不曾注意过的趋势,作出更全面的考虑。

因此,SAP 曾经的一个调查显示,将近 76% 的企业高管将大数据视为"机会"。

5) 大数据即象征(big data as metaphor)

在 *The Human Face of Big Data* 一书中,前 *Time*、*Life*、*National Geographic* 杂志摄影师、记者 Rick Smolan 描述:"大数据是帮助地球构建神经系统的一个过程,在这个系统中,我们人类不过是其中一种类型的感测器。"这个观点很深刻,但如果你读过《大数据的人性面孔》一书,相信你应该会对这个比喻赞不绝口[20]。

6) 大数据即旧世界的新噱头(big data as new term for old stuff)

这个含义是指以前应用的技术或方法突然被重新洗礼,试图赶上大数据的浪潮。因此也可以这样理解,大数据只是商务智能(business intelligence)或商业分析(business analytics)演化后的新术语。

1.2.3　大数据时代的特点

1) 大数据时代全新的思维方式

大数据时代的思维方式变革主要体现在追求全样本,接纳混乱性,关注关联关系。

(1) 小数据时代的经典统计分析能够更快更容易地发现问题,但不能预见未考虑到的问题;大数据时代的样本分析具有更开阔的视野,全样本就像一座待开采的金矿,具有发现问题的无限可能。站在哲学的角度来看,小样本和全样本的区别不仅在于样本数量的不同,而且在于研究事物思维方式的不同。小样本遵循一种传统、封闭、静态地看待事物的理念;全样本体现的是开放系统的理念,肯定了事物与其环境之间存在物质、能量和信息的交流,强调了事物作为一个独立的系统,自身演化发展的可能性。

（2）接纳混乱性是挖掘大数据的潜在价值以及根据事物的演化发展作出精确预测的前提[21]。

在小规模数据的情况下,主体认知的确定性允许通过对识别对象的简化处理得到精确的信息;在大数据时代,主体认知具有多元性、开放性和变动性,识别对象作为独立的系统,自身具有复杂性,决定了其数据信息的混乱性。其次,精确与混乱相互包含、相互转化,一方的存在和发展要以另一方的存在和发展为条件[22]。

在大数据时代,数据科学的功能是通过对表面上看似复杂,甚至混乱的数据进行分析,从而得到精确的结论,并对事物发展作出正确的预测。维克托・迈尔・舍恩伯格(Viktor Mayer-Schönberger)指出,执迷于精确性是信息缺乏时代的产物。只有 5% 的数据是结构化且适用于传统数据库的。如果不接纳混乱,剩下 95% 的非结构化数据都无法使用,只有接纳不精确性,我们才能开启一扇从未涉足的世界之窗。

（3）因果关系是事物演化发展的逻辑条件,也是我们认识世界本质的前提,揭示因果关系是自然科学的中心任务,也是大数据时代隐藏在关联关系背后支配事物发展变化的决定力量。在大数据时代,关注事物间的关联关系比因果关系更加重要。大数据的无数案例表明,寻求数据之间的关联关系就能够对事物发展做出科学预测。例如,在 2009 年,谷歌公司的工程师通过对海量数据的建模和分析,早于世界卫生组织,在流感爆发前几周正确预测出了甲型 H1N1 流感传播的途径、时间和区域。

2）大数据时代全新的商业模式

粗略地讲,以往几乎所有的商业模式都是基于信息不对称的物理世界建立起来的。在大数据时代,地球上的人、事、物都因为产生大量数据而建立了“关系”,让人类顷刻间获得了无限的信息对称。因此,基于信息不对称的物理世界而建立的商业模式势必会改变,未来主流的商业模式将是以大数据为基础的产业互联网,而主流的创新模式将在物理世界、网络世界和数据世界中自由地融合。

（1）大数据创造经济价值。在很多领域中,应用大数据能够促进生产率增长,创造更多的价值,拓展收入流。因为大数据具有提高效益的潜能,使企业既能以较少投入获得较多产出,又能提高产品的服务功能。

（2）大数据创造低成本优势。有效地运用大数据所产生、获取的大量企业运营活动信息(如库存信息、运输信息、生产过程信息等),可优化企业运营流程,降低运营成本。

（3）大数据将成为战胜同行业的关键要素,创造差异化优势。一方面,大数据能驱使企业更加有效地分析客户需求特征和消费行为,从而在客户细分、个性化服务、市场定位等方面创造优势;另一方面,企业通过大数据能更好地进行权衡和管理,准确地进行预测和决策,还能更有效地进行干预和控制。基于对海量数据的有效开发,促进企业的商业管理不断演化,进而转变商业模式,提升企业竞争力。

　　3) 大数据时代全新的生活方式

　　风靡全球的《纸牌屋》是个让人又爱又恨的异数,它打破了许多美剧的规律,成为全球收视率黑马,而其背后的发行商 Netflix 功不可没。

　　Netflix 并不是一个电视台,而是北美最大的付费订阅视频网站,也是世界上最大的在线影片租赁提供商。首先,Netflix 通过"大数据"观测到一种趋势:基于其 3000 万北美用户观看视频时留下的行为数据,预测出凯文·史派西、大卫·芬奇和"BBC 出品"三种元素结合在一起的电视剧产品将会大火特火;此外,Netflix 在制作《纸牌屋》时干了件颠覆业界的事,就是把一整季 13 集的电视剧一股脑播放出来,这也是从"看家法宝"——大数据得来的启发。数据分析结果显示,用户喜欢把每周一集的美剧"攒"着,等到有空时一次性看完。Netflix 的创举得到了广大观众的热烈回响:"早该这么干了",还催生了一个名词 Binge Watching(狂看)。

　　Netflix 用大数据技术捧火了《纸牌屋》。可见,在大数据时代,人类与数据逐渐演变成一种交互关系,大数据潜移默化地影响并改变着人们的生活方式。

1.3　大数据与传统数据的区别

　　信息技术世界里的许多人都在谈论"大数据",他们认为,对于公司来说,通过合理使用大数据能够释放新的能力和价值。但是,"大数据"这个词究竟意味着什么,以及大数据和传统意义上"大"的数据究竟有何不同? 从传统数据库(database,DB)到大数据(big data,BD)的转变对于人类的科学进步以及生产生活究竟有何影响? 我们在将本节进行讨论。

1.3.1　从量子力学、复杂系统到大数据

　　大数据是最热门的话题之一,也是 *Next Big Things* 的 IT 四重唱"社交、移动、分析和云"的基本要素。但是,现实世界不断提醒着我们,即使使用大量的数据进行分析,也有可能作出错误的预测或决定。"9·11"的攻击表明,在数据的海洋中,即使是高度精密的情报机构,有时也无法识别出密切相关的信号;最近的金融危机也表明,即使是最聪明的人也无法检测到一个即将到来的灾难性风暴;大量的专业人士对 2012 年美国总统选举结果预测的失败表明,在数据的海洋中,你可以找到任何你想要的答案。

　　但是,只有对于那些知道他们在做什么,并且意识到大数据的缺陷和局限性的人们来说,大数据的研究和利用才变得有价值。这些限制是什么? 在思考这个问题的过程中,物理学领域中一些微妙的、非直观的概念也许会适用于高度复杂的大

数据世界。

300 多年前,艾萨克·牛顿(Isaac Newton)奠定了经典力学的基础,发表在他的《运动定律》(Laws of Motion)一书中。牛顿物理学的数学模型描述了一个世界,其中的对象表现出确定性的行为,即相同的对象受相同的力量将永远产生相同的结果。在测量精度的范围内,这些模型可作出准确预测。经典力学非常好地描述了物体的行为,这些行为或多或少地通过肉眼看到。它也准确地预测了行星的运动以及棒球的飞行曲线[23]。

但是,科学决定论的概念,即在原则上我们能够预测宇宙中任何对象的未来行为,在 20 世纪初开始崩溃。经典力学不能从原子和宇宙的角度解释能量和物质的反直觉,甚至看似荒谬的行为。一旦开始处理原子、分子、奇异的亚原子粒子、黑洞和大爆炸,你会发现自己处在一个完全不同的世界,像隧穿效应这些奇怪的行为是由量子力学和相对论定律所决定的。经典物理学的有序的和确定性的世界让位给一个波函数、概率分布、不确定性原理、波粒二象性的世界。

与确定的世界不同,我们现在处于一个基于概率的世界。你不能根据一个物体或一个粒子当前的状态,预测它所有未来的状态。你可以映射出它的行为,但只作为所有可能状态的概率分布。此外,Heisenberg 的不确定性原理告诉我们,人类不可能知道一个粒子的确切状态。无论你的测量工具有多好,也不能以任意精度同时地确定出它的精确位置和速度。世界本质上是不可预测的。

此外,没有绝对的存在。在经典力学中,事物或者具有一个粒子、一个行星、一个棒球的一些性质,或者具有一个波、光或声音的性质。在量子力学中,所有的物体都表现出这两种性质。波粒二象性的概念解释了"现实取决于你问的是什么问题,以及你要做什么实验来回答这个问题"。观察者的行为会改变被观察的对象;用于测量属性的任何工具将改变被测量对象的属性[24]。

这种转变从一个基于科学决定论的世界观,演化到基于概率分布、不确定性原理和主观现实的世界观,它并不直观,难以理解。即使爱因斯坦(Albert Einstein)也难以接受它,并说了一句著名的"上帝不会跟宇宙玩掷骰子"。

Stephen Hawking,一个世界顶尖的理论物理学家,在 Brilliant Lecture 中,总结如下:"当他说,上帝不玩掷骰子时,似乎爱因斯坦错了。上帝不仅会玩掷骰子的游戏,他甚至有时把骰子扔到我们看不见的地方。宇宙没有依据我们预先设想的方式运行着,它继续让我们惊讶。"

但是,世界并不是唯一能表现出反直觉的和看似不可思议行为的事物。还有高度复杂的系统世界,尤其是那些由相当复杂的组件及其相互作用关系组成的系统。世界变得越来越复杂并且相互关联,一些我们面临的挑战已经开始变得越发棘手。应用传统的方法解决这些问题往往是定性的和脱节的,导致意想不到的后果。为了将科学的严谨性融入我们的时代,我们需要对复杂性本身有更深入的认识。

　　这是什么意思呢？当众多组成部分以许多不同的方式相互作用时，系统呈现出了整体的复杂性：它适应不断变化的环境，并不断发展。它容易表现出突然性和看似不可预测的变化——市场崩溃就是一个经典的例子。"正反馈循环"就是指，一个或多个趋势可以加强其他趋势，直到事情迅速螺旋失控并越过一个转折点，即超出了这个临界点，行为从根本上进行了改变。

　　是什么让一个"复杂系统"这样令人头疼，因为其系统层面表现出的共同特性无法轻易地从底层组件进行预测：整体性大于甚至明显不同于其余部分的总和。对城市的理解绝不只是它的建筑和居民；我们的身体比我们细胞的总和复杂得多；这也是复杂系统的涌现行为，是金融市场、城市社区、公司、生物体、互联网和星系都具有的共同特性。典型案例之一就是由人组成的组织和社会技术系统，这些复杂系统动态的、非线性的本质使它们的涌现行为变得越来越不可描述和预测。

　　我们开始学习如何处理复杂系统非常混乱的世界，最难的一部分就是学习放下我们先入为主的科学决定论的观念，并且习惯于生活在一个概率、不确定性和主观现实的世界里。上帝的确喜欢和宇宙玩游戏，但他留下了足够的提示，所以我们也可以玩游戏，并继续前进。

　　为了更好地作出合理的决策和预测，人类不断发现新的理论及方法。在20世纪60年代和70年代，人工智能是计算机科学最热门的领域之一。它已经从原来的经典和确定性的理论过渡到一个更适合于高度复杂的、本质上不可预测的主题（如智能）的一种方法论。许多的 AI 先驱相信，基于逻辑推演和一步步的推理，可以建立像人类一样智能的机器，用于解决难题或证明定理。在美国、英国和日本，科学家获得了相当可观的政府资助，以实现他们的愿景。但最终很显然，所有这些不同的项目都严重低估了开发任何一种基于逻辑编程和演绎推理的人工智能系统的困难。在20世纪80年代，这个领域经历了一个所谓的"人工智能的冬天"。

　　但是，事情开始在20世纪90年代出现转机，人工智能切换处理范式，并融合数据挖掘和信息分析，即今天的大数据技术的先驱。与试图依靠编程使计算机智能化不同，在应用计算机和先进的算法分析大量信息的基础上，人工智能合并了统计和强效的方法。

　　我们发现，这种基于统计和信息化的方法产生了类似的智力或知识。此外，与以往以编程为基础的项目不同，这些方法的缩放效果非常好。拥有更多的数据，就能拥有更强大的超级计算机和更复杂的算法，达到更好的结果。IBM 的国际象棋超级计算机 Deep Blue，在1997年5月一次著名的比赛中击败了卫冕国际象棋冠军 Gary Kasparov，就展示了这种方法的力量。从那时开始，分析或搜索大量的数据，在许多科学领域已成为越来越重要和普遍的现象。

　　数字革命正推动我们生活的世界中日益增长的复杂性，但这项技术也带来了机会。手机和电子交易的普及、个人医疗探针使用的增加、电子有线的"智慧城市"等已经为我们提供了海量的数据。随着用以消化巨大的、相互关联数据的计算工具和新技术的兴起,科学、技术、企业和政府的研究人员和从业人员已经开始提供大规模的模拟和模型,旨在解决以前的定量分析无法解决的问题,如社会如何合作,什么条件可以促进创新,以及冲突如何蔓延和发展等。

问题是,我们没有一个统一的概念性框架来解决数据复杂性的问题。我们不知道我们需要什么类型的数据,或者需要多少数据,也不知道我们应该问什么重要的问题。"大数据"没有一个"大理论",将会失去它的效力和有用性,可能产生新的意想不到的后果。正如工业时代所产生的热力学定律一样,我们需要普适的复杂性定律来解决看似棘手的大数据问题。

工业时代的社会对能源的关注集中在它的诸多表现中,如蒸汽、化学、机械等方面,热力学的普适定律随即产生。现在,我们需要问自己是否能产生复杂性的普适定律,用以整合和处理海量数据。

复杂系统的数学框架,在原则上把任何系统的动态和组件合并在一个定量的、可计算的框架中。我们可能从来没有对复杂系统作出详细的预测,但在我们的可控范围内,通过粗粒度的描述可以得出系统基本特征的定量预测。例如,我们无法预测下一次金融危机何时会发生,但是我们应该能够给出未来几年内的一个发生概率。大数据领域是一个科学学科的广泛综合,不仅扭转了分裂和专业化的趋势,而且正在探索一个更加统一的、全面的框架,来解决社会的"大"问题。

1.3.2　主要区别

毫无疑问,我们在不断扩大的和非结构化的数据海洋里遨游,这些数据很难通过传统方式进行管理和分析。其迅速增长的数据来源之一是 Web 点击流数据,社交媒体信息(微博、博客内容,Facebook 等)和视频数据。如今,大数据也包括从语音呼叫中心数据到基因组学和蛋白质组学数据,从生物学研究到医学数据。然而,这些数据中,相当小比例的数据被存储在传统数据库里。[25]

许多 IT 厂商和供应商使用"大数据"作为一个时髦的术语,因为它可以更聪明、更深入地进行数据分析,但是大数据真的远远不止这些。事实上,学习利用大数据的公司将使用从传感器、无线射频识别和其他识别设备获取的实时信息,在一个更精细的水平了解他们的业务环境,创造新的产品和服务,并响应使用模式的变化。在生命科学中,这种能力甚至可以为威胁性疾病的预防和治疗铺平道路。[26]

大数据区别于传统"大"的数据之处主要有以下四点。

1) 关注数据流,而不是数据库中的"库存"

有几类常见的大数据应用程序:第一类支持面向客户的过程,如实时识别诈骗,或为患者进行健康风险评估;第二类是连续的过程监控,监测客户的情绪变化;

第三种使用大数据来探索在 LinkedIn 和 Facebook 中人们的网络关系。在所有这些应用中,数据不是数据库中的"库存",而是一个连续的数据流。相对于过去的传统数据,这是一个很大的变化,以前的情况是数据分析师在一个固定的数据供应中进行分析并得出结论。

今天,我们不仅要通过数据评估过去发生了什么,而且要基于连续的数据流进行思考。"数据流分析允许你在事情得出结论以前进行数据处理",IBM 大数据技术和应用分析的项目总监 Tom Deutsch 曾这样总结。这种能力在许多领域中起着重要的作用,如卫生保健等。在多伦多的儿童医院,机器学习算法能够实时发现模式,进而预测早产婴儿的感染情况。

数据量和产生速度的增加意味着公司需要开发连续的进程进行数据收集、分析和解释。获取的知识可以与生产应用程序相连接,实现连续处理。位于仓库或数据集市的小"库存"数据可以继续用来提炼大数据分析模型,一旦模型被开发,它们仍需要快速、准确地处理持续的数据流数据。

信用卡公司的行为提供了一个很好的案例。在过去,直接营销集团在信用卡公司创建模型,用来从一个大数据仓库中挑选出潜在的客户。数据提取、准备和分析的过程需要数周的时间,执行则需要更多的时间。然而,信用卡公司由于无法快速进行决策而感到沮丧,它们需要满足大部分要求的一个更快的方法。如今,它们能够创造一个"针对市场"的数据库或系统,允许营销人员在一天内实时地分析、选择和发行报价。通过频繁的迭代,以及对网站和客户中心行为数据的监控,公司可以在毫秒内实现个性化的报价,然后通过跟踪响应优化报价。

一些大数据应用,如消费者情绪分析,更需要环境的实时监控。传统的、高确定性的决策方法往往与大数据的数量和速度不相匹配;公司需要能作出正确决定的信息,新的数据往往可以避免决策过时。在实时监控的情况下,公司需要采用基于一系列直觉和假设的更加连续的方法进行分析和决策。例如,社交媒体分析需要快速捕捉客户针对产品、品牌和公司的情绪趋势,而这种在线的情绪与销售变化无法由传统分析完成。因此,在大数据环境中,快速和实时的分析、决策和行动通常是很重要的。

2) 依赖于数据科学家,而不是传统的数据分析师

虽然一个数据分析师可以提供足够的分析能力,但这与对大数据技术支持人员的要求是不同的。首先,与数据本身交互(获取、操作和结构化)对任何分析都是至关重要的,那些从事大数据工作的人员需要实质性与创造性的 IT 技能;其次,这些人员也需要接近产品和流程,这意味着他们具有与过去的分析人员不同的组织方式。

数据科学家不仅了解数据分析,而且很精通 IT,并在计算机科学、计算物理、生物学或网络导向的社会科学领域具有专业知识。他们升级的数据管理技能(包括编

程、数学和统计)、敏锐的商业头脑以及和决策者进行有效沟通的能力远远超出了过去的数据分析师。这些技能的组合,使得数据科学家非常有价值,并且非常稀缺。

因此,一些大数据集团正在努力培养自己的数据科学人才。例如,在 EMC 公司,传统的数据存储技术提供商收购了 Greenplum(一个大数据技术公司),在 2010 年扩展其科学数据功能并开始为数据科学家提供教育。其他的许多公司也与大学合作,培养杰出的数据科学家。

此外,大数据公司也重新思考数据科学家的组织结构。传统上,分析专家通常是内部咨询机构的一部分,他们建议经理或主管进行决策。然而,在一些行业,如在线社交网络、游戏和药品,数据科学家是产品开发组织的一部分,负责新产品和功能的开发。例如,在 Merck & Co. Inc,数据科学家(在他们公司称为"统计遗传学科学家")是药物研发组织的重要成员。

3) 远离 IT 功能分析,向核心业务和运营功能转变

猛增的数据量需要数据库和分析技术的重大改进。大数据流的获取、过滤、存储和分析,使传统的网络、存储阵列和关系数据库平台陷入沼泽。试图复制和缩放现有技术将无法跟上大数据的要求,大数据正在改变 IT 科学、功能和处理流程。

(1) 市场已经生产出一系列的新产品,旨在处理大数据。它们包括由互联网先驱开发的开源平台,如 Hadoop,支持数据所带来的庞大规模和管理。Hadoop 允许公司在一个大的廉价服务器上加载、存储和查询海量数据集,以及执行并行的高级分析。关系型数据库也被改变:新产品的查询性能提高了 1000 倍,并能够管理各种大型的数据源。统计分析软件包伴随这些新的数据平台、数据类型和算法不断进化发展。

(2) 另一个革命性的力量是通过"云"的大数据能力,虽然尚未在大公司被广泛采用,基于云的计算非常适合大数据。许多大数据应用程序使用外部信息,如社会网络模型和情感分析。此外,大数据分析都依赖于广泛的存储容量和处理能力,需要一个灵活的网格,可以针对不同的需求进行配置。基于云服务的供应商提供按需定价的服务并进行快速重新配置。

(3) 管理大数据的一种有效方法是将数据放在它原本的位置。所谓的"虚拟数据集市"允许数据科学家共享现有的数据并不需要复制它。例如,eBay 公司过去面临海量数据复制这样一个问题,现在由于建立了虚拟数据中心,该公司的复制问题已大大减少。eBay 还创建了一个"数据中心"(内部网站),使管理者和分析师更容易为自己和整个组织提供数据共享和分析。在效果上,eBay 已经建立了一个用于数据分析的社会网络。

关于另一个"大数据"相关术语,就是促使组织重新思考企业和 IT 关系的基本假设,以及各自的角色。

IT 的传统作用——业务流程自动化规定了精确的需求、遵循的标准和控制的

变化。分析更多是事后的想法和告知管理者异常的情况。大数据处理数据的方式与传统意义的分析完全不同。大数据的一个重要原则是,世界和描述它的数据是不断变化的,能够识别这些变化并迅速作出反应,使企业占领先机。最引以为豪的 IT 能力是稳定和规模性,而大数据的新优势在于基于发现和敏捷性,连续挖掘现有的和新的数据资源,发现模式、事件和机遇。

这需要在企业内 IT 能力的彻底转变。由于数据数量的爆炸,公司将需要可靠的、鲁棒的、能够自动分析的工具;同时,采用分析算法和用户交互界面,促进工作人员与工具的相互作用。成功的 IT 公司将培训和招聘具有这种新技能的员工,以便把这些新的分析能力融入到生产环境中去。

大数据不同于 IT 的传统商业角色是,它将发现和分析作为当务之急。下一代 IT 程序和系统需要被设计用来洞察,而不仅仅是自动化。传统 IT 习惯于将应用程序(或服务)看作"黑盒子",完成任务,而不暴露内部数据和程序。但是,大数据环境必须对新的数据进行解读,总结报告是不够的。这意味着 IT 应用程序需要在各个维度上透明地测量和报告,包括与客户的相互作用、产品使用、服务行动和其他动态措施。随着大数据的发展,这种架构将发展成为一个信息生态系统:一个内部和外部服务的网络,不断共享信息,优化决策,沟通结果,并产生新的见解。

4) 大数据引领全新的数据思维(第四范式)

大数据时代的数据已不仅仅是工程处理的对象,更需要全新的数据思维来应对。已故图灵奖得主、著名数据库专家吉姆·格雷(Jim Gray)总结人类自古以来在科学研究上先后经历了实验、理论和计算三种范式。当数据量不断增长和累积到今天,传统的三种范式在科学研究,特别是一些新的研究领域已经无法很好地发挥作用,需要有一种全新的第四种范式来指导新形势下的科学研究。基于这种考虑,Jim Gray 提出了一种新的数据探索型研究方式,被他自己称为科学研究的第四种范式(the fourth paradigm)。

四种范式的比较如表 1.1 所示,第四种范式的实质就是从以计算为中心转变到以数据处理为中心,这种方式需要我们从根本上转变思维模式。在大数据时代,数据不再仅仅是我们需要获取的对象,而应当转变成一种基础资源,以大数据作为

表 1.1　四种科学发现范式

科学发现范式	时期	方法
经验型	上千年前	描述自然现象
理论型	最近数百年	利用模型进行概括
计算型	最近几十年	模拟复杂现象
数据探索型 (科研信息化)	现今	由仪器或仿真器获取数据,通过软件处理, 利用计算机存储信息,由科学家进行分析

资源来协同解决其他诸多领域的问题。

　　这种全新的数据思维将大数据科研从第三范式(计算科学)中分离出来,并单独作为一种科研范式,是因为其研究方式不同于基于数学模型的传统研究方式。Google 公司的研究部主任 Peter Norvig 的一句名言可以概括两者的区别:所有的模型都是错误的,进一步说,没有模型你也可以成功(all models are wrong, and increasingly you can succeed without them)。PB 级的数据使我们可以做到没有模型和假设就可以分析数据。将数据丢进巨大的计算机机群中,只要是有相互关系的数据,数据分析算法可以发现过去的科学方法发现不了的新模式、新知识,甚至新规律。实际上,Google 的广告优化配置、战胜人类的 IBM 的 Watson 问答系统都是这么实现的,这就是第四范式的魅力。

　　美国 Wired 杂志主编 Chris Anderson 2008 年曾发出"理论已终结"的惊人断言:"数据洪流使传统的科学方法变得过时。"他指出获取海量数据和处理这些数据的技术和工具提供了理解世界的一条完整的新途径。PB 级数据让我们了解到关联关系已经足够(correlation is enough)。我们可以停止寻找模型,关联关系取代了因果关系,即使没有一致性的模型、统一的理论和任何机械式的说明,科学也可以进步。

　　Chris Anderson 的极端看法并没有得到科学界的普遍认同,数据量的增加能否引起科研方法本质性的改变仍然是一个值得探讨的问题。对研究领域的深刻理解(如空气动力学方程用于风洞实验)和数据量的积累应该是一个迭代的过程。没有科学假设和模型能否发现新知识究竟有多大的普适性? 这仍需要实践来检验。

1.4　大数据时代的科学发现之路

　　长期以来,科学的发现和创造依赖科学家的知识和灵感,从有限的信息、成果以及资料中寻找问题间的关联,提出合乎逻辑的假设,并且通过实验验证。大数据时代数据的爆炸以及知识的累积,势必会导致人类思维模式和科研方式的变革。

　　随着移动互联网、物联网、云计算应用的发展与丰富,数据呈指数级的增长,企业所处理的数据已经达到 PB 级,而全球每年所产生的数据量更是到了惊人的 ZB级。在数据爆炸式增长的背景下,"大数据"的概念逐渐在科技界、学术界、产业界引起热议。在大数据时代,我们分析的数据因为"大",摆脱了传统对随机采样的依赖,而是面对全体数据;因为所有信息都是"数",可以不再纠结具体数据的精确度,而能够坦然面对数据的混杂性;信息量巨大且混杂,使我们分析的"据"也由传统的因果关系转变为对关联关系的探索。

　　计算问题是计算机科学的本质问题,而算法是一切计算问题的核心。大数据时代,由于数据类型逐步从结构化数据向半结构化,甚至非结构化数据转变,所以,人类科学研究思维也将从原来的抽样、精确、因果关系向全样、非精确、关联关系转变。

1.4.1　科学研究方法的更新

人类进行科学研究、获取新知识的方法经历了多次变化,大致可分为下述几个时期。

(1) 亚里士多德的逻辑方法:古希腊哲学家亚里士多德(Aristotle,公元前 384~公元前 322)给出形式逻辑论证,揭示了观察到的现象所产生的根源。

(2) 培根的实验方法:英国科学家罗吉尔・培根(Roger Bacon,1214~1294)在问题不满足推理时,提出通过实验进行验证的方法。

(3) 牛顿的理论方法:英国科学家艾萨克・牛顿(Isaac Newton,1664~1727)通过研究支配自然现象的数学法则进行科学探索。

(4) 费米的模拟方法:美籍物理学家恩里科・费米(Enrico Fermi,1901~1954)对于一些无法观测的现象,为了寻求其内在规律,创造了数字模拟方法。

(5) "谷歌式"关联研究方法:1998 年创建的 Google 公司开发了软件工具,能利用互联网上的超文本链接,近于实时地对网络中的海量数据进行搜索、处理并发现其间的未知关联,找出其中的规律性。

大数据时代,科学研究发展到一个新的阶段。面对待解决问题的复杂性、数据爆炸时代提取新知识的迫切性,以及构建能有效解决复杂问题的数学模型的困难性,科学家开始寻求新的解决问题的途径。大数据时代的网络所提供的海量数据,包括文献、图片、视频、各种观测仪器和传感器记录的原始数据,以及不计其数的实验结果,任何科研人员个体面对全球性的数据洪流都束手无策,只能求助于数据分析和数据挖掘等新兴方法论,以及搜索引擎和分布式处理等各类软件,从中找出数据间意想不到的关联,获取新的知识,推断出一些新的结果。

正是因为不少新的科学发现证实了使用"谷歌式"关联研究方法的有效性,因而出现了新经验主义(empirical sciences)强势回归的局面。

1.4.2　与传统研究方法的区别

皮埃尔-西蒙・拉普拉斯(Pierre-Simon Laplace,1749 ~1827,法国著名的天文学家和数学家,天体力学的主要奠基人)曾设想,当一个人能够掌握有关过去和现在的一切信息时,他就有了预测世界未来演变的能力。如今,大数据为我们提供了物理空间的过去和现在的几乎全部记录数据,只要我们有能力搜索、分析和掌握这些数据,就一定有所发现。

大部分科学领域需要分析的数据量日益增长,使得人们望而生畏,依赖个人敏锐的头脑、强烈的直觉已无法应对;如果借助搜索引擎技术,依据几个关键词,在海量数据库中进行搜寻,可以找到隐藏在数据中的各种关联,并可通过实验来验证这些关联的科学价值。这种"谷歌式"研究方法彻底改变了人类科学研究的方式,已经取得很多有价值的科学成果,也获得了越来越多的关注[27]。

但是科学研究是否已退化到只在海量数据中寻找它们之间的关联?而不需要通过模型对结果进行整合及验证,将其形成一个有意义的科学系统了呢?科学最深层的任务——揭示隐藏在混乱世界中的有序结构变得受限于依靠无数网络计算机的蛮力?

"谷歌式"研究方法正在创造一门能够提供预测,但不能提供解释的科学,满足于"虽然不知道为什么,但有效就行"。这种新的研究方法与传统方法的不同之处主要在于以下几方面。

(1)科学发现的初始步骤不再是由学者提出的一个精确假设,以及有可能提供佐证的实验思路或理论计算,而是转换为一个只待输入计算机的搜索请求,这类请求相当"粗糙",仅由几个变量或关键词构成。结论的得出所依靠的是几乎毫无技术含量的重复性计算,而不再是科学家的敏锐思想。

(2)知识发现的过程没有实验仪器,无须培育细胞、排除基因,或调节射电望远镜……因此,完全摆脱了实验的束缚,这点类似于数字模拟技术。大数据技术的分析材料全部来自赛博空间,只可能产生个别模型,而不会触及支撑它们的整个理论体系,对理论的追求或将逐渐淡出科学的蓝图。

(3)凸显"去人类化"的特征,新的研究方法不需要进行任何假设,不需要进行实验验证,研究完成后甚至无须进行任何解释,例如,利用统计分析的方法,可以在数据中自动找出关联或得出结论,也就完成了问题的求解。

这种科学研究不受约束,既不需要为之效力的假设,也不追求任何理论体系,它是否打算彻底摆脱对人类智慧的依赖,变得没有灵魂?依靠科学家灵感的时代是否已经过去?人类理解世界本源的意愿是否已属多余?人类智慧存在的意义是否只剩下能够制造更高效的机器?这一系列问题还有待继续探究。

1.4.3 "谷歌式"关联研究方法的限制条件及价值

当代很多科学问题是极为复杂的、有待破解的谜题,如万有引力如何塑造星系,热力学和流体力学如何决定气候变化,人脑神经元连接如何指挥大脑运转,以及缺陷基因所引发的连锁反应如何导致整个细胞受损等。要理解这类巨型复杂现象的变化规律是非常困难的,构建一个可行的形式化模型更是难上加难,这就为"谷歌式"研究方法提供了用武之地。

但是这种研究方式也存在一些限制条件。

(1)面向问题的搜索请求尽管只有很少的几个关键词或变量,但它包含了人类的智慧结晶,是基于对分析的预设和所选研究方法的缜密思索,这对研究计划的成败至关重要；同样，对数据的初步筛选是基于某种既有的模型和假设，没有人能够在没有任何假设的前提下应对如此海量的数据。

（2）构成数据分析的基石是由各研究组织提供的数据，不通过科学实验无法获得实验结果，也无法进行大数据研究。因此，科学实验仍然是必经途径。

（3）大数据所得到的任何结论还要由科研人员来判断，这也离不开人类的智慧。

（4）大数据本身也存在一些风险。统计学家和计算机科学家指出，大数据的集合和高密度的测量将令"错误发现"的风险增长。斯坦福大学的统计学教授特来沃尔·哈斯迪（Trevor Hastie）称，如果想要在庞大的数据"干草垛"中找到一根有意义的"针"，那么将面临的难题就是"许多稻草看起来就像是针一样"。

（5）对于统计学的恶作剧和有偏见的实情调查活动而言，大数据也提供了更多的原材料。乔治梅森大学的数学家瑞贝卡·高尔丁（Rebecca Goldin）称，这也许是最有害的数据使用方式之一。

（6）数据已被计算机和数学模型所驯服和理解，这些模型就像是文学中的隐喻修辞，也就是一种简化后的解释方式。对于理解数据而言，这些模式是有用的，但它们也存在局限性。例如，一个基于网络搜索的模式可能会发现一种相关性，从而作出不公平或是带有歧视性的统计推断，对产品、银行贷款和养老基金提供的医疗保险造成一定程度的影响。

大数据时代的来临已经不可逆转，"谷歌式"关联研究方法很大程度地改变着科学家的思维模式。过去人们甚至有些厌烦数据或统计，但现在突然变得好奇起来。哥伦比亚大学统计学家兼政治科学家安德鲁·格尔曼（Andrew Gelman）称："文化已经发生了改变。现在人们的想法是，数字和统计学是有趣的，是一种很酷的东西。"

《爆发：大数据时代预见未来的新思维》是一本颠覆《黑天鹅》的惊世之作。如果说纳西姆·塔勒布认为人类行为是随机的，都是小概率事件，是不可预测的，那么全球复杂网络权威巴拉巴西则认为，人类行为的93％是可以预测的，在大数据时代我们可以预测未来。在书中，巴拉巴西揭开了人类行为背后隐藏的"爆发"模式，提出人类日常行为模式不是随机的，而是具有"爆发性"的。"爆发"模式揭开了人类行为中令人惊讶的深层次秩序，使人类变得比想象中更容易预测[28]。

人类生活在多维的、数字化的大数据时代，移动电话、网络以及电子邮件使人类行为变得更加容易量化，将我们的社会变成了一个巨大的数据库。可以这样认为，人类正处在一个聚合点上，在这里数据、科学以及技术联合起来共同对抗那个最大的谜题——人类的未来。

1.5　大数据带来的挑战及机遇

迈克尔·刘易斯(Michael Lewis)在 2003 年出版的《点球成金》(Moneyball)一书中,描写了奥克兰运动家棒球队是如何利用数据分析和晦涩难解的棒球统计学,找到被评价过低的棒球手,以打破常规、突破传统的经营模式,在一片批评与质疑声中取得骄人比赛成绩的故事。在布拉德·皮特(Brad Pitt)主演的同名电影被搬上银幕之前,深度的数据分析不仅在棒球领域,而且在英国足球联赛等其他体育项目中也得到了广泛的应用。这个故事告诉我们,大数据在给人类带来挑战的同时,也蕴涵了无数的机遇[29]。

1.5.1　挑战

1. 异构性和不完整性

当人类消化信息时,自然语言的细微差别和丰富度可以使人类理解信息的异构性,并转换为有价值的知识。然而,机器分析算法期望的是同构的数据,无法处理这些细微差别。因此,作为数据分析的第一步,数据必须被精确地结构化。也许较低的结构化设计对于某些用途可能是有用的,但在绝大多数情况下,结构化数据可以使计算机系统高效地工作;半结构化数据的有效表示、访问和分析,需要很多额外的工作。

对于数据的不完整性和错误,我们可以看这样一个例子。设计一个电子健康记录数据库,其中包含每个患者的出生日期、职业和血液类型。如果一项或多项信息无法由患者提供,我们应该如何处理? 一般情况下,该条健康记录仍然存放在数据库中,但相应的属性值被设置为空。针对这样一个数据库进行数据分析,例如,基于职业对患者进行分类:包括不知道患者职业信息时的记录。此时,如果数据库中包含大量不完整的数据,就会产生无效的分类模型。同样地,如果失业的患者刻意隐瞒自己的就业状况,分析结果可能会偏向于推断出一个比实际情况高得多的就业率,这就可能产生一个有偏差的职业相关健康档案。

即使在数据清理和纠错之后,一些数据的不完整和错误仍可能存在。在数据分析过程中,必须处理这些错误。正确地完成这个任务是数据预处理阶段的一个挑战。

2. 规模

很多人想到大数据的第一件事就是它的大小。毕竟,"大"这个字就出现在大数据的名字里。长期以来,管理大型和快速增长的数据量一直是一个极具挑战性的问题。在过去,遵循摩尔定律,越来越快的处理器为我们提供了计算资源以应对不断增加的数据量,曾经缓解了这个挑战。但是,现在有一个基本的转变,即数据量增长的速度比计算资源处理的速度快得多。

首先,在过去的五年里,处理器技术有了戏剧性的转变,不再是处理器的时钟周期频率每18~24个月翻倍一次,而是由于现在功率的限制,时钟速度在很大程度上已基本停滞,多核处理器处于建设中。在过去,大数据处理系统不得不考虑一个集群中跨节点的并行问题,现在,一个处理器必须在单一的节点上实现并行处理。

由于架构不同,在过去应用于跨节点的并行数据处理技术,不能直接应用于节点内部的并行处理。首先,许多硬件资源,如处理器高速缓存和处理器的内存通道,需要在单一节点中实现跨核共享。此外,打包多个 Socket 增加了节点内并行处理的另一层复杂性。最后,"暗硅"的预测,即未来的电力将禁止我们持续地使用系统中所有的硬件,数据处理系统将主动管理处理器的功耗。这些前所未有的变化要求我们重新思考如何设计、建造和运行数据处理组件。

正在进行的第二个戏剧性转变是云计算,就是将多个不关联的、具有不同性能目标的工作负载(例如,互动服务要求数据处理引擎在一段固定的响应时间内返回答案)聚合到非常大的集群。在昂贵和大型集群层面上的资源共享需要新的方式来确定如何运行和执行数据处理工作,以满足每个工作负载的成本-效益目标,并处理我们操作规模较大的集群时频繁发生的系统故障。此外,依赖于用户驱动程序的优化可能会导致不良的集群利用率,基于多个用户程序的全局优化可以造就良好的整体性能。

第三个正在进行的戏剧性转变是传统输入/输出(I/O)子系统的变革性转变。几十年来,硬盘驱动器(HDD)被用来存储持久化数据。比起顺序 I/O 性能,HDD 的随机 I/O 性能很慢。数据处理引擎进行数据格式化并设计查询处理方法,试图"变通"这一限制。但是,HDD 逐步被固态驱动器更换,其他技术(如相变存储器)也都指日可待。这些较新的存储技术在顺序和随机 I/O 性能之间不具有相同的大规模线程性能,这需要我们重新思考如何设计存储子系统进行数据处理。存储子系统的变化可能影响到数据处理的各个方面,包括查询处理算法、查询调度、数据库设计、并发控制方法和恢复方法。

3. 时效性

需要被处理的数据集越大,用于分析的时间就越长。设计一个有效的数据处理系统,相当于设计一个快速处理给定数据量的系统。然而,大数据背景下的"velocity"一词不仅仅是指速度,还是一个获取速率和时效性的挑战。

有许多情况下,我们需要立即获得分析的结果。例如,疑似的信用卡欺诈交易,它应该在交易完成之前被标记,以防止任何潜在的交易发生。显然,一个用户购买历史的全面分析是不可能实时完成的;有时,我们需要提前获得部分结果,以便对新数据增量进行实时的测定。

给定一个大的数据集,找到其中符合特定标准的元素,这种搜索在数据分析的过程中很可能反复出现。扫描整个数据集来找到合适的元素显然是不切实际的。更确切地说,应当预先创建索引结构,用以快速找到符合的元素。

现在的问题是,每个索引结构被设计用来支持某些特定的标准。大数据所需新的分析包含许多特定的新型标准,这就需要制定新的索引结构来支持这样的标准。例如,考虑一个交通管理系统中成千上万的车辆和当地道路的热点。该系统可能需要预测用户选择的路径上潜在的堵塞点,并建议其他路线。这就需要伴随着移动对象的运动轨迹,评估多个空间的近似查询。因此,必须建立新的索引结构来支持这样的查询。当数据量迅速增长并且要求实现具有严格响应时间的查询时,设计这样的结构变得特别具有挑战性。

4. 隐私性

在大数据的背景下,数据的隐私是另一个值得关注的问题。例如,在美国对电子健康记录数据有严格的法律管理。对其他数据,目前并没有很明确的法规。很显然,对于个人数据不恰当的使用,特别是通过多个来源的数据连接,将会引起巨大的公众恐惧。管理数据的隐私权既是一种技术,也是一个社会学的问题,必须从两方面共同解决,以实现大数据的承诺。

例如,基于定位服务的数据收集。这些新架构需要用户与服务供应商分享他/她的位置,导致明显的隐私问题。用户的位置信息可以通过几个固定连接点(如手机发射塔)进行跟踪。过了一段时间后,这些可能关联到一个用户特定的居住或办公地点的数据包可被用来确定用户的身份。

一些其他类型的令人惊讶的私人信息,如健康问题(如存储于癌症治疗中心)或宗教的喜好(如存储于教堂)也可以通过长时间观察匿名用户的行为和使用模式被揭示出来。总的来说,人的身份和他们的运动模式之间有密切的相关性。

还有许多其他具有挑战性的研究问题,例如,我们不知道如何分享私人数据,同时限制隐私泄露,并确保共享数据具有足够的数据效率。现有的差分隐私模式是一种非常重要的方法,但它过多地减少了信息内容,在大多数实际情况下是无用的。另一个非常重要的挑战是在大数据的背景下,重新考虑信息共享的安全性。许多在线服务需要我们分享私人信息(如 Facebook),我们很难搞清楚共享数据的意义是什么,共享数据如何被链接,以及如何让用户细粒度地控制共享数据。

5. 人员协作

尽管计算分析已经取得了巨大的进步,但仍然有很多种模式可以由人类很容易地发现,计算机算法却难以找到。CAPTCHAs 就是基于这一事实区别人类用户和计算机程序。事实上,并不是所有的大数据分析都可以由机器执行,在这个循环中一定需要人类的参与。

处在当今复杂的世界中,往往需要来自不同领域的多个专家,才能真正了解正在发生的事情。一个大数据分析系统必须支持来自多个专家的输入,共享式地探索并给出结论。在一个房间里组装这样完整的团队花费昂贵,所以这些专家通常是在空间和时间上分离的。大数据系统必须接受这个分布式专家的输入,并支持他们的合作。

一种利用人类的智慧来解决问题的新方法称为众包(crowd-sourcing)。维基百科、在线百科全书等是最出名的众包的例子。大多数情况下,由陌生人提供的信息是正确的;然而,我们应该了解可能也有人提供虚假的信息,企图误导。虽然大多数这样的错误可被及时检测和纠正,但我们仍需要技术来实现这一切。

同时,我们还需要一个使用和分析这些众包数据的框架。例如,我们可以看到一个餐厅的评论,其中一些是积极的,而另外一些是批评的,我们需要作出一个总结评估,决定是否尝试去那里吃饭。我们希望计算机能做出同等的事情。

此外,数据采集设备固有的不确定性也带来额外的挑战。人类收集的数据可能是空间和时间相关的,需要很好地被利用并评估其正确性。当众包数据被获取时,如 Mechanical Turks,创建数据的一个主要目标是迅速地而不是正确地获取它,这是一个错误的理念,必须制定计划进行调整。

6. 访问和共享

虽然许多公开的网上数据具有潜在的发展价值,但仍有很多更有价值的数据由公司保管并且不允许公开访问。由此引发的一个挑战是,私人公司和其他机构不愿意分享他们的客户和用户的数据,以及他们自己的业务数据等。原因可能包括法律或声誉的考虑,需要保护自己的核心竞争力,或一个企业的文化等。

也存在一些制度和技术的挑战,如数据的存储地点和方式使它很难被访问和转移。一个有趣的例子是,麻省理工学院教授 Nathan Eagle 经常讲述他为了收集数据,如何花了几个星期的时间在非洲移动电话公司的地下室搜寻装满成百上千的磁备份磁带的大纸箱。

因此,与适当的合作伙伴在公共和私营部门访问非公开的数据需要制定严格的法律,以确保获取可靠的数据流,获取访问备份数据的回顾性分析和数据训练。还有针对数据的可比性和系统的可操作性等其他的技术挑战,但比起得到正式访问或许可权限的数据,这些都是需要处理的小问题。

对于大数据的发展来说,这些都是严峻的挑战。任何领域的倡议应该充分认识到隐私问题的特点和确保隐私不被泄露的数据处理方式的重要性。这些关注必须以建设性的方式培养和塑造数字时代数据隐私问题的持续辩论,以制定强有力的原则和严格的规定,确保"隐私保护分析"的实现。

Global Pulse 提出了"数据慈善事业"的概念,即"企业将主动匿名(清除所有的个人信息)它们的数据集并向社会创新人员提供这些数据,以实时或近实时地挖掘数据中的模式和趋势"。无论数据慈善概念启动与否,都已经确实指出的未来的挑战和途径,我们可以期待进一步的改进模型处理隐私和数据共享问题。

7. 数据管理政策

数据管理既不是一个标准化也不是一个简单的过程。公司的政治影响着什么样的数据可以在部门之间共享,以及什么样的数据如何与第三方共享。这种非常人性化的元素制造出技术本身无法超越的障碍。关于数据如何被格式化以实现跨数据集共享和匹配的决策是至关重要的,并影响后续数据处理的难易。

虽然一些数据管理问题是一个公司内部组织的简单问题,但也需要我们认真地考虑。当谈到数据访问和管理时,保护隐私和专有数据的法律框架仍是最重要的。

1.5.2　机遇

1. 数据革命

世界正经历着一场数据革命或"数据洪流",在今天数字时代的每一分钟,大量的数据定期产生并且来自不同类型的信息源。数据发射和传播的速度和频率,及持续上升的信息源数量和种类共同构成"数据洪流"。在全球范围内,可用的数据量从 2005 年的 150EB 增加到 2010 年的 1200EB。在未来的几年里,预计每年增长 40%。这个增长率意味着 2007~2020 年数字数据的存储量,预计将增加 44 倍,即每 20 个月翻一番[30]。

数据革命具有不同的特点和影响,数据存储的更新速度变得越来越快,产生大规模的数据并提供实时的服务。信息的性质也发生了改变,尤其是随着社交媒体和手机提供的服务范围的兴起,大部分信息可以被称为"数据排耗",换句话说,就是"数字化跟踪的或存储的,以及通过日常生活产生的人们的行动、选择或者喜好"。在任何时间和空间点,这些数据可供许多人使用,提供一个形象地把握社会脉搏的机会。这场数据革命是快速,呈指数级增长的,并且对于整个人类社会,尤其是发展中国家来说是非常重要的[31]。

2. 与发展中世界的相关性

数据革命不受工业化世界的限制,它也越来越多地在发展中国家发生。过去十年中,移动电话技术在数十亿人中传播,可能是自非殖民化运动和绿色革命以来影响发展中国家最显著的变化。在全世界范围内,2010 年有超过 50 亿的移动电话在使用,发展中国家使用量超过 80%,这个数字还在快速增长。在撒哈拉以南的非洲地区,这一趋势尤其令人印象深刻,在那里,移动电话技术已被用来作为日常的通信和交通基础设施的替代品。

在发展中国家,移动电话通常不仅用于个人通信,而且用于银行转账、寻找工作、购买和出售商品,或数据的传输,如测试结果、库存水平、各种商品的价格以及医疗信息等。在许多情况下,移动服务已经超过了经济发展速度和传统的可用性。例如,在孟加拉国的细胞集市(cell bazaar),允许客户通过手机购买和销售产品;在中东,手机提供了一个基于 SMS 的工作匹配服务;在肯尼亚,M-PESA 移动银行服务允许个人向银行或个人付款。

其他实时信息流也在各地区不断增长。在北美、西欧和日本,互联网流量在 2011~2015 年增长了 25%~30%;在拉美、中东和非洲这个数字超过 50%,大部分来自移动设备。此外,本地电话广播和信息热线等节目也有一个上升的趋势。

社交媒体的使用量,如 Facebook 和 Twitter 也迅速增长。例如,在塞内加尔,Facebook 每个月接纳约 100000 的新用户。跟踪网上新闻和社交媒体的趋势可以提供有关于新兴问题和社会模式的信息,这些都与全球发展密切相关。同时,由联合国机构和其他发展组织收集的数据为弱势群体提供服务,是另一种有前景的实时数据,特别是在信息和通信技术(ICT)组件的服务交付下产生的大量数字记录。

在几年内,虽然数据革命正以不同的方式和速度在全球范围内展开,越来越多的人认为大数据是创造"国际化发展的新机遇",但如果缺少用于探索其意义的"目标和能力",大数据也仅仅是一个原始的材料。

3. 持续变化年代的大数据目标

我们的世界变得更加不稳定,这增加了弱势群体生存的困难和风险。经济环境也存在各种波动(收益、价格、就业、资本流动等)。虽然这些不是新的变化,但在过去几年中,全球经济体系似乎更容易出现大而迅速的波动。

2007~2008 年一系列食品和燃料的危机已经出现,然后是 2008 年开始的"大萧条"。2011 年下半年,随着非洲之角的饥荒和欧洲、美国的金融不稳定,世界经济进入了另一个动荡的时期。根据经济合作与发展组织(Organization for Economic Cooperation and Development,OECD)预测,全球波动不大可能减弱:对全球经济破坏性的冲击可能会变得更加频繁,并导致更大的经济和社会的困难。由于增长的全球经济的互连互通性以及人、货物和数据传输的速度,某些事件(如金融危机或潜在的流行病)严重的经济影响还会持续增加。

对于许多发展中国家来说,波动性的经济和文化对贫困地区具有显著和长期的影响。决策者已经逐渐意识到这种日益增长波动性的代价;他们知道,最容易、更便宜的方法就是预防这些损害,或者保持它们的最低状态。这也是最近这些年争论的主题,就像这些词:波动性(volatility)、致命性(vulnerability)、脆弱性(fragility)和紧缩性(austerity)已成为头条新闻。

各种现有的早期预警系统(early warning systems)确实有助于提高国际社会的地位及影响,但它们的覆盖范围是有限的,而且它们非常昂贵。其中一些还被设计和实施问题困扰着。很多调查数据需要大量时间来收集、处理和验证,过于烦琐和昂贵的规模,使得它们无法作为一个有效的和积极的解决方案。

相对地,私营部门众多案例的成功(包含大数据分析实例)越发证明了实时数据分析的意义,由领先的机构和媒体倡导的"数据驱动的决策"(从世界经济论坛、麦肯锡研究所到纽约时代)已经开始使大数据的处理方式进入公众视野。

民间社会组织也表现出他们渴望拥有更灵活的实时数据处理方法。不断增长的"众包"和其他类型的"参与性传感器",通过使用手机和其他平台(包括互联网、手持收音机和地理信息技术等),将社区实践和相关人员紧密联系起来。在许多情况下,这些举措涉及不同地区的多个合作伙伴,构成了一种贸易的新方式。

世界各国政府都意识到大数据的力量。有些人选择管理海量数据的保守路径,包括严格管控方法(这可能会被证明是不可持续的),而另一些人则制定机构框架和支持创新,如开放数据运动,这将有助于利用大数据的力量实现共同的利益。

最后,社会科学的许多其他应用程序也加强并充分利用大数据的发展。

在全球日益剧烈波动的时代,对于数据革命和获取更好、更快信息的双重需求,导致 20 国集团领导人和联合国秘书长呼吁建立全球脉冲倡议(global pulse initiative),目标是通过建立新数据源和新型分析工具,开发"社会影响监测"和行为分析的新方法。超越单独的原始数据及其可用性,我们需要具有有效地理解和使用大数据的新能力。就像斯坦福教授 Andreas Weigend 所说的,数据是新的"石油",就像石油一样,使用之前必须精炼。

4. 已经启动的大数据

"大数据"是一个流行的术语,用来描述一个庞大的结构化和非结构化数据,它是如此之大,很难通过传统的数据库和软件技术进行处理。大数据的特点可理解为 3V:更大的体积、更多的种类和更快速度。数据来自世界各地:用于收集气候信息的传感器、社会媒体网站的帖子、发布在线的数字图片和视频、在线购买的交易记录、手机 GPS 的信号等。这些数据被称为"大数据",因为在范围和权力这两方面它都是巨大的。充分利用实时的、数字化的数据可为人类提供各种各样的机会。

一方面,发展的大数据涉及但不等同于"传统的数据发展"(如调查数据、官方统计数据等),也不同于私营部门和主流媒体所谓的"大数据"。例如,小额信贷数据(如客户的数量和类型、贷款数量和类型、还款违约)介于"传统开发数据"和"大数据"之间。鉴于移动和在线平台的扩展,给予和接受小额贷款意味着今天大量的小额信贷数据可被数字化地提供,可以进行实时分析,为发展大数据提供机会。

另一方面,推特(Twitter)数据、手机数据、在线查询数据等,这些类型的数据可以被称为"大数据",可定义为"大量的、高频的、被动生成的数字化数据"。虽然这些信息流在某些开发领域中没有被传统地使用,但可以证明它们对人类是非常有用的。因此,我们会认为它们是相关的大数据发展的来源。

大数据的开发来源一般都有以下特性。

(1) 数字化地被产生,即数据被数字化地创建(而不是手动实现),并通过一系列的 1 和 0 被存储,从而可以通过计算机进行操作。

(2) 被动地被生产,是我们日常生活或与数字服务互动的副产品。

(3) 自动地被收集,即有一个系统可提取和存储所产生的相关数据。

(4) 地理或临时性的可追踪,如手机位置数据或呼叫持续时间。

(5) 可持续分析,如有关人类及其发展的信息,可以被实时分析。

从时间维度上看,"实时"并不总是意味着立即发生。相反,"实时"可以理解为信息产生,并在短期内提供使用;时间框架内的信息允许在响应时间内采取行动。可以这样说,数据的实时性最终取决于进行的实时分析。同时,很难准确设定"即时"基准集,因为它随时可能过期。也必须指出,实时是一个属性,不会持续太久,它的应用必须有场景。

相对于空间的粒度,更细的并不一定是最好的。乡村或社区或个人的数据也许对于家庭来说是可取的,因为它可以提供更丰富的见解和更好地保护隐私。

我们必须认识到,大数据的发展是一个进化的和庞大的宇宙,并通过连续性和相对性进行定义。为了展开讨论,全球脉冲(global pulse)已经提出与全球发展相关的、新的数据源的分类。

(1) 数据消耗:从人们日常化数字服务中搜集的交易数据,如移动手机、购物记录、上网、操作性度量,以及由联合国机构、政府组织和其他组织用来监测各种项目进展情况(库存水平、学校出勤)而收集的实时数据。这些数字化服务建立了人类行为的网络化传感器。

(2) 在线信息:如新闻媒体、社交媒体(如博客、Twitter)、文章公告、电子商务、求职广告等网站内容,这种方法将 Web 使用和内容作为人类观点、情绪和需求的传感器。

（3）物理传感器：用于改变方位、交通模式、光排放、城市发展和地形变化等的卫星或红外图像，这种方法集中在人类活动变化的远程监控。

（4）民众报告或众包数据：通过基于移动电话的调查、热线、用户生成地图等，由民众主动产生和传递的信息；同时，这是一个用于验证和反馈的重要信息源。

5. 大数据分析能力

大数据技术能力的扩展已经应用于很多行业和学术界，最初应用于计算生物学、生物医学工程、医学和电子。大数据分析主要指将大量的原始数据转换成"关于数据的数据（data about the data）"的工具和方法，以达到分析的目的。它们通常依赖于强大的算法，在不同时间范围内的数据中发现模式、趋势和相关性；也依赖于先进的可视化技术，如"感知工具（sense-making tools）"等。经过训练，这些算法可以作出预测，用于从数据预期的趋势或关系中检测出大偏差形式的异常。

从不同种类的数据信息中发现模式和趋势，需要定义信息处理的通用框架。至少需要一个简单的词典，有助于标记每一个数据。

（1）What：数据所包含的信息类型。

（2）Who：观察员或记录员。

（3）How：获取数据的渠道。

（4）How much：数据是定量还是定性。

（5）Where and when：数据的时间和空间粒度，地理划分程度（省、村、户）和数据采集的间隔。

然后，为了进行数据分析，还需要一些充分的准备，可能包括以下内容。

（1）Filtering：去掉无关的信息；

（2）Summarising：从文本中提取关键词或关键词集；

（3）Categorising：将原始数据转化为合适的指标集，即为每个观测对象分配一个定性属性，如"负"与"正"；另一个方法是简单地从定量的数据中计算出某些指标，如价格的增长率。

一旦准备进行数据分析，数据分析的含义就是让强大的算法和计算工具应用于数据。这些算法的一个特点是它们调节参数的能力，通过部分数据来训练算法，以响应于新的数据流。这是非常重要的过程，因为这些先进的、具有许多相互作用元素的非线性模型需要更多的数据通过数据驱动的方法来校准。

这种密集的社会经济型数据挖掘，被称为"现实挖掘"可以揭示数据的流动过程和相互作用。现实挖掘可以用三种主要方式实现。

（1）流数据的连续数据分析，使用工具监测网络并分析高频的在线数据流，包括不确定的、不精确的数据。例如，系统性地收集在线产品价格，并进行实时分析。

（2）半结构化数据和非结构化数据的在线消化，如基于新闻项目、产品评论等的数据分析,以揭示热点话题、认知、需求和欲望。

（3）历史数据库的流数据实时相关性分析,这一术语是指关联和整合实时历史记录的机制,通过提供新数据的背景（历史）,发布情景化和个性化的信息空间,并且增加数据的价值。

大数据的发展,根据数据的可用性和特定需求,可以不同程度地使用这三种技术。此外,大数据分析的一个重要特征是可视化的作用,它可以基于发现的结果提供新的视角,而应用其他的工具很难体现。

第 2 章　大数据理论研究

2.1　大数据理论的本质依据

人类渴求确定性,自从诞生之始,人类就不停地探索着世界的运行规律。"知道更多"可以说是人类存在的一个终极追求,千万年来无时无刻不做着这件事情。

自然科学是关于因果性的知识,在很长时间内,对自然界因果关系的探究成为了人类研究的中心任务。早在古希腊时代,亚里士多德就对因果性进行了广泛的研究,在《分析后篇》中他指出:"当我们认为自己认识到事实所依赖的原因,而这个原因乃是这件事实的原因而不是别的事实的原因,并且认识到事实不能异于它原来的样子的时候,我们就认为自己获得了关于一件事物的完满的科学知识[32]。"在《物理学》中亚里士多德还说道:"人们如果还没有把握住事物的'为什么'(就是把握它的基本原因),是不会以为自己已经认识这一事物的。"他认为,要说明事物的存在,必须在现实事物之内找原因,并指出事物产生、变化和发展的原因[33]。

但是整个科学研究和社会过程都充满了不确定性。随着大数据时代的到来,这些巨型的、快速的、多种类的海量数据使得人类在这样规模的数据集中寻求因果关系变得无比困难。我们需要其他理论来应对信息社会"数据爆炸"和诸多涌现出来的数据"复杂性"的问题,然后才有可能探寻其背后的原因和过程。找出复杂数据之间的关联,挖出数据里面的金子,预测某些结果的发生,这就是大数据的相关性关系研究。

这样的相关性关系研究,使得人们可以在很大程度上从对因果关系的追求中解脱出来,将注意力转移到相关关系的发现和使用上。很多学者认为,只要发现了两个现象之间存在的显著相关性,就可以创造出巨大的经济或者社会效益。然而,对大数据及其理论的探索,这种过分强调"相关性"的研究体系和方法,是否将机器智能凌驾于人类智能之上,而在大数据理论研究的过程中,人类的知识和经验会起到什么样的作用,本节将就这些问题进行系统性的论述。

2.1.1　因果性和相关性

一切事物和现象都处在普遍联系之中,一般而言,事物所表现出来的因果性是指,每一种现象均是由另一种现象引起的,同时引起与之相关的另外一些现象。在这种联系中,引起它的现象被称为该现象的原因,该现象被称为引起它的现象的结果。与此同时，对于被该现象引起的其他现象，该现象又被称为原因，被引起的现象称为该现象的结果。

恩格斯指出："由于人的活动，就建立了因果的基础。"早期希腊哲学家提出了"数"、"逻各斯"、"理念"等概念，试图找出对所有事物通用的标准和概念。亚里士多德的四因说（质料因、形式因、动力因和目的因）也是西方早期哲学对因果关系的分析和界定[34]。

长期以来，对自然界线性因果关系的探究成了自然科学研究的中心任务。牛顿力学的极大成功成为科学理论的范本，确立了自然科学研究中典型的严格决定论范式，即人们通常认为任何现实事物的运动变化都有其原因，而要把握一件事物的本质就必须找出它的原因。严格决定论是指事物符合线性因果关系，事件发生与否、如何发生及其过程是按照"因果性"完全决定的，严格决定论实际上是一种满足充分必要条件的因果关系。

随着 19 世纪中后期达尔文进化论、热力学和 20 世纪早期现代物理科学的发展，人们看到了生物世界与物理世界、微观世界与宏观世界的巨大区别，认识到牛顿力学并不能解释全部世界的运动和变化，例如，在量子世界，以丹麦物理学家玻尔为首的包括海森堡、玻恩、泡利等在内的哥本哈根学派，创建了描述粒子状态的波函数的统计解释以及测不准原理和互补原理。量子科学将概率统计学引入到量子世界的研究当中，使得严格决定论的世界图景遭到严峻的挑战。

但是，如果我们理解并承认因果性具有可变的形式，"因果性"的假说依然具有普适性。爱因斯坦认为：量子物理学向我们显示了非常复杂的过程，为了适应这个过程，我们必须进一步扩大和改善我们的因果性概念[35]。事实上，统计决定论也是因果性的一种表现，多次丢硬币会形成规律性，统计物理学就是建立在大量微观粒子随机运动的统计规律上的。在自然科学研究中，因果性可以表现为"严格决定论"和"统计决定论"两种方式，广义上讲，"因果性"的认识对其他全部的科学领域产生了巨大的借鉴和模仿效应。

在各种归纳推理的合法性解释中，因果性解释似乎最为合理，至今，因果性依然是对归纳推理问题最通行的解答。罗素对因果性的解释是：一个普遍原理，在已知关于某些时空领域的充分数据的条件下，凭借这个原理我们可以推论出关于某些其他时空领域的某些情况。这种推论可能只具有概然性，但是只有在概率超过一半的时候，我们所谈的那个原理才能被称得上是一个"因果律"[36,37]。人类通过"因果律"来认知我们所在的世界。

通常我们会遇到某一个问题，如公司的市场份额下降了，然后我们马上会找出其内在的原因，收集数据样本进行分析，接着就会制定出一系列的指导方案，再去执行，印证找到的原因是否正确。因果分析一般流程如图 2.1 所示。

诚然，在数据量小的时候，这种精确的因果分析研究是唯一可行的方法，因为我们这个世界的运行规律本来就是浮动性的，如果分析过程再不要求精准，那么最终的结果更是相差甚远。事实上，这种基于有限样本的因果关系分析只是在数据量较小时的一种无奈之举。不仅推演过程非常麻烦，而且结果的有效性往往难以得到保证。

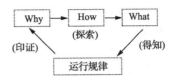

图 2.1　因果分析一般流程图

　　然而，随着海量数据的大规模剧增，数据或数据集之间存在复杂的关联，在面对和处理大数据时代诸多现象和问题时，人们经常会发现无论是运用"严格决定论"还是"统计决定论"，因果性分析和解释都存在着许多理论上和实际中的困难和局限。例如，对要求快速反应的事件（如股票预测和流感趋势），我们更迫切的是想知道接下来要怎么做，而对组件之间的因果关系并不感兴趣。

　　"相关性"是一种比因果性更广泛的概念。在集合论中，相关性不过是两个集合或多个集合组成元素之间的"有序对"，通俗地讲，是一些对应关系，如一对一、一对多或多对一的关系，它完全没有包含"因果"的含义。函数关系也是在此基础上定义的，"自变量"在数学上并没有原因的意思，"因变量"（函数）也没有结果的意思。可见、因果关系（或因果作用）比一般的相关性进了一步，它要求揭示事物之间、个体元素之间的机制作用。

　　在哲学范畴，自从科学出现以来，因果与相关的关系既相互区别又相互交叉。1913 年，罗素曾尝试用函数的概念代替因果概念。他说："我相信符合哲学家要求的因果律是一个逝去时代的遗留物，就像君主政体一样，它的存在只因为人们错误地认为它是无害的……老因果律之所以长期保留在哲学家的书本中，那是因为他们大多数人对函数概念不熟悉[38]。"不过，1948 年罗素还是放弃了用函数代替因果的这个观点，提出了很有分量的"因果过程"或"因果线"的概念以及因果线交叉而发生"因果作用"的概念。

　　在大数据时代，相关关系分析为我们提供了一系列新的视野和有用的预测，我们看到了很多以前不曾注意到的联系，还掌握了以前无法理解的复杂技术和社会动态。最重要的是，通过探求"是什么"，而不是"为什么"，相关关系帮助我们更好地了解了这个世界。

　　所以，舍恩伯格在《大数据时代》一书中这样写道："我们没有必要非得知道现象背后的原因，而是要让数据自己发声"以及"相关关系能够帮助我们更好地了解这个世界。"他认为，建立在相关关系分析法上的预测是大数据的核心。通过找到"关联物"并监控它，我们就能够预测未来。进而他又提出："相关关系的核心是量化两个数据值之间的数理关系。相关关系强是指当一个数据值增加时，另一个数据值很有可能也会随之增加。相反，相关关系弱就意味着当一个数据值增加时，另一个数据值几乎不会发生变化。例如，我们可以寻找关于个人的鞋码与幸福的相关关系,但会发现它们几乎扯不上什么关系[39]。"

对于大数据研究而言,必须突破自然科学所遵循的"因果性"框架,寻求更为广泛有效的"相关性"研究,以摆脱认识论上局限于决定论的因果性认识以及方法论上过多依赖微积分方程的局面。

"因果性和相关性"这样的问题在本质上可以认为是人类思维和机器思维的区别。我们不能说让机器分析更加关注因果性,而应该考虑怎么加入人类文化、心智以及经验这样的因素,考虑人工干预的方式和深度,以及在人类智能和机器智能共生的未来,人类怎么能够发挥独特的优势。

2.1.2　大数据情绪理论

因果性具有决定论性质,通常试图通过普适性理论来解释经验现象为什么发生以及如何发生,而相关性强调事物的差异性和独特性,往往通过经验材料证明事物之间或者要素之间存在关联性,这种关联性一般不具有决定论性质,它超出了因果性所能解释的能力和范围。舍恩伯格也曾提到了人类具有急于寻找"因果性"的冲动,而有时候找到的所谓"因果"并非真正的因果。表面理性的人常常被非理性所迷惑,满足于想当然的解释。在这种情况下,片面甚至错误的因果性远远不及相关性对事物的描述精确。因此,尽管因果关系是有用的,但在大数据理论研究中,科学家不能仅仅采用因果性进行分析和解释,更需要注重事物之间的相关性。

在大数据时代,我们拥有了足够多的海量数据,分析事物的方式也变得完全不同。无论一件事情有着多么复杂或隐秘的内在因果规律,只要这件事情发生了,它就一定会有所表现,也就是说它会呈现出这件事情所拥有的"特征"。例如,使人感到难过的原因有千万种,错综复杂,或许我们根本就无法探究。但是不论如何,只要一个人感到难过了,他就一定会表现出难过所拥有的特征,如落泪、一言不发,甚至是独自喝闷酒……

当数据量小的时候,我们总会是寻求因果关系分析,想知道产生这些结果的原因究竟是什么,但事实上这可能很难或者很不精确。但是借助于大数据的力量,我们能从无数的例子当中得出:如果一个人落泪了,或者是流露出闷闷不乐的神情,或者独自喝闷酒,那么他极有可能是感到难过了。

所以,大数据的真正魅力就在于它把所有的理论分析全部都屏蔽了,我们无须再从构建假设入手,计划,分析,实施,最后印证……这样一步步地推演过来,它直接就能够把最终的结果告诉你。

那么,大数据究竟遵循的是一种什么理论呢?

1884 年,心理学家威廉·詹姆斯(William James)提出了一种特殊的情绪学说,这个学说认为,情绪只不过是对于身体所发生变化的感觉,如果没有了身体变化,如肌肉紧张、心中加剧等,也就没有什么情绪[40]。身体变化在先,情绪体验在后。他进而认为任何心理变化(情绪)必然跟随着某种身体变化。詹姆斯的"情绪理论"与丹麦生理学家卡尔·兰格(Carl Lange)于 1885 年发表的一篇论文观点上相似,后人把它称为"詹姆斯-兰格情绪理论[41]"。

威廉·詹姆斯是 20 世纪初美国心理学界的领导人物,自他的《心理学原理》一书于 1890 年出版以来,"詹姆斯-兰格情绪理论"一直是科学界一个争论不休的课题[42]。情绪理论对一些悲伤、恐惧、愤怒和爱等属于"每个人都认识的机体的强烈反响"的粗情绪,以及诸如道德、智能和审美感等细情绪,或那些机体反响不太明显和强烈的情绪,提出了关于其组成、识别和条件作用的一种生理学解释。

詹姆斯提出,情绪是对特殊刺激产生的机体变化的知觉。强烈的情绪与骨骼肌的活动和自主神经系统控制的活动实际上是密切相关的。

每一个与血管神经系统的功能变化相连接的行为,必定会有一个情绪的表达。按詹姆斯所述,人们所体验的心境感情和情绪,由机体发生的一些变化导致,通常我们称其为这些机体变化的表现或结果。一种纯粹脱离现实的情绪(如不伴有心跳加快、呼吸急促或四肢软弱无力的恐惧情绪)对这一理论来说是不存在的。当人们面临使人兴奋的物体或事情时,由于体内的反射作用而出现一些机体的变化,这种机体变化的结果即为情绪。此外,这一理论中阐述,情绪的表达与其产生的原因(纯粹的身体变化或情感变化)无关。

情绪体验的顺序有三个因素:①人们对兴奋的事情或物体的感知;②机体的表现,如哭泣、击打或逃遁;③精神的感情或情绪,如感到害怕或愤怒。一般人的常识是把哭泣、击打或逃遁等机体的表现置于愤怒或恐惧之后的。詹姆斯-兰格情绪理论改变了这种顺序,把机体的表现置于感知兴奋性事情和产生情绪的中间。用日常的话来解读,意思是"我们哭,然后感到伤心",而不是"我们感到伤心,然后就哭了"。如詹姆斯所述,机体的变化直接跟在感知兴奋性事件之后,然后出现感情,是为情绪,即身体变化引发情绪体验。

关于这个理论的正确性我们暂且不论,但是如果我们将这个理论引申一下,就能够得出一个有趣并且极其重要的结论:我们能够通过一个事物所呈现出来的特征来认识该事物。这样一个简单的理论却足以颠覆我们的思维模式。如果我们能够收集到足够多的数据,不需要知道导致事物结果的起因,不需要再从原点开始一步一步地归纳推理,也不需要对得出的结论进行验证,这些大量的数据能够很清晰地把整个事件描绘出来,这样,事物的主要特征以及最终的结果就显而易见了。

简言之,大数据情绪理论基于事物表现出来的特征描述事物规律,并给出事物结果,见图 2.2。其核心思想就是:事物特征(身体变化)导致事物结果(情绪体验)。

如图 2.3 所示,当基于有限样本的因果关系分析时,我们首先知道结果,然后经过推导,分析产生这个结果的原因;当数据量超过一定阈值时,通过海量数据(特

图 2.2　大数据情绪理论

征)的涌现,大数据情绪理论就可以将这些特征(身体表现)及其所能导致的结果(情绪)直接呈现出来;甚至,我们可以不去探究产生这些结果的原因。这也正是大数据时代"相关性"理论研究的本质,它与"情绪理论"不谋而合。

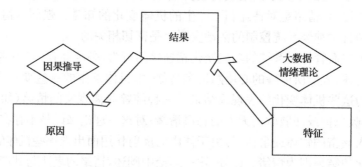

图 2.3　因果分析及大数据情绪理论

2.1.3　理论模型探究

随着信息时代的来临,首先带来了信息生产方式的变化:计算机、手机、小型摄像机等信息生产设备的普及,使每位拥有者都能很轻易地创建自己的信息;其次,信息的记录形式越来越丰富:以前人们一般都是通过纸张来记录信息的,如今可以用短信、语音、视频、照片、微博等多种多样的方式将信息记录下来;最后,信息的种类越来越复杂。据调查,未来 10 年里结构化数据的增长率约为 32%,而非结构化数据的增长率则将高达 63%,非结构化数据将占到未来 10 年新增数据的 90%,大量的半结构化和非结构化数据无疑增加了数据分析和处理的难度。

庞大的数据规模和多样的数据类型导致了海量数据所呈现的特征也日益变化和复杂,从众多纷繁的数据特征中提取出关键特征,探讨事物特征与事物结果(目标)之间的映射关系,进行相关理论模型研究是非常必要的一项工作。根据大数据情绪理论,本书提出交叉性模型、关联性模型和层次性模型,基于数据特征进行事物结果(目标)的发现。

1. 交叉性模型

交叉性模型的核心思想:不基于某个单独的数据特征预测事物结果,而是通过数据特征之间的交叉与组合来发现新的问题,找到事物结果(目标),见图 2.4。

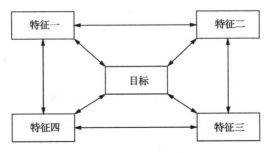

图 2.4　交叉性模型

2. 关联性模型

关联性模型的核心思想:根据评价函数(指标),从大量复杂的表象中找出最相关的一个特性作为关联物,基于单一的数据特征(关联物),对事物结果(目标)进行预测,见图 2.5。

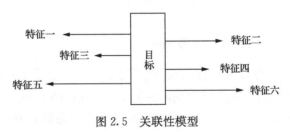

图 2.5　关联性模型

3. 层次性模型

层次性模型的核心思想:对原始(底层)特征集进行分类,逐层提取并形成新特征,将高层特征(一个或多个)作为特征聚合的结果,以此推断出事物结果(目标),见图 2.6。

2.1.4　大数据理论研究的整体框架

面对日积月累存储的庞大数据,能否从这些凌乱纷繁的数据中寻找它的价值与规律,能否从海量数据中预测出未来事件的发展态势,能否提供符合用户需求的信息(知识),如何很好地解决这些问题,是“数据科学”时代的重点议题之一,也因此形成了大数据理论研究的整体思路。

就像大数据时代所述的:“大数据的强大之处就在于通过数据挖掘,能够披露珍藏在海量数据下的潜信息、隐信息,让我们获得第三只眼,越来越多地拥有未卜先知的能力。大数据不提供关于世界的真相和原理,只进行知其然而不知其所以然的那些判断。”

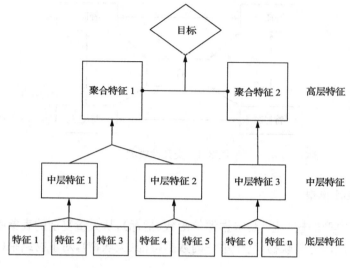

图 2.6　层次性模型

1. 从传统思维模式到大数据思维模式

全球数据量出现爆炸式增长,数据成了当今社会增长最快的资源之一。根据国际数据公司(IDC)的监测统计,即使在遭遇金融危机的 2009 年,全球信息量也比 2008 年增长了 62%,达到 80 万 PB;到 2011 年全球数据总量已经达到 1.8ZB,并且以每两年翻一番的速度飞速增长。在数据规模急剧增长的同时,数据类型也越来越复杂,包括结构化数据、半结构化数据、非结构化数据等多种类型,其中采用传统数据处理手段难以处理的非结构化数据已接近数据总量的 75%。

如此增长迅速、庞大繁杂的数据资源,给传统的数据分析和处理技术带来了巨大的挑战。当大数据占据我们这个信息社会的中心舞台时,我们需要一种全新的思维方式理解这个世界。传统知识观中的因果律遭到极大的挑战,而基于"相关性"的大数据思维使人类从过去的认知体系中解放出来,实现对未来的预测。

与大数据相关的大数据技术、大数据工程、大数据科学和大数据应用等迅速成为信息科学领域的热点问题,得到了一些国家政府部门、经济领域以及科学领域有关专家的广泛关注。2012 年 3 月 22 日,奥巴马宣布美国政府五大部门投资 2 亿美元启动"大数据研究和发展计划(Big Data Research and Development Initiative)"[43],欲大力推动大数据相关的收集、存储、保留、管理、分析和共享海量数据技术研究,以提高美国的科研、教育与国家安全能力。这是继 1993 年美国宣布"信息高速公路"计划后的又一次重大科技发展部署,美国政府认为大数据是未来信息时代的重要资源,战略地位堪比工业时代的石油,其影响除了体现在科技、经济方面,同时会对政治、文化等方面产生深远的影响。

在商业方面,2013 年,Gartner 发布了将在之后三年对企业产生重大影响的十大战略技术中,大数据名列其中,提出大数据技术将影响企业的长期计划、规划和行动方案,同时,IBM、Intel、EMC、Walmart、Teradata、Oracle、Microsoft、Google、Facebook 等发源于美国的跨国巨头也积极提出自己的应对大数据挑战的发展策略,成为发展大数据处理技术的主要推动者。

在科技领域,庞大的数据正改变着人类发现问题、解决问题的基本方式,采用最简单的统计分析算法,将大量数据不经过模型和假设直接交给高性能计算机处理,就可以发现某些传统科学方法难以得到的规律和结论。图灵奖得主吉姆·格雷提出的数据密集型科研第四范式[44],不同于传统的实验、理论和计算三种范式,以数据为中心,分析数据的相关性,打破了千百年来从结果出发探究原因的科研模式。

对市场营销者来说,大数据是个无尽的宝藏。在各种环境影响下的人类各个层面的情感世界,例如,天气变化和市场波动引起的情绪变化,都可以在对数据的分析中展现出来,用户的画像会无比真实。如何分配和优化投资方案,如何设计某类产品的属性,如何精准地个性化定位……一个无比强大的工具将改变商业的许多决策。

虽然大数据日益升温,但与大多数信息学领域的问题一样,对大数据的基本概念及特点、大数据要解决核心问题,目前尚无统一的认识。因此,必须从思想渊源和全局高度深刻认清大数据时代所面临的问题,找出对应的解决办法,形成复杂环境下基于需求的大数据理论支撑,真正体现出大数据思维模式所创造的数据价值。

2. 从传统数据库管理到数据分析和挖掘

"互联网女皇"Mary Meeker 在 2012 年互联网发展趋势中,用一幅生动的图像来描述大数据。一张是整整齐齐的稻草堆,另外一张是稻草中缝衣针的特写。这幅画说明了通过数据挖掘技术的帮助,可以在稻草堆中找到你所需要的东西,哪怕是一枚小小的缝衣针。这也告诉了我们一个道理,虽然每一条数据都有它自身所承载的内容,反映的事物或者现象也千差万别,但是从宏观上来看,数据并非是杂乱无章的,它们也有共同的特点和规律[45],这就需要我们去分析和挖掘。这也是"数据科学"时代研究人员需要认真思考并且必须要做的事情。

传统的数据库管理(database management)是有关建立、存储、修改和存取数据库中信息的技术,以保证数据库系统的正常运行和服务质量。其主要内容有数据库的调优,数据库的重组,数据库的重构,数据库的安全管控,报错问题的分析,汇总和处理,数据库数据的日常备份。数据库管理先后经过人工管理阶段,文件系统阶段和数据库系统阶段,实现对结构化数据的存储、查询及控制。

随着海量数据积累所造就的"数据科学"时代的到来,不同领域不同格式的数据从生活的各个领域涌现出来,这些数据含有噪声,具有动态异构性,是相互关联和不可信的。针对大数据的这些复杂特性,传统数据库系统的处理能力显得捉襟见肘和力不从心。相比之下,数据分析和挖掘技术帮助我们发现数据中隐藏的关系和模式;它使人们通过数据了解现在发生了什么,更可以通过数据对将要发生什么进行预测。

数据分析是数学与计算机科学相结合的产物,其数学基础在 20 世纪早期就已确立,但直到计算机的出现才使得实际操作成为可能。它是指用基于统计学的方法(查询、报表、联机应用分析等)对收集来的大量历史数据进行分析,提取有用信息,对数据进行概括总结并形成结论。与传统数据分析相比,数据挖掘是在没有明确假设的前提下去挖掘信息、发现知识、预测未来。数据挖掘本质上是基于知识发现,通过探索和分析大规模数据,从而发现新的模式和规则的过程。在实际生活中,数据分析和挖掘技术可帮助人们作出判断,以便采取适当行动,见图 2.7。

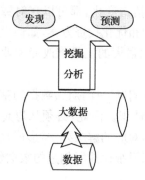

图 2.7　大数据中的数据挖掘与
数据分析

麦肯锡旗下研究部门麦肯锡全球学会(McKinsey Global Institute)2011 年发布的一份报告显示,预计美国需要 14 万～19 万名拥有"深度分析"专长的工作者,以及 150 万名更加精通数据的经理人,无论是已退休人士还是已受聘人士。想要充分发挥数据的价值,数据的整合或融合技术、数据分析和挖掘技术显得比以往任何时候都重要。

从更广义的层面上讲,如果每一个人都能自由接触到大数据分析和挖掘,不受政府垄断的控制,一个全新的思考方式就是:数据不再是《1984》世界中冰冷的老大哥控制的机器,每个人都可以将自己个体的因素(意外、热爱、冷酷,甚至错误)沉浸在系统中,影响系统的方向与决策。人类的各种感知和思想可以通过大数据进行更快的实验和更多的探索,人类灵感产生的各种火花也可以通过大数据多角度、多层次地爆发出来,这将是个美丽的世界——人类的创造力可以在大数据中充分得到最精彩的展示。

3. 从传统因果分析到相关性分析

大数据已经不再是计算、统计学科的专宠,商业界对大数据的广泛应用表明大数据正式进入各行各业。谷歌不是依赖高品质的翻译,而是利用更多的数据,进入了翻译这个市场。这家搜索巨头收集各种企业网站的翻译、欧盟的每一种语言的文本、巨大的图书扫描项目中的翻译文件。超越 IBM 以百万级的文本分析,谷歌的大数据是以十亿万级计的。其结果是，它的翻译质量优于 IBM，能涵盖 65 种语言，而且翻译质量在云端不断优化。谷歌凌乱的大数据战胜了 IBM 少量的干净数据。

统计学家纳特·西尔弗在著名的《信号和噪声》（*The Signal and the Noise*）一书中说："大数据中大多数都是不相干的噪声，除非有很好的技术信息进行过滤和处理，否则将惹上麻烦。"也就是说，大数据为我们提供了观察世界的新方式，但它往往还是类似原油粗糙的形式，如果不经过提炼与应用，就无法变成汽油、胶黏剂、阿司匹林、唇膏等各种现代工业产品。我们今天的大数据时代，就像是德州刚发现油田的时代，需要各个学科的通力协作、更换思维，正如石油的发现催生工业时代的能源革命一样[46]。

怎样将凌乱的大数据进行对石油一样的提炼与应用呢？一项重要的思维就是从传统的因果分析向相关性分析转换。

在传统的统计分析中，一个重要的因素是因果关系的可靠性，在有限的样本下，科学家在假设检验中往往用各种专业统计软件进行假设检验，根据概率 P 值（P-value，probability）进行检验决策。P 值反映某一事件发生的可能性大小，一般以 $P < 0.05$ 为显著，从而确认两个变量间可能存在因果关系。

但大数据的出现改变了这种在科学界普遍追求的因果关系的检验。大数据主要从"相关性"着手，而不是因果关系，这从本质上改变了传统数据的分析模式。

案例 1：2009 年 2 月，谷歌的研究人员在《自然》发表了一篇论文，正确预测出季节性流感的爆发，在医疗保健界引起了轰动。具体地，谷歌对 2003 年和 2008 年间的 5000 万个最常搜索的词条进行大数据"训练"，试图发现某些搜索词条的地理位置是否与美国流感疾病预防和控制中心的数据相关。相比于美国流感疾病预防和控制中心发布的滞后 1～2 个星期的信息，谷歌大数据发现了实时的趋势[47]。

案例 2：英国华威商学院的研究人员与波士顿大学物理系的研究人员合作，同样通过谷歌趋势（Google Trends）服务预测股市的涨跌。题为《使用谷歌趋势量化金融市场的交易行为》（Quantifying trading behavior in financial markets using google trends）的论文也发表在《自然》上。[48]

数据往往都是不完美的，拼写错误和不完整短语普遍存在。为什么谷歌可以实现这么精准的预测？显然，谷歌不是从因果关系出发，而是从相关性的角度去考虑，基于不断变化的大众搜索词条中，预测一个持续发展的大方向。

当然，谷歌算法的结果也具有不确定性。物理学家玻尔在量子理论中阐述，任何对原子体系的观测都会涉及所观测对象在观测过程中的改变。和谷歌的算法一样，我们自身的行为很可能在谷歌的观测中改变。因此，不可能对量子有单一的定义，也不可能要求谷歌预测的趋势百分之百正确。

"相关性"思维对大数据理论研究非常重要。人们可以在很大程度上从对因果关系的追求中解脱出来,转而将注意力放在相关性分析上;不一定弄清为什么相关,只要发现了两个现象之间存在显著的相关性,就可以创造出巨大的经济或者社会效益。当完成了对大数据的相关性分析,而又不再仅仅满足于"是什么",人类是否还会继续向更深层次出发,研究因果关系,找出背后的"为什么"?

2.2　大数据处理流程和技术体系

大数据时代已经到来,相应的技术体系仍是大数据研究及应用的重点课题。与大数据处理的一般流程对应,大数据的技术体系大体上分为五部分:大数据获取技术、大数据预处理技术、大数据存储与管理技术、大数据分析与挖掘技术和大数据可视化技术。本节对大数据的处理流程以及相关技术进行简要的探讨。

2.2.1　大数据处理的一般流程

大数据处理的一般流程见图 2.8,包括大数据获取、大数据预处理、大数据存储与管理、大数据分析与挖掘及大数据可视化。

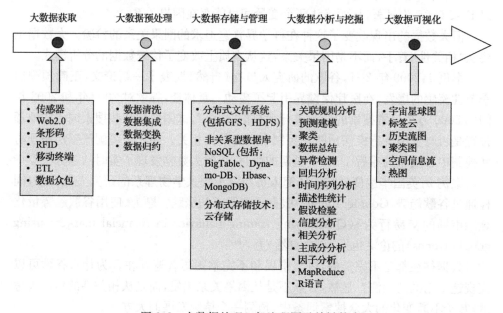

图 2.8　大数据处理一般流程图及关键技术

2.2.2　大数据应用的技术体系

大数据技术能够将隐藏于海量数据中的信息和知识挖掘出来,为人类的社会经济活动提供依据,从而增强各个领域的运行效率,大大提高整个社会经济的集约化程度。对应于大数据的生命周期,本节对大数据处理流程中各关键技术进行相关描述及讨论。

1. 大数据获取技术

每天都有大量数据产生,这些数据通过不同的途径以不同的形式被接收和记录。大数据获取技术实现对结构化、半结构化及非结构化的海量数据的智能化采集。通过传感器、RFID、社交网络、移动终端及移动互联网等方式获得的各种类型的海量数据资源,为大数据处理、分析和挖掘提供可操作对象,是实现大数据知识服务的基础。几种常见的大数据获取技术如下。

1) 传感器技术

可以说,传感器无处不在,传感器技术的迅速发展和传感器网络的逐步完善,为大数据的获取提供了有力的保障。由于构建传感器网络的设备、数据收集、数据存储等方面的差异性,网络孤岛普遍存在,如何解决异构网络所带来的数据共享问题一度成为学者面临的极大挑战。不过随后美国国家技术标准局(NIST)和 IEEE 共同组织了关于制定智能传感器接口和连接网络通用标准的研讨会,产生了 IEEE 1451 传感器/执行器、智能变送器接口标准协议族,试图解决传感器市场上总线不兼容的问题。2005 年,开放地理空间联盟(OGC)提出了一种新型的传感器 Web 整合框架标准,让用户能透过 Web 界面完成节点搜寻、数据获取及节点控制功能。

2) Web 2.0 技术

Web 2.0 的概念出现于 2004 年出版社经营者 O'Reilly 和 Media Live International 之间的一场头脑风暴论坛。所谓的 Web 2.0 是指互联网上的每一个用户的身份由单纯的"读者"进化为"作者"以及"共同建设人员",由被动地接收互联网信息向主动创造互联网信息转变。Web 2.0 伴随着博客、百科全书以及社交网络等多种应用技术的发展,大量的网页点击与交流促使海量数据的形成,给人类日常生活方式带来了极大的变革。

3) 条形码技术

条形码的使用给零售业带来了革命性的改变,通过内嵌 ID 等信息,条形码在被扫描之后,快速在数据库中进行 ID 匹配,很快就可获知该产品的价格、性能、厂商等具体信息,条形码被广泛应用于零售商店的收银以及车站售票等业务中,每天大量的商品销售记录(数据)通过扫描条形码而产生。近年来智能手机盛行,手机应用如微信中的二维条形码也随处可见。

4) RFID 技术

RFID(radio frequency identification)技术又称无线射频识别,是一种通信技术,可通过无线电信号识别特定目标并读写相关数据,而无须识别系统与特定目标之间建立机械或光学接触。射频标签是产品电子代码(EPC)的物理载体,附着于可跟踪的物品上,可全球流通并对其进行识别和读写,RFID作为构建物联网的关键技术近年来受到人们的关注。

无线电信号是通过调成无线电频率的电磁场,把数据从附着在物品上的标签上传送出去的,以自动辨识与追踪该物品。某些标签在识别时从识别器发出的电磁场中就可以得到能量,并不需要电池;也有标签本身拥有电源,并可以主动发出无线电波(调成无线电频率的电磁场)。标签包含了电子存储的信息,数米之内都可以识别。与条形码不同的是,射频标签不需要处在识别器视线之内,也可以嵌入被追踪物体之内。

许多行业都运用了射频识别技术。RFID与条形码相比,扩展了操作距离,且标签的使用比条形码更加容易,携带一个可移动的阅读器便可收集到标签的信息,被广泛应用于仓库管理和清单控制方面。RFID读写器也分移动式的和固定式的,目前RFID技术应用很广,如图书馆、门禁系统、食品安全溯源等。

5) 移动终端技术

随着科学技术的发展,移动终端诸如手机、笔记本电脑、平板电脑等随处可见,加上网络的宽带化发展以及集成电路的升级,人类已经步入了真正的移动信息时代。如今的移动终端已经拥有极强的处理能力,通信、定位以及扫描功能应有尽有,大量的移动软件程序被开发并应用,人们无时无刻不在接收和发送信息。目前,智能手机等移动设备的数量仍然在迅猛增长,移动社交网络也日益庞大和复杂,海量的数据穿梭其中,针对移动数据的处理也将越来越复杂。

6) ETL

ETL(extraction-transformation-loading),中文名称为数据提取、转换和加载。ETL负责将分散的、异构数据源中的数据(如关系数据、平面数据文件等)抽取到临时中间层后进行清洗、转换、集成,最后加载到数据仓库或数据集市中,成为联机分析处理和数据挖掘的基础。ETL一词较常出现在数据仓库,但其对象并不局限于数据仓库。

ETL工具有OWB(oracle warehouse builder)、ODI(oracle data integrator)、Informatic PowerCenter、Trinity、AICloudETL、DataStage、Repository Explorer、Beeload、Kettle、DataSpider。目前,ETL工具的典型代表有Informatica、DataStage、OWB、微软DTS、Beeload、Kettle等。开源的工具有Eclipse的ETL插件。

7) 数据众包

数据众包见图2.9,是互联网蓬勃发展背景下产生的一种创新的数据采集方式,由企业方通过平台把数据采集任务外包给非特定的大众网络。通过让更合适的人群参与其中来发现创意和解决技术问题。比较成功的众包例子有Wikipedia这样的知识贡献类平台,GitHub这样的IT类平台,也有面向大数据分析类的众包平台 Kaggle。

图 2.9　数据众包

2. 大数据预处理技术

含噪声的、冗余的海量数据会降低知识发现过程的性能或使之陷入混乱，导致不可靠的输出。数据预处理(data preprocessing)指在主要的处理以前对数据进行的一些处理。可以改善数据的质量，从而提高其后的挖掘过程的精度和性能。数据预处理有多种方法：数据清洗、数据集成、数据变换、数据归约等[49]。

1）数据清洗

数据清洗可以去掉数据中的噪声，纠正不一致，以达到格式标准化、异常数据清除、错误纠正和重复数据消除的目的。主要解决的问题有空缺值、错误数据、孤立点、噪声。其中空缺值和错误数据是这一步骤处理的重点。

2）数据集成

数据分析中经常包含来自多个数据源的数据，这就需要把来自多个数据库、数据立方体或文件的数据结合起来并统一存储，即数据集成。为了提高挖掘的效率，有时还需要将数据转换成适于挖掘的形式。

3）数据变换

数据变换通过平滑聚集、数据概化、规范化等方式将数据转换成适用于数据挖掘的形式。通常采用线性或非线性的数学变换方法将多维数据压缩成较少维数的数据，消除它们在时间、空间、属性及精度等特征表现方面的差异。

（1）平滑：清除噪声数据。去除源数据集中的噪声数据和无关数据，处理遗漏数据和清洗脏数据。

（2）聚集：对数据进行汇总和聚集，用来为多粒度数据分析构造数据立方体。例如，可以聚集日销售数据，计算月和年销售额。

（3）数据概化：使用概念分层，用高层次概念替换低层次"原始"数据。

（4）规范化：将属性数据按比例缩放，使之落入一个小的特定区间。

4）数据归约

数据经过去噪处理后，需根据相关要求对数据的属性进行相应处理。数据规约就是在减小数据存储空间的同时尽可能保证数据的完整性，获得比原始数据小得多的数据，并将数据以合乎要求的方式表示。主要方法有以下几种。

（1）维归约：通过删除不相关的属性（或维）减少数据量。

（2）数据压缩：应用数据编码或变换得到原数据的归约或压缩表示。

（3）数值归约：数值归约通过选择替代的、较小的数据表示形式来减小数据量。

（4）概念分层：通过收集并用较高层的概念替换较低层的概念来定义数值属性的离散化。

3. 大数据存储与管理技术

大数据存储与管理要用存储器把采集到的大规模数据存储起来，建立相应的数据库，并进行管理和调用。诸多因素导致了数据库系统尤其是其扩展性面临严峻的挑战，主要体现在：①单机方面，并行数据库基于高端硬件设计，认为查询失败是特例且纠错复杂，不符合大规模集群失效常态的特性；②集群方面，并行数据库对异构网络支持有限，各节点性能不均，容易引起"木桶效应"。这些缺陷使我们面对大数据的存储及管理往往力不从心。针对大数据时代的复杂结构化数据，特别是半结构化数据和非结构化数据的海量存储和分布式存储的需求，下面重点介绍几种存储架构及技术。

1）高效低成本的大数据文件存储技术：分布式文件系统（distributed file system，DFS）

DFS 是指文件系统管理的物理存储资源不一定直接连接在本地节点上，而是通过计算机网络与节点相连。使用分布式文件系统可以轻松定位和管理网络中的共享资源、使用统一的命名路径完成对所需资源的访问，见图 2.10。

例子：（1）Google 文件系统（Google file system，GFS）是一个可扩展的分布式文件系统，用于大型的、分布式的、对大量数据进行访问的应用。它运行于廉价的普通硬件上，将服务器故障视为正常现象，通过软件的方式自动容错，在保证系统可靠性和可用性的同时，大大降低了系统成本。

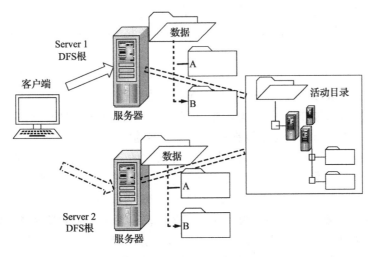

图 2.10 DFS 示意图

（2）除了 GFS，业界其他针对大数据存储需求的文件系统也层出不穷。Hadoop 是一个分布式系统基础架构，由 Apache 基金会开发。用户可以在不了解分布式底层细节的情况下开发分布式程序，充分利用集群的威力高速运算和存储。Hadoop 实现了一个分布式文件系统（Hadoop distributed file system，HDFS）。HDFS 有着高容错性的特点，并且设计用来部署在低廉的硬件上。HDFS 作为模仿 GFS 的开源实现，同样为 Hadoop 的底层数据存储支撑，提供数据的高可靠性和容错能力，拥有良好的扩展性和高速数据访问性。

2）非关系型大数据管理与处理技术：非关系型数据库 NoSQL

关系型数据库的局限性主要体现在：①难以满足高并发读写的需求；②难以满足对海量数据高效率存储和访问的需求；③难以满足对数据库高可扩展性和高可用性的需求。

NoSQL 数据库打破了传统关系数据库的事务一致性及范式约束，放弃了关系数据库强大的 SQL，采用<Key，Value>格式存储数据，保证系统能提供海量数据存储的同时具备优良的查询性能。NoSQL 数据存储不需要固定的表结构，通常也不存在连接操作，具有模式自由、备份简易、接口简单和支持海量数据等特性，在大数据存取上具备关系型数据库无法比拟的性能优势。

例子：（1）并行数据库由于扩展性方面的缺陷无法胜任大数据的处理工作，谷歌在 GFS 之上又设计了 MapReduce 的分布式数据库 BigTable，代表未采用关系模型的 NoSQL（not only SQL）数据库由此诞生，为应用程序提供了比单纯的文件系统更方便、更高层的数据操作能力。BigTable 提供了一定粒度的结构化数据操作能力，主要解决一些大型媒体数据（Web 文档、图片等）的结构化存储问题。

BigTable 的设计目的是可靠地处理 PB 级别的数据,并且能够部署到上千台机器上。BigTable 已经在超过 60 个 Google 产品和项目上得到了应用,包括 GoogleAnalytics、GoogleEarth 等。

(2) DynamoDB 是 Amazon 提供的共享式数据库云服务,可用性和扩展性都很好,性能也不错,读写访问中 99.9% 的响应时间都在 300ms 内。DynamoDB 通过服务器把所有的数据存储在固态硬盘(SSD)上的三个不同的区域。如果有更高的传输需求,DynamoDB 也可以在后台添加更多的服务器。

(3) HBase(Hadoop database)是一个分布式的、面向列的开源数据库,HBase 在 Hadoop 之上提供了类似于 BigTable 的能力,是 Hadoop 项目的子项目。

(4) MongoDB 是一个基于分布式文件存储的数据库。由 C++语言编写,是一个介于关系数据库和非关系数据库之间的产品,是非关系数据库当中功能最丰富最像关系数据库的。它支持的数据结构非常松散,可以存储比较复杂的数据类型。它支持的查询语言非常强大,其语法有点类似于面向对象的查询语言,几乎可以实现类似关系数据库单表查询的绝大部分功能,而且支持对数据建立索引。

3) 大数据分布式存储技术:云存储

云存储是在云计算(cloud computing)概念上延伸和发展出来的一个新概念,是指通过集群应用、网格技术或分布式文件系统等功能,将网络中大量各种不同类型的存储设备通过应用软件集合起来协同工作,共同对外提供数据存储和业务访问功能的一个系统。

当云计算系统运算和处理的核心是大量数据的存储和管理时,云计算系统中就需要配置大量的存储设备,那么云计算系统就转变成为一个云存储系统,所以云存储是一个以数据存储和管理为核心的云计算系统。

简单来说,云存储就是将存储资源放到云上供人存取的一种新兴方案。使用者可以在任何时间、任何地方,透过任何可联网的装置连接到云上方便地存取数据。

4. 大数据分析与挖掘技术

想要从大数据中获取价值,最重要的就是对大数据进行分析和挖掘,只有通过挖掘才能获取很多深入的、有价值的、智能的信息。目前,越来越多的应用领域涉及大数据,而这些大数据的属性,包括数量、速度、多样性等都呈现出不断增长的复杂性,所以大数据的分析和挖掘方法显得尤为重要,可以说是决定最终信息是否有价值的决定性因素;同时,这些分析和挖掘算法一定要能够应付大数据的量,并具有很高的处理速度。

1) 数据分析

数据分析的数学基础在 20 世纪早期就已确立,但计算机的出现才使得实际操作成为可能,数据分析是指对杂乱无章或毫无规律的数据,通过作图、制表、用各种形式的方程进行拟合、计算某些特征量等手段,探索数据规律性的可能形式,即往什么方向和用何种方式去寻找和揭示隐含在数据中的规律性[50];或者使用数理统计方法对所选模型进行可靠程度或精确程度的评估。

主要的分析方法如下。

(1) 描述性统计:是指运用制表和分类、图形以及计筹概括性数据等方法来描述数据的集中趋势、离散趋势、偏度、峰度。

(2) 假设检验:用来判断样本与样本、样本与总体的差异是由抽样误差引起还是本质差别造成的统计推断方法。其基本原理是先对总体的特征作出某种假设,然后通过抽样研究的统计推理,对此假设应该被拒绝还是接受作出推断。

(3) 信度分析:检查测量的可信度,如调查问卷的真实性。

(4) 列联表分析:用于分析离散变量或定型变量之间是否存在相关性。

(5) 相关分析:研究现象之间是否存在某种依存关系,对具体有依存关系的现象探讨相关方向及相关程度。

(6) 方差分析:方差分析(analysis of variance,ANOVA),又称"变异数分析",是 Fisher 发明的,用于两个及两个以上样本均数差别的显著性检验。方差分析是从观测变量的方差入手,研究诸多控制变量中哪些变量是对观测变量有显著影响的变量。

(7) 主成分分析:主成分分析法通过研究指标体系的内在结构关系,从而将多个指标转化为少数几个相互独立且包含原来指标大部分信息(80%或 85%以上)的综合指标。得出的综合指标(主成分)之间相互独立,减少信息的交叉,这对分析评价极为有利。

(8) 因子分析:一种旨在寻找隐藏在多变量数据中、无法直接观察到却影响或支配可测变量的潜在因子,并估计潜在因子对可测变量的影响程度以及潜在因子之间的相关性的一种多元统计分析方法。

(9) 典型相关分析:相关分析一般分析两个变量之间的关系,而典型相关分析是分析两组变量(如 3 个学术能力指标与 5 个在校成绩表现指标)之间相关性的一种统计分析方法。

(10) 生存分析:用来研究生存时间的分布规律以及生存时间和相关因素之间关系的一种统计分析方法。

(11) ROC 分析:ROC 曲线是根据一系列不同的二分类方式(分界值或决定阈),以真阳性率(灵敏度)为纵坐标,以假阳性率(1-特异度)为横坐标绘制的曲线。ROC 分析是指基于 ROC 曲线界限值,判定系统准确性。

2) 数据挖掘

数据挖掘就是从大量的、不完全的、有噪声的、模糊的、随机的实际应用数据中,提取隐含在其中的、人们事先不知道的、潜在有用的模式的过程。数据挖掘涉及的技术方法很多,主要包含预测建模、聚类、关联规则分析、数据总结、时间序列分析、依赖关系或依赖模型发现、异常检测、回归分析等[51]。

(1) 预测建模:基于有限的训练样本,估计出一个函数 g,实现从一个输入空间 X 到一个输出空间 Y 的点(或特征向量)的映射。预测建模的问题分为回归问题和分类问题。

(2) 聚类:将数据记录分组成不同的子集,在每个子集中的数据与该子集的其他数据"类似",且不同于其他子集的数据。

(3) 关联规则分析:寻找一个模型,描述变量之间显著的相互依赖关系。

(4) 数据总结:针对数据子集建立一种简洁的描述方法。例如,表述数据子集中一些属性之间的相似性。

(5) 异常检测:专注于从以前测量的或规范性的数据中发现最显著的变化。

(6) 时间序列分析:是一种动态数据处理的统计方法。该方法基于随机过程理论和数理统计学方法,研究随机数据序列所遵从的统计规律,以用于解决实际问题。

(7) 回归分析:是确定两种或两种以上变量间相互依赖的定量关系的一种统计分析方法。

3) 软件实现

(1) MapReduce 是一种编程模型,用于大规模数据集(大于 1TB)的并行运算。概念 Map(映射)和 Reduce(归约)是它们的主要思想,都是从函数式编程语言和矢量编程语言里借鉴的特性。它极大地方便了编程人员在不会分布式并行编程的情况下,将自己的程序运行在分布式系统上。当前的软件实现是指定一个映射函数,用来把一组键-值对映射成一组新的键-值对,指定并发的归约函数,用来保证所有映射的键-值对中的每一个共享相同的键组。

在谷歌,超过 1 万个不同的项目已经采用 MapReduce 来实现,包括大规模的算法图形处理、文字处理、数据挖掘、机器学习、统计机器翻译以及众多其他领域。

(2) R 语言是一种自由软件编程语言与操作环境,主要用于统计分析、绘图、数据挖掘。R 语言擅长在 Hadoop 分布式文件系统中存储的非结构化数据上进行分析。R 语言现在还可以运行在 HBase 这种非关系型数据库以及面向列的分布式数据存储之上。

5. 大数据可视化技术

数据可视化技术的基本思想是将数据库中每一个数据项作为单个图元元素表示,大量的数据集构成数据图像,同时将数据的各个属性值以多维数据的形式表示,可以从不同的维度观察数据,从而对数据进行更深入的观察和分析。大数据时代的可视化技术将传统数据可视化技术应用于大数据,用图表、地图、动画以及随时间和空间变化的物理现象或物理量等更直观生动的形式来展示数据,更便于数据的理解。

大数据可视化不仅是静态的仪表盘和数据的图形展现,而且开启了通过数据交互与数据对话的新时代。大数据可视化系统的作用不仅仅是呈现数据,更重要的是赋予了数据被发现的价值。大数据可视化趋势包括:①多视图整合,探索不同维度的数据关系;②数据视图的交互和联动;③多形式数据的高分辨率展示。

面对海量的数据,如何将其清晰明朗地展现给用户是大数据处理所面临的巨大挑战。无论是学术界还是工业界,对大数据进行可视化的研究从未停止。将大数据图形化、图像化以及动画化等展示出来的技术和方法不断出现,下面介绍几种典型的案例。

1) 宇宙星球图

俄罗斯工程师 Ruslan Enikeev 根据 2011 年年底的互联网数据,将 196 个国家的 35 万个网站数据整合起来,并根据 200 多万个网站链接将这些“星球”通过“关系链”联系起来组成了因特网的宇宙星球图。不同颜色代表不同的国家,每个“星球”的大小根据其网站流量来决定,而“星球”距离远近根据链接出现的频率、强度等决定。类似地,对于具有复杂结构的社交网络,宇宙星球图同样十分适用,可以根据个人的知名度、人与人之间的联系等绘画星球图。

2) 标签云

标签云的设计思路主要是,对于不同的对象用标签来表示,标签的排列顺序一般依照字典排序,按照热门程度确定字体的大小和颜色、一套相关的标签以及与此相应的权重。权值影响标签的字体大小、颜色或其他视觉效果。典型的标签云有30~150 个标签,用以表示一个网站中的内容及其热门程度。标签通常是超链接,指向分类页面,如图 2.11 所示。

图 2.11　标签云

3）历史流图

对于一个面向大众的开放文档,编辑和查阅都是自由的,用户可以随时自由地对文档进行增加或删除操作。在历史流图中,横坐标轴表示时间,纵坐标轴表示作者,不同作者的不同内容对应中间部分不同颜色和长度,随着时间的推移,文档的内容不断变化,作者也在不断增加。通过对历史流图的观察,很容易看出各人对该文档的贡献,当然,除了发现有人对文档给出有益的编辑外,也存在着一些破坏文档、删除内容的人,但总有逐渐被修复回去的规律。像维基百科等的词条注释文档,历史流图的可视化效果十分明显。

4）聚类图

聚类图是指用图形方式展示聚类分析结果的技术,有助于判断簇数量不同时的聚类效果,见图 2.12。

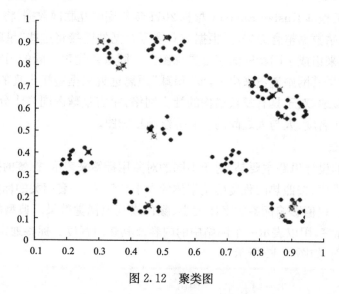

图 2.12　聚类图

5）空间信息流

空间信息流是展示信息空间状态的一种可视化技术,见图 2.13。

6）热图

热图是一项数据展示技术,将变量值用不同的颜色或高亮形式描绘出来,可以非常直观地呈现一些原本不易理解或表达的数据,如密度、频率、温度等,见图 2.14。

关于大数据可视化方面的努力还有很多,不同的“源数据”有不同的可视化策略,大数据可视化的研究工作仍有待进行下去。

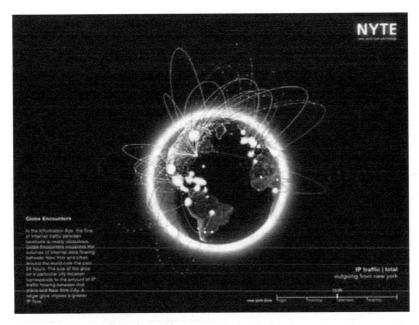

图 2.13　空间信息流

图 2.14　热图

第 3 章　大数据面临的主要问题

3.1　面向大数据处理流程的主要问题及其相互关系

基于大数据的处理流程,本书归纳了七方面三个层次的主要问题。问题分层示意图见图 3.1。

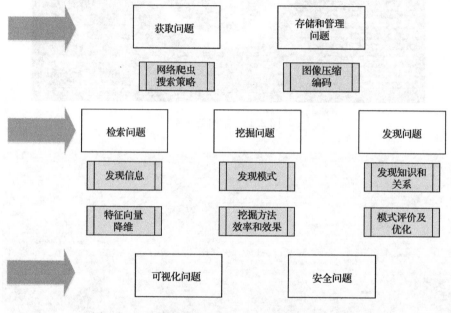

图 3.1　面向大数据处理流程的主要问题分层结构图

1. 获取问题、存储问题和管理问题

大数据处理的第一阶段即大数据获取、存储和管理。其中,大数据获取是指针对海量数据进行智能化识别、定位、跟踪及采集。大数据存储与管理是指如何将采集到的大规模数据有效地存储起来,建立相应的存储机制,并进行管理和调用。

1) 网络爬虫搜索策略

作为获取网络大数据信息资源的主要途径,网络爬虫技术成为大数据获取阶段的研究热点。其中,网络爬虫搜索策略(URL 的搜索策略)的制定决定了网络爬虫的网页抓取行为和搜索的结果和效率,是本书将要讨论的问题。

2）图像压缩编码问题

数据的指数型增长以及数据的多样化、变化性和复杂性对大数据分布式存储架构和管理提出了较高的要求。尤其是在存储资源有限的前提下，需要解决单位存储空间的存储效率问题，实现存储效率的最大化。本书针对图像数据的存储问题进行了讨论，为半结构化数据的有效存储提供了一种新方法。

2. 检索问题、挖掘问题和发现问题

大数据处理的第二阶段是实现信息检索、数据挖掘和知识发现，这也是整个大数据处理流程的核心。

1）特征向量降维

简单来说，信息检索就是发现信息的过程，即如何实现标签匹配，返回满足用户需求的结果。这涉及如何建立文档索引结构，确定检索模型以及如何匹配用户需求和文档资源。文本表示及其特征项的选取是信息检索的一个基本问题，尤其是面对海量数据，高维的文本特征向量增加了大数据处理的时间和复杂度。因此，为提高信息检索的准确性，高维的特征向量降维是我们要展开讨论的问题。

2）挖掘方法效率和效果

作为知识发现最重要的一步，数据挖掘从数据中发现模式，其本质就是数据建模的过程。现在的主要数据挖掘技术包含预测建模、聚类、关联规则学习、数据总结和异常检测。大数据时代要求数据挖掘算法必须处理来自海量的异构数据源并且非常复杂的数据，然而，传统的数据挖掘技术在算法的可扩展性（泛化性）、鲁棒性和时效性等方面存在或多或少的问题。因此，开发智能化的、高效的数据挖掘方法是大数据带给我们的一个重大挑战。

3）模式评价及优化

大数据环境下的知识发现强调发现数据中的知识和关系，即面向人类用户评价挖掘出的模式，并将其解释为有用或有趣的知识。数据挖掘可能会产生大量冗余或无关的模式，在知识发现阶段，我们解决的问题就是：如何根据一定的指标，对挖掘出的模式进行评价，向用户提供真正有趣的模式（知识）；以及如何基于已有模式进行优化，形成新的模式，满足用户的需求和目标。

3. 可视化问题和安全问题

大数据处理的最后阶段即实现大数据可视化和确保数据的隐私和安全。面对海量的数据，如何将数据或者从数据中挖掘的知识清晰明朗地展现给用户是大数据处理面临的巨大挑战；此外，如何在分享私人数据的同时，限制用户隐私的泄露，是大数据面临的另一个挑战。在本书中不作详细介绍。

3.2 获取问题

大数据获取是在确定用户目标的基础上,针对该范围内的海量数据的智能化识别、定位、跟踪及采集。目前大数据的来源可大致分为:①海量交易数据,企业内部的经营交易信息主要包括联机交易数据和联机分析数据,是结构化的、通过关系数据库进行管理和访问的静态、历史数据;②海量交互数据,源于各种网络和社交媒体的半结构化和非结构化数据,它包括 Web 文本和点击流数据、手机呼叫详细记录、GPS 和地理定位映射数据、通过管理文件传输协议传送的海量图像文件、评价数据、科学信息、电子邮件等;③海量传感器数据,源于各类传感器,如摄像头、可穿戴设备、智能家电、工业设备等。传感器数据包含多种环境信息,如人体运动记录、操作记录等,随着传感器技术的发展,这部分数据规模将更加庞大。

针对如此庞大的数据集,在采集过程中,我们主要面临的挑战如下。

(1)数据的分布性:文档分布在数以百万计的不同服务器上,没有预先定义的拓扑结构相连。

(2)数据的不稳定性:定期或不定期地添加和删除数据。

(3)数据的无结构和冗余性:很多网络数据没有统一的结构,并存在大量重复信息。

(4)数据的错误性:数据可能是错误的或无效的。错误来源有录入错误、语法错误、OCR 错误等。

(5)数据的异构性:不同结构的海量数据,包括多媒体数据(图片、视频、音频等)、语言、字符集等。

在过去,电商会使用传统的关系型数据库 MySQL 和 Oracle 等来存储每一笔事务数据,除此之外,Redis 和 MongoDB 这样的 NoSQL 数据库也常用于数据的采集。在大数据时代,快速的海量数据导致传统关系型数据库的存储效果和并发访问等诸多问题。所以,如何制定采集策略完成多种类复杂数据的采集,如何部署大量的采集端数据库进行分布式采集,并保证数据库之间的负载均衡都是需要深入思考的问题。

3.2.1 大数据获取

作为大数据系统的第一步,大数据获取包括数据收集(data collection)、数据传输(data transportation)和数据预处理(data pre-processing)。在大数据获取过程中,一旦原始数据(raw data)被收集,一个有效的传输机制可以被用来将原始数据传送到合适的存储管理系统,支持不同的分析应用。收集的数据集会包含很多冗余或无用的数据。例如,高冗余度是环境监测传感器所收集的数据集中普遍存

在的问题。数据压缩技术可以用来降低冗余度。因此,数据预处理是保证有效的
数据存储和利用必不可少的操作。

1. 数据收集

数据收集是利用特殊的数据收集技术,从一个特定的数据生成环境中获取原
始数据。常用的数据收集方法如下。

(1) 日志文件:作为一种广泛使用的数据收集方法,日志文件是由数据源系统
自动生成的记录文件,为了后续的分析,以指定的文件格式记录活动。日志文件通
常用于几乎所有的数码设备。例如,Web 服务器日志文件记录了 Web 服务器接
受处理请求以及运行时错误等各种原始信息,以及 Web 网站的外来访问信息,包
括各页面的点击数、点击率、网站用户的访问量和 Web 用户的财产记录等[52-54]。

为获取用户在网站上的活动信息,Web 服务器主要包括以下三种日志文件格
式:公用日志文件格式(NCSA)、扩展日志格式(W3C)和 IIS 日志格式(Mi-
crosoft)。所有三种类型的日志文件都是 ASCII 文本格式。除了文本文件外,数
据库有时可能会被用来存储日志信息,从而提高海量日志存储的查询效率。还有
基于数据收集的一些其他日志文件,包括金融应用中的股票指标以及网络监控和
交通管理中的运行状态确定。

(2) 传感器:传感器是日常生活中常见的用来测量物理量,并为了后续处理
(和存储),将物理量转换成可读的数字信号的设备。传感数据可分为声波、声音、
振动、化工、电流、天气、压力、温度等,传感信息通过有线或无线网络传输到数据收
集点。一方面,有线传感器网络可以方便地获取相关信息;另一方面,针对一个特
定现象的未知位置以及被监测环境没有通信基础设施等情况,在有限的能量和通
信能力下,必须使用无线通信实现传感器节点之间的数据传输。

近年来,无线传感器网络(WSN)已经获得了相当多的关注,并已应用于许多
领域,如环境研究、水质监测、土木工程和野生动物习惯监测。无线传感器网络通
常由大量的地理分布式的传感器节点组成,每一个都是由电池提供能量的微型装
置[55,56]。根据应用要求,这些传感器被部署在指定的位置上,用来收集遥感数据。
一旦部署完传感器,基站将网络配置/管理或数据采集的控制信息发送到传感器节
点。基于这样的控制信息,传感数据在不同的传感器节点被组合并送回基站进行
下一步处理。

(3) 获取网络数据的方法:目前,网络数据采集是基于网络爬虫、分词系统、任
务系统和指标体系的组合办法。

网络爬虫是一个自动提取网页的程序,它为搜索引擎从万维网上下载和存储
Web 网页。一般来说,网络爬虫从初始网页的统一资源定位器(URL)来访问其他
链接的网页;同时,它存储和排列所有检索到的 URL。网络爬虫通过优先级队列

获取一个 URL,然后通过这个 URL 下载网页;在下载的网页中识别所有的 URL,并提取新的 URL 放在队列中。该进程一直循环,直到满足系统一定的停止条件(一般通过深度和过期时间来设置终止条件)[57]。

当前的网络数据收集技术主要包括基于传统 Libpcap 的抓包技术、零拷贝抓包技术,以及一些专业网络监控软件,如 Wireshark、SmartSniff 和 WinNetCap。

除了上述三个主要数据源的数据采集方法,还有很多其他的数据收集方法和系统。例如,在科学实验中,许多特殊的工具可以用来收集实验数据,如磁谱仪和射电望远镜。我们可以从不同的角度对数据收集方法进行分类。从数据来源的角度,数据采集方法可以分为基于数据源的收集方法和基于其他辅助工具的收集方法两大类。

2. 数据传输

在原始数据收集(raw data collection)完成后,为了后续的处理和分析,数据将被转移到一个数据存储基础设施中。大数据主要存储在数据中心。为了提高计算效率和便于硬件维护,应该对数据布局进行调整。换句话说,内部的数据传输在数据中心内进行。因此,数据传输分为两个阶段:外部数据通信网(inter-DCN:data communication network)传输和内部数据通信网(intra-DCN)传输。

外部数据通信网传输是指从数据源到数据中心,它一般通过现有的物理网络基础设施实现。世界上大多数地区的物理网络基础设施都是由高容量、高速度和低成本的光纤传输系统构成的。在过去的 20 年里,先进的管理设备和技术已被开发并用于光纤网络的智能控制和管理,如基于 IP 的波分复用(WDM)网络架构。WDM 技术是将不同波长的光信号复用到一根光纤中进行传送,它利用了一根光纤可以同时传输多个不同波长的光载波的特点,把光纤可能应用的波长范围划分成若干波段,每个波段用作一个独立的通道传输一种预定波长的光信号[58,59]。目前,主干网已经部署在单信道速率 40Gbit/s 的 WDM 光传输系统上,单信道 100Gbit/s 速率的传输技术已经出现,预示着 100Gbit/s 传输时代将在不久的未来来临。

然而,传统的光传输技术始终被带宽所限制。最近,正交频分复用(OFDM)被视为未来高速光传输的主要候选技术之一。OFDM 是一种多载波并行传输技术,它将信道分成若干正交子信道,将高速数据信号转换成并行的低速子数据流,调制到在每个子信道上进行传输。可以在接收端采用相关技术将正交信号分开,这样可以减少子信道之间的相互干扰[60,61]。与 WDM 固定的信道间隔相比,OFDM 允许子信道频谱彼此互相重叠。因此,它是一个灵活的、高效的光网络技术。

内部数据通信网传输是数据中心内部的数据传输。内部数据通信网传输依赖于数据中心内部的通信机制(物理连接板、芯片、数据服务器的内部存储器、数据中心的网络体系结构和通信协议)。数据中心由多个集成的服务器机架组成,通过内部的网络互连[62,63]。目前,大多数数据中心的内部连接网络是基于多物网络流的胖树(fat-tree)拓扑结构和二层或三层网络结构[64,65]。在两层拓扑结构,机架可由1Gbit/s 的机架顶端交换机(TOR)连接,这样的机架顶端交换机与 10Gbit/s 的汇聚交换机连接。三层拓扑结构是在两层拓扑结构的顶层增加一层,这一层由10Gbit/s 或 100Gbit/s 的核心交换机组成,在拓扑结构中用于连接各汇聚交换机。还有其他的拓扑结构旨在改善数据中心网络效率。

由于分组交换机不足,很难在提高通信带宽的同时保持低能耗。多年来,由于光学技术取得了巨大的成功,在数据中心网络之间使用光互连引起了广泛关注[66,67]。光互连是一种高通量、低延迟、低能耗的解决方案。目前,光学技术仅用于数据中心的点对点连接。这样的光链路将 10Gbit/s 速率的低成本多模光纤(MMF)用于交换机连接。数据中心网络的光互连是一个可行的解决方案,它可以提供 Tbit/s 级别的数据传输带宽和低能耗。

最近提出了许多数据中心网络的光互连方案,一些方案建议增加光路进而升级现有的网络,还有一些方案认为应该完全替换现有的交换机技术。作为一种强化技术,周等[68]采用 60GHz 频段无线链路来增强有线链路。同时,网络虚拟化也可以考虑用来提高数据中心网络的效率和效用。

3. 数据预处理

由于数据来源广泛,收集到的数据集随着噪声、冗余和一致性等方面不停变化,存储毫无意义的数据无疑是一种浪费。此外,一些数据分析方法对数据质量有严格的要求。因此,在很多情况下,应该对数据进行预处理,整合不同来源的数据,以实现有效的数据分析。数据预处理不仅降低了存储费用,而且提高了分析精度。下面讨论一些相关的数据预处理技术。

1)数据集成

在分析中经常包含来自多个数据源的数据,这就需要把来自多个数据库、数据立方体或文件的数据结合起来存放在一个一致的数据存储器中,即数据集成。数据集成是现代商业信息学的基石,涉及结合不同来源的数据,并为用户提供统一的数据视图。对于传统的数据库来说,这是一个成熟的研究领域。从历史上看,数据仓库(data warehouse)和数据联合(data federation)这两种方法已被广泛认可。数据仓库包括 ETL(extract,transform 和 load)的过程。提取包括连接源系统、选择、收集、分析和处理必要的数据。转换是指执行一系列的规则,将提取的数据转化为标准格式。加载是将提取和转换数据输入到目标存储基础设施。加载是这三者中最复杂的程序,其中包括如变换、复制、清洗、标准化、筛选和数据组织之类的操作。也可建立虚拟数据库,查询和聚合来自不同数据源的数据。但这样的数据库并不真正包含数据,相反,它包含与实际数据相关的信息和元数据以及它的位置。简单的"存储—读取"方法不能满足数据流或搜索应用程序的高性能要求。一般来说,数据集成方法都伴随着数据流处理引擎和搜索引擎[69]。数据集成时有许多问题需要考虑,例如,实体识别问题就是其中的一个问题,实体识别问题主要是匹配来自多个信息源的现实世界的实体。例如,数据分析人员或计算机如何才能确定一个数据库中的客户(customs)和另一个数据库中的客户(customs_n)指的是同一个实体。通常,数据库和数据仓库中客户的元数据(关于数据的数据)可以帮助避免数据集成时实体匹配的错误。

数据集成的另一个重要问题是数据值冲突的检测与处理。对于现实世界的同一实体,由于表示、比例或编码不同,来自不同数据源的属性值可能不同。例如,重量属性可能在一个系统以公制单位存放,而在另一个系统中以英制单位存放。这种语义表达上的不一致性是数据集成的巨大挑战。仔细将多个数据源中的数据集成起来,能够减少或避免结果数据集中的冗余,有助于提高其后挖掘的精度和速度。

2) 数据清洗

数据清洗是用来识别不准确的、不完整的或不合理的数据,然后修改或删除这些数据,以提高数据质量的过程[70]。一般来说,数据清洗包括五个互补的过程:定义和确定错误类型、搜索和识别错误、修正错误、记录错误示例和错误类型、修改数据录入程序来减少未来的错误。在清洗过程中,应该检查数据格式、完整性、合理性和限制。数据清洗对于保持数据的一致性至关重要,它被广泛应用于银行、保险、零售业、电信、交通控制等许多领域。

在电子商务中,大多数数据被自动收集,这可能会造成严重的数据质量问题。经典的数据质量问题主要来自软件缺陷、定制错误或系统配置。

3) 冗余消除

数据冗余是指数据的重复和过剩,这在许多数据集中经常发生。数据冗余会增加不必要的数据传输费用并引起存储系统的缺陷,如存储空间的浪费,导致数据的不一致性、数据的可靠性降低和数据损坏等。目前已有各种冗余消除的方法,如冗余检测、数据过滤和数据压缩。这样的方法可以适用于不同的数据集或应用环境。然而,冗余消除也可能带来一定的负面影响。例如,数据压缩和解压缩会导致额外的计算负担。因此,应仔细权衡冗余消除的效益和成本。

从不同领域收集的数据将越来越多地以图像或视频格式呈现。众所周知,图像和视频包含相当大的冗余,包括时间冗余、空间冗余、统计冗余和传感冗余。视频压缩广泛用于降低视频数据中的冗余,也存在许多视频编码标准(MPEG-2、MPEG-4、H. 263、H. 264/AVC)[71]。

对于广义数据传输或存储,重复数据删除是一种特殊的数据压缩技术,旨在消除重复的数据复制[72]。在重复数据删除过程中,单个数据块或数据段将被分配标识符(如使用 Hash 算法)并被存储,同时将标识符添加到标识列表中。如果一个新的数据块的标识符与识别列表中相同,那么新的数据块将被视为冗余的,将由对应的存储数据块替换。重复数据的删除可以大大减少存储需求,这对于一个巨大的数据存储系统尤为重要。

除了上述数据预处理方法外,具体的数据对象也会通过其他操作进行处理,例如,针对描述数据对象的高维特征向量(或高维特征点)进行降维(特征选择或特征提取等)。

事实上,基于不同数据集的考虑,建立一个统一的数据预处理过程和技术使其适用于所有类型的数据集是不太可能的。因此,需要综合考虑具体的特征、问题、性能要求以及数据集的其他因素,然后选择合适的数据预处理策略。

3.2.2　网络爬虫问题描述

搜索是人工智能中的一类基本问题,是推理不可分割的一部分,因而,尼尔逊(Nilsson)把它列入人工智能研究的四个核心问题之一。进一步说,任何问题的求解过程都是搜索的过程,迄今为止,搜索技术已经渗透到各种人工智能的应用中。搜索中需要解决的具体问题如下。

(1) 是否一定能找到一个解。

(2) 是否终止运行或是否会陷入一个死循环。

(3) 找到的解是否是最佳解。

(4) 时间与空间复杂性。

搜索策略的制定是搜索问题的难点和重点。它是推理的控制核心,用于构造一条合适的搜索路线,使得搜索代价最小并且效率最高。搜索策略的性能直接影响到系统求解问题的性能及效率,对于需要快速处理的问题及面临组合爆炸的问题(如博弈问题)来说,搜索策略的性能甚至会关系到问题求解的成败。一般来说,搜索策略分为盲目搜索和启发式搜索。

盲目搜索(或称非启发式搜索):在不具有对特定问题的任何相关信息的条件下,按固定的步骤进行的搜索。盲目搜索在搜索过程中获得的中间信息(知识)不会用来改进搜索策略。这种搜索的共同特点是没有利用问题本身的特性,具有很大的盲目性。搜索空间较大,效率不高,不适用于复杂问题的求解。

启发式搜索(或称非盲目搜索):结合特定问题领域可应用的知识,尽量减少不必要的搜索,以求尽快地达到目标状态。启发式搜索中要用到与问题本身的某些特性相关的启发性信息(知识),以指导搜索朝着最有希望的方向前进,加速问题的求解过程并且找到最优解。由于这种搜索针对性较强,原则上只需要搜索问题的部分状态空间,效率较高。

作为一种主要的获取网络数据资源的方法,网络爬虫对网页 URL 的抓取过程也是一类搜索问题。它根据网页 URL 抓取问题的实际情况基于一定的搜索策略,选择合适的搜索路径,搜索匹配的网页 URL,抓取并放入队列中。

网络爬虫的工作流程较为复杂,它根据一定的搜索策略从队列中选择下一步要抓取的网页 URL,同时结合一定的网页分析算法过滤与主题无关的链接,保留有用的链接并将其放入等待抓取的 URL 队列。此外,所有被爬虫抓取的网页将会被系统存储,进行一定的分析、过滤、排序并建立索引,以便之后进行查询和检索;对于聚焦爬虫来说,这一过程所得到的分析结果还可能对以后的抓取过程给出反馈和指导。总体上,网络爬虫面临的三个主要问题如下。

（1）对抓取目标的描述或定义:是决定网页分析算法与 URL 搜索策略如何制定的基础。

（2）对网页的分析算法和候选 URL 排序算法:是决定搜索引擎所能提供的服务形式的关键。

（3）网络爬虫搜索策略（URL 的搜索策略）:决定了网络爬虫的网页抓取行为,以保证更有效的搜索和更好的覆盖范围。

3.3　存储和管理问题

数据存储就是根据不同的应用环境通过采取合理、安全、有效的方式,将数据以某种格式记录在计算机内部或外部存储介质上,并能保证其有效访问的技术。数据存储总体来讲包含两方面的含义:①提供数据临时或长期驻留的物理媒介;②保证数据完整安全的读写或访问。

随着 Internet 的发展,各种类型的数据呈爆炸式的增长趋势,其增长速度打破了摩尔定律,复杂、高速、多种类的海量数据给大数据存储带来了前所未有的挑战。

（1）数据从 GB、TB 到 PB 量级的迅速增长预示着,在大数据时代,数据存储中的容量增长是没有止境的。如果只是一味地添加存储设备,那么无疑会大幅增加存储成本。此外,不同应用对于存储容量的需求也有所不同,而存储空间如果不能得到充分利用,势必也造成了浪费。

因此,海量存储对数据的存储效率提出了要求,即如何使单位物理媒介存储的信息量最大,以确保存储服务器的最优性能。

（2）数据的指数型增长,数据的多样化、地理上的分散性以及对重要数据的保护等都对数据存储架构提出了更高的要求。传统的关系型数据库和数据仓库共享磁盘或共享内存的体系架构,无法满足海量数据的存储需求,缺乏对半结构化和非结构化数据的支持。

因此,必须设计大数据的分布式存储架构,支持大规模数据处理并执行复杂的模型计算;同时,海量存储技术的概念已经不仅仅是单台的存储设备,而是将数据放在多台机器中,实现多个存储设备的互连,也带来了许多单机系统不曾有的问题。

同时,大数据管理的主要问题包括:最大限度地分配和利用存储系统空间,更好地使用存储虚拟化技术,采用分层存储和虚拟服务器堆栈管理以及实现大规模异构数据库的分布式存储等。因此制定高自动化、高可靠性、高成本效益的大数据管理战略,可以有效地管理更大的存储量并且降低存储成本。

3.3.1　信息存储技术和存储系统

在磁盘存储市场上,根据服务器类型,存储技术可分为封闭系统的存储和开放系统的存储。开放系统的存储分为内置存储和外挂存储;开放系统的外挂存储根据连接的方式分为直连式存储(direct-attached storage,DAS)和网络化存储(fabric-attached storage,FAS);开放系统的网络化存储根据传输协议又分为网络接入存储(network-attached storage,NAS)和存储区域网络(storage area network,SAN)。今天主要的存储方式为直连式存储、网络接入存储和存储区域网络[73,74]。

而存储系统是整个 IT 系统的基石,是 IT 技术赖以存在和发挥效能的基础平台。在本节也进行简单的介绍。

1. 存储方式的发展

随着 IP 网络技术的发展,作为目前三种常见的存储方式,DAS、NAS 和 SAN 存储已经被广泛应用于企业存储设备中,它们有着各自的特点,其应用场景也有所不同。这三种不同的存储方式的简要描述如图 3.2 所示。

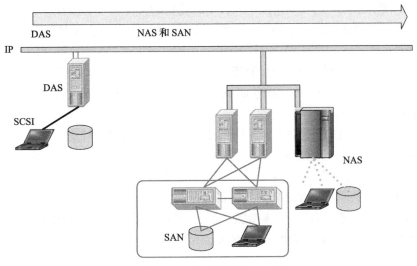

图 3.2　三种不同的存储方式

（1）DAS 是数据存储领域产生最早、发展时间最长的传统数据存储方式。DAS 是将磁盘存储设备通过 SCSI 接口或光纤通道直接连接到服务器的方式。它主要应用于单机或两台主机的集群环境中。其主要优点是存储容量扩展简单，投入成本少，见效快。

在 DAS 中，主机与主机之间、主机与磁盘之间采用 SCSI 总线通道或 FC 通道、IDE 接口实现互连，随着存储容量的增加，SCSI 通道将会成为 I/O 瓶颈，见图 3.3。

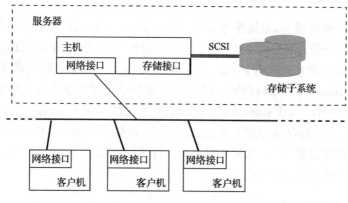

图 3.3　直连式存储

（2）自 20 世纪末开始，存储技术的发展进入存储网络（storage network）时代。它将存储设备从应用服务器中分离出来，进行集中管理。

NAS 即将存储设备通过标准的网络拓扑结构（如以太网）连接到一群计算机上。NAS 系统拥有一个专用的服务器，安装优化的文件系统和瘦操作系统，该 OS 专门服务于文件请求。一个 NAS 设备是专用、高性能、高速、单纯用途的文件服务和存储系统。

NAS 使用了传统以太网和 TCP/IP 协议进行通信，其体系结构如图 3.4 所示。图中，RAID（redundant array of inexpensive disk）是廉价磁盘冗余阵列，此外也可根据需要采用其他存储设备。

（3）SAN 采用光纤通道技术（fibre channel，FC），通过光纤通道交换机连接存储阵列和服务器主机，建立专用于数据存储的区域网络。一个 SAN 由负责网络连接的通信结构、负责组织连接的管理层、存储部件以及计算机系统构成。与 NAS 偏重文件共享不同，SAN 主要提供高速信息存储。

SAN 位于服务器后端，为连接服务器、存储设备而建立起一个专用数据网络，提供数据存储服务。其体系结构如图 3.5 所示。

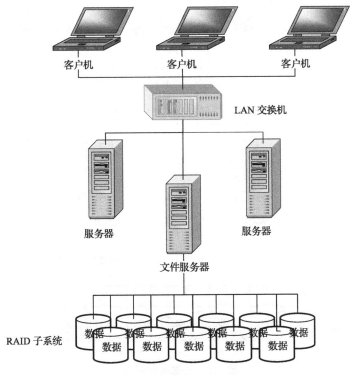

图 3.4　网络接入存储

DAS、NAS 和 SAN 三种存储方式各指标对比见表 3.1。

表 3.1　DAS、NAS 和 SAN 存储方式对比

	DAS	NAS	SAN
存储装置种类	扇区	共享文件	数据块
传输方式	IDE/SCSI	TCP/IP,以太网	光纤通道
使用端	客户端或服务器	客户端或服务器	服务器
容量	GB	TB	PB
安装难度	容易	容易	困难
管理成本	高	低	低

2. 信息存储系统

按照大数据存储和管理发展进程,先后出现了四类大数据存储和管理数据库系统。

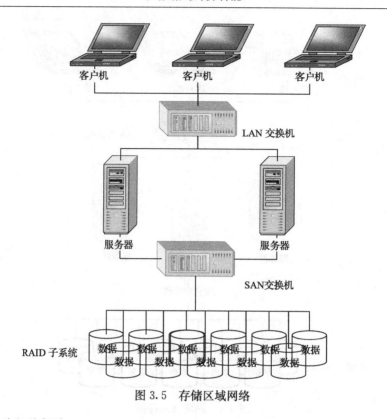

图 3.5　存储区域网络

1) 并行数据库

并行数据库是指那些在无共享的体系结构中进行数据操作的数据库系统。这些系统大部分采用关系数据模型并且支持 SQL 语句查询。并行数据库系统的目标是高性能和高可用性,通过多个节点并行执行数据库任务,提高整个数据库系统的性能和可用性。最近,不断涌现一些提高系统性能的新技术,如索引、压缩、实体化视图、结果缓存、I/O 共享等,这些技术都比较成熟且经得起时间的考验。

系统的弹性和容错性较差是并行数据库系统的主要缺点。并行数据库系统的许多设计原则为其他海量数据系统的设计和优化提供了较好的借鉴。

2) NoSQL 数据管理系统

NoSQL 一词最早出现于 1998 年,它是 Carlo Strozzi 开发的一个轻量、开源、不提供 SQL 功能的关系型数据库(他认为,由于 NoSQL 悖离传统关系数据库模型,所以它应该有一个全新的名字,如 NoREL 或与之类似的名字)。2009 年在亚特兰大举行的"no：sql(east)"讨论会是一个里程碑,其口号是"select profit from real_world where relational=false;"。因此,对 NoSQL 最普遍的解释是"非关系型的",强调键-值存储和文档数据库的优点,而不是单纯地反对关系型数据库[75,76]。

　　传统关系型数据库在处理数据密集型应用方面显得力不从心,主要表现在灵活性差、扩展性差、性能差等方面。最近出现的一些存储系统摒弃了传统关系型数据库管理系统的设计思想,转而采用不同的解决方案来满足扩展性方面的需求。这些没有固定数据模式并且可以水平扩展的系统现在统称 NoSQL(有些人认为称为 NoREL 更为合理),这里的 NoSQL 指的是"not only SQL",即对关系型 SQL 数据库系统的补充。NoSQL 系统普遍采用的一些技术有简单数据模型、元数据和应用数据的分离、弱一致性等。通过这些技术,NoSQL 能够很好地应对海量数据的挑战。

　　3) NewSQL 数据管理系统

　　人们曾普遍认为传统数据库支持 ACID 和 SQL 等特性限制了数据库的扩展和处理海量数据的性能,因此尝试通过牺牲这些特性来提升对海量数据的存储管理能力;但是也有一些人则持有不同的观念,他们认为并不是 ACID 和支持 SQL 的特性,而是其他的一些机制如锁机制、日志机制、缓冲区管理等制约了系统的性能,只要优化这些技术,关系型数据库系统在处理海量数据时仍能获得很好的性能。

　　为了解决上述问题,一些新的数据库采用部分不同的设计,取消了耗费资源的缓冲池,在内存中运行整个数据库,还摒弃了单线程服务的锁机制,也通过使用冗余机器来实现复制和故障恢复,取代原有的昂贵的恢复操作。这种可扩展、高性能的 SQL 数据库被称为 NewSQL,其中"New"用来表明与传统关系型数据库系统的区别,但是 NewSQL 也是很宽泛的概念,其主要包括两类系统:①拥有关系型数据库产品和服务,并将关系模型的好处带到分布式架构上,包括 Clustrix、GenieDB、ScalArc、ScaleBase、NimbusDB,也包括带有 NDB 的 MySQL 集群、Drizzle 等;②提高关系型数据库的性能,使之达到不用考虑水平扩展问题的程度,包括 Tokutek、JustOne DB。还有一些"NewSQL 即服务",包括 Amazon 的关系型数据库服务,Microsoft 的 SQL Azure、FathomDB 等。

　　4) 云数据管理

　　云数据管理[77]指的是"数据库即服务",用户无须在本机安装数据库管理软件,也不需要搭建自己的数据管理集群,而只需要使用服务提供商提供的数据库服务。比较著名的服务有 Amazon 提供的关系型数据库服务 RDS 和非关系型数据库服务 SimpleDB。

　　云数据管理系统的优势就是可以弹性地分配资源,用户只需为所使用的资源付费即可。这使得用户对资源的需求可以动态扩展或缩减。具有透明性、可伸缩性、高性价比等优点。云数据管理系统也有不足的地方,如用户隐私和数据安全问题、服务可靠性问题、服务质量保证问题等。

3.3.2　图像压缩编码问题

大数据时代造就了各种半结构化和非结构化数据的猛增。相对于结构化数据（行数据，存储在数据库里，可以用二维表结构来逻辑表达的数据）而言，不能用数据库二维逻辑表来表达的数据即称为非结构化数据，包括所有格式的办公文档、文本、图片、各类报表和音频/视频信息等。而半结构化数据就是介于完全结构化数据（如关系型数据库、面向对象数据库中的数据）和完全非结构数据（如图像文件、声音等）之间的数据，XML、HTML 文档就属于半结构化数据。

这些半结构化数据和非结构化数据的有效存储已经成为大数据存储需要解决的重点问题。作为一类重要的非结构化数据，图像的压缩和处理已然成为学者讨论的焦点。如何改进已有的图像压缩编码技术，或者提出更先进的数据压缩编码方法，有效地压缩图像数据，并保证数据的完整性，这就是本书将要讨论的存储问题。

通常，用来表示一幅数字图像的数据量是很大的，给图像数据的存储和传输都带来很多问题。以指纹库为例，若以 $512 \times 512 \times 8$ bit 的灰度图像来存储一根手指的指纹，一个 40 万人的指纹库，每人十指，共需 1000GB 的存储量。图像的数据量极大，必须对其数据总量进行压缩，才能够有效地进行存储。由于单纯增加存储量及提高信道带宽都是不现实的，所以，这些问题的解决就要依靠图像编码技术。

在满足一定保真度的要求下，对图像数据进行变换、编码和压缩，去除多余数据，减少表示数字图像时需要的数据量，以便于图像的存储和传输。即以较少的数据量有损或无损地表示原来的像素矩阵的技术，称为图像压缩编码。

图像压缩编码可分为两类：一类压缩是可逆的，即压缩后的数据可以完全恢复为原来的图像，信息没有损失，称为无损压缩编码；另一类压缩是不可逆的，即压缩后的数据无法完全恢复为原来的图像，信息有一定损失，称为有损压缩编码。通常情况下，有损压缩的压缩效率比无损压缩的压缩效率要高。

图像信号可以压缩的根据来自两方面。一方面是图像信号中存在大量的冗余度可供压缩，并且这种冗余度在解码后还可无失真地恢复。图像信号的冗余度存在于结构和统计两方面：图像信号结构上的冗余度表现为很强的空间（帧内的）和时间（帧间的）相关性，而信号统计上的冗余度来源于被编码信号概率密度分布的不均匀。另一方面，可以利用人的视觉特性，在不被主观视觉觉察的容限内，通过减少表示信号的精度，以一定的客观失真换取数据压缩。

从信号系统的角度理解，数据的压缩就是对原来信号进行某种变换。借助这种变换，信号的表达更经济，存储传输更为方便；而从信息论角度理解，信号本身的具体表达形式不过是其内在携带信息的外在表象，一定的信息可以用各种形式加以体现，每种表达形式的表达效率并不相同，存在信息冗余。数据压缩的目的就是寻找在一定约束条件下最为高效的信息表达方式。图像压缩编码的基本流程见图 3.6。

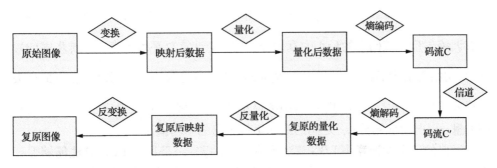

图 3.6 图像压缩编码的基本流程

目前,图像压缩编码的基本方法包括统计编码(哈夫曼编码、算术编码和行程编码)、预测编码(子带编码)、变换编码(小波变换编码)、模型编码、分形编码、矢量量化编码等[78-80]。

把图像看成一串数据,设这一串数据大小为 m,把它截成 M 段(一般每段相等,如为 k),即把 m 个数据变成了 M 个矢量,再把这 M 个矢量分成 N 组,从每个组挑选一个数据矢量作为这个组的代表,例如,第 j 组的代表为 $y_j,j=0,1,\cdots,N-1$。而压缩是指图像中的数据矢量,如果属于第 j 组,则这个数据矢量就用这个组的代表矢量 y_j 代替,这时的编码就是在相应的位置上记下编号 j,而不必记下矢量 y_j 本身。集合 $\{y_j,j=0,1,\cdots,N-1\}$ 称为码书。其中 N 称为码书长度或码书大小。这样只需用这个码的编号来编码这个图像矢量即可。

LBG 算法是 Linde、Buzo 与 Gray 在 1980 年给出的矢量量化算法,以后有许多人进行了改进[81]。其思想是:对于一个训练序列,先找出其中心,再用分裂法产生一个初始码书,之后把训练序列按码书中的元素分组,对这一分组再找每组的中心得到新的码书,转而把新码书作为初始码书再进行上述过程直到满意为止。即从一组码矢量出发,将所有的图像矢量进行划分,然后重新计算码矢量,直到码矢量的变化收敛时,即完成了码书的选择。LBG 算法的基本算法流程如下。

(1) 初始化。给定训练序列 $\{x_j:j=0,1,\cdots,M-1\}$,某个初始 N 级码本 $\hat{A}_n=(y_i:i=1,2,\cdots,N)$,令 $n=0$。

(2) 根据 $\hat{A}_n=(y_i:i=1,2,\cdots,N)$,找到对应训练序列 $\{x_j:j=0,1,\cdots,M-1\}$ 中关于 $\hat{A}_0$ 的最小失真划分,$P(\hat{A}_n)=\{s_i:i=0,1,\cdots,N\}$($s_i$:对于点 y_i,距离最小的 $\{x_j\}$ 集合),计算总平均失真 $D_n=D(\hat{A}_n,P(\hat{A}_n))=\dfrac{1}{M}\sum_{j=0}^{M-1}\sum_{i=1}^{N}\min_{y\in A_n}d(x_j,y_i)$。

（3）若 $\dfrac{D_{n-1}-D_n}{D_n} \leqslant \varepsilon$，停止，则 $\hat{A}_n$ 为最终码本，否则继续。

（4）$n=n+1$，不改变空间划分，只修正各组的中心，得到新码书 $\hat{A}_n$。重新确定所有训练矢量对该码书的最小失真划分 $P(\hat{A}_n)$，计算总平均失真 D_n，转步骤（3）。其中，初始码书为 $\hat{A}_0 = \{y_i\}$，用矢量表示；训练序列为 $\{x_j\}$，用矢量表示；最小失真划分 $P(\hat{A}_0) = \{s_i\}$（对于点 y_i，距离最小的 $\{x_j\}$ 集合），用矢量表示；总平均失真即矢量 $\{y_i\}$ 与对应划分 $\{s_i\}$ 之间的欧几里得距离的平均值。

经典的码书设计算法 LBG 算法具有如下缺陷：一是尽管 LBG 算法能够保证收敛，但不能保证收敛到全局最优点；二是 LBG 算法的收敛结果对初始码书的选择敏感；三是码书中可能存在永不使用的码本。这些问题的解决对于基于矢量量化的图像压缩编码是至关重要的。

3.4　信 息 检 索

信息检索（information retrieval，IR）是指信息按一定的方式组织起来，并根据信息用户的需要找出有关信息的过程和技术。简言之，信息检索是发现信息的过程，即如何实现标签匹配。

3.4.1　信息检索的基本定义及模型

美国普林斯顿大学物理系一个年轻大学生名叫约翰·菲利普，在图书馆里借阅有关公开资料，仅用四个月时间就画出一张制造原子弹的设计图。他设计的原子弹体积小（棒球大小）、重量轻（7.5kg）、威力大（相当广岛原子弹 3/4 的威力）、造价低（当时仅需 2000 美元），致使一些国家（法国、巴基斯坦等）纷纷致函美国大使馆，争相购买他的设计副本。

20 世纪 70 年代，美国核专家泰勒收到一份题为《制造核弹的方法》的报告，他被报告精湛的技术设计所吸引，惊叹地说："这是我迄今为止看到的报告中最详细、最全面的一份。"但使他更为惊异的是，这份报告竟出自哈佛大学经济专业的青年学生之手，而这份 400 多页的技术报告的全部信息来源是从图书馆那些极为平常的、完全公开的图书资料中所获得的。

这是两个非常经典的案例，说明信息检索是获取知识的途径。作为一门学科，信息检索有着悠久的历史。information retrieval 这个术语产生于 1948 年麻省理工学院 Calvin Mooers 的硕士论文。简单地讲，信息检索是从文档集合中返回满足用户需求的相关信息的过程，研究信息的获取（acquisition）、表示（representation)、存储(storage)、组织(organization)和访问(access)。

1. 基本定义及术语

维基百科给出的定义:信息检索是指从信息资源集合中获取与信息需求相关的信息资源的活动。剑桥大学给出的定义:信息检索是从大规模非结构化数据(通常是文本)的集合中(通常保存在计算机上),找出满足用户信息需求的资料(通常是文档)的过程[82]。自动信息检索系统可以减少被称为"信息过载"这种现象。许多大学和公共图书馆使用 IR 系统提供图书、期刊和其他文件的访问。网络搜索引擎是一类最直观的 IR 应用。

进一步地,信息检索有广义和狭义之分。广义的信息检索称为"信息存储与检索",是指将信息按一定的方式组织和存储起来,并根据用户的需要找出有关信息的过程。狭义的信息检索指"信息存储与检索"的后半部分,通常称为"信息查找"或"信息搜索",是指从信息集合中找出用户所需要的有关信息的过程。一般来说,信息检索包括三方面的含义:了解用户的信息需求、应用信息检索的技术或方法、满足用户的信息需求。本节首先对 IR 中的一些常用术语进行介绍[83]。

(1) 用户需求(user need,UN)指用户需要获得的信息。UN 提交给检索系统时称为查询(query),查询是信息需求形式化的语句表达,如在搜索引擎中的搜索字符串。在信息检索中,一个查询并不意味着它唯一标识集合中的单个对象。相反,数个对象可能匹配这个查询,并具有不同程度的相关性。

(2) 文档(document):检索的对象(object),是数据库中表示信息的一种实体。用户的查询要与数据库的对象进行匹配。根据应用程序的不同,数据对象可能是文本文件、图像、音频或视频等多媒体文档,也可能是无格式、半格式或有格式的。文件往往没有直接保存或者存储在信息检索系统中,而是被文件代理或元数据所表示。

(3) 文档集合(collection):所有待检索的文档构成的集合,也称为知识库(repository)或语料库(corpus)。

(4) 相关性(relevance):取决于用户的判断,是一个主观概念,不同用户作出的判断很难保证一致,即使是同一用户在不同时期、不同环境下作出的判断也不尽相同。因此,可以从以下两个角度定义相关性。

① 系统角度:系统输出结果,用户是信息的接受者。这种理解中用户处于被动的地位,基于这种理解,研究的重心落在系统本身。例如,主题相关性:检索系统检出的文档,其核心内容与用户的信息需求相匹配。系统角度相关性并不和用户脱节。系统角度定义的相关性可以进行简单的计算。

② 用户角度:观察用户对检索结果的反应,是系统输出向用户需求的投射。这种理解中相关性被认为是用户方面的属性。对于用户角度定义的相关性,目前仍

然难以计算。

　　检索系统根据用户的查询请求,在数据库中搜索与查询相关的信息,通过一定的匹配机制计算出信息的相似度大小,并按从大到小的顺序将信息转换输出,提供给用户。由此可知,信息存储是实现信息检索的基础。这里要存储的信息不仅包括原始文档数据,还包括图片、视频和音频等,首先要将这些原始信息进行计算机语言的转换,并将其存储在数据库中,否则无法进行机器识别。

　　目前,信息检索已经成为快速获取信息的主要形式,超越传统数据库的搜索排序。表3.2对传统数据库检索和信息检索进行了简单比较。

表 3.2　　数据库检索和信息检索对比表

	数据库检索	信息检索
检索对象	结构化数据	半结构、非结构化数据
检索语言	SQL	自由文本(主要是自然语言)
匹配程度	精确匹配	近似匹配(每个结果有个相关度得分)

2. 检索过程及模型

　　当用户在系统中输入查询请求时,信息检索过程开始:IR 基于用户的查询请求在数据库中搜索与查询相关的信息,大多数的信息检索系统可以通过匹配机制计算出一个数值型分数,表示数据库中的每一个对象匹配这个查询的程度,然后根据这个值对数据库的对象(object)进行排序,将最优的排名对象显示给用户。如果用户希望改进查询,则该过程可以被重复。IR 系统流程见图 3.7。

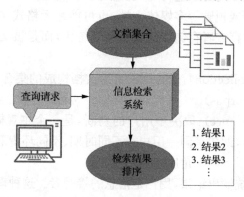

图 3.7　IR 系统示意图

　　信息检索是发现信息的过程,其本质是一个匹配过程,即如何实现标签的匹配。信息检索的任务就是从信息库中查找相关信息,解决用户遇到的信息问题。当接收到用户的搜索请求后,系统将搜索请求形成一个查询,启动机制,将这个查询与库中的每个信息对象的表示进行匹配,并挑选出很可能与用户的信息需求相关的信息对象的子集。

一个信息检索系统基本上支持三个过程:用户信息需求的表达、系统所包含的文档的表达,以及如何匹配这两种表达,如图 3.8 所示。

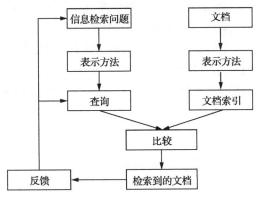

图 3.8 信息检索基本流程图

(1) 文档(集合)的表达过程即建立索引。通常需要比较文档的特征项,如在每个文档中的内容承载字数的统计分布。文档的特征项通过索引进行存储和组织,以便匹配以类似的方式表示的查询文档。

(2) 表达用户信息需求的过程称为查询。查询将信息需要作为其输入,并产生一个系统可以接受的查询格式。

(3) 匹配过程将查询表示与文档表示进行比较,产生可能与信息需求相关的文档子集。匹配查询和文档集合的机制通常被称为检索模型。一般而言,查询与文档(集合)匹配的结果是一个固定的文档子集,或是很有可能与信息需求相关的文档集合排名。

信息检索模型(IR model)是指依照用户查询,对文档集合进行相关排序的一组前提假设和算法。IR 模型可形式化地表示为一个四元组

$$< D,Q,M,R(q_i,d_j) >$$

其中,D 是一个文档集合;Q 是一个查询集合,用户任务的表达;M 是一个面向文档和查询建模的框架,它是表达文档、查询以及它们之间关系的模型;$R(q_i,d_j)$ 是一个相似度函数,用来计算查询 q_i 和文档 d_j 之间的相关度。

基于其不同的数学基础,一些常见的信息检索模型大致可分类如下,见图 3.9。

(1) 集合论模型:将文档表示为单词或短语的集合,相似性通常可根据集合理论进行计算。常见的模型:标准布尔模型(standard boolean model)、模糊集合模

型(fuzzy set model)、扩展布尔模型(extended boolean model)。

（2）代数模型：通常将文档和查询表示为向量、矩阵或元组。查询向量和文档向量的相似性被表示为一个标量值。常见的模型：向量空间模型(vector space model)、广义向量空间模型(generalized vector space model)、潜在语义标引模型(latent semantic indexing model)、神经网络模型(neural network model)[84,85]。

（3）概率模型：将文献检索过程作为一个概率推理。相似性被表达为对于一个指定查询与其相关的文档概率。在这些模型中经常使用概率定理，如贝叶斯定理。常见的模型：经典概率论模型(probabilistic relevance model)、推理网络模型(inference network model)、置信网络模型(belief network model)、语言模型(language model)。

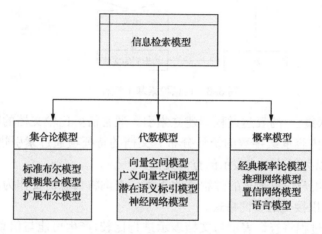

图 3.9　信息检索模型分类

3.4.2　文本挖掘及其存在的问题

随着互联网和计算机的日益普及，网络环境下的信息检索系统以它的显著优势引起人们关注并成为新一代研究的课题。而文本挖掘的出现为信息检索的实现提供了更有效的手段。把新的文本挖掘方法和技术应用到信息检索中去，利用文本挖掘的研究成果来提高信息检索中页面内容分类、聚类的精度和效率，改善检索结果，增加 Web 信息查找和利用的效率，并有效解决搜索引擎精度不高、召回率低、信息过载、返回结果组织方式有限以及服务形式单一等问题，为信息检索系统发展到一个新的水平提供技术支持。因此，研究面向信息检索的文本挖掘方法有着十分重要的理论意义和商业应用价值。

作为信息检索的一种主要技术形式，文本挖掘是指对大规模文档集进行处理，并从中发现隐含模式和知识的一种方法和工具，它包含文本信息描述、模型选取，最终形成用户可理解的知识，已经成为一个日益流行而重要的研究领域。具体地，它把文本型信息源作为分析的对象,利用定量及定性分析的方法,从中寻找出信息的结构和模式等各种隐含的知识,这种知识对于用户而言是有趣的、新颖的,具有潜在的价值。文本挖掘目前在信息检索、知识管理、科技情报分析等领域也显示了其有利的作用和应用潜力,为深层次的数据分析提供了技术支持和解决方案。

文本挖掘的对象是海量、异构、分布的文档,文档内容是人类所使用的自然语言,缺乏计算机可理解的语义。在浩如烟海的网络信息中,80%的信息是以文本的形式存放的,因此,文本挖掘面临的首要问题是如何在计算机中合理地表示文本,使之既要包含足够的信息以反映文本的特征,又不至于过于复杂使学习算法无法处理。

由于文本是非结构化的数据,要想从大量的文本中挖掘有用的信息就必须首先将文本转化为可处理的结构化形式。文本表示及其特征项的选取是文本挖掘的一个基本问题,其本质就是构造文本挖掘模型的过程。它把从文本中抽取出的特征项(特征词)进行量化来表示文本信息,将它们从一个无结构的原始文本转化为结构化的计算机可以识别处理的信息,即对文本进行科学的抽象,建立它的数学模型,用以描述和代替文本。

文本表示模型有多种,常用的有布尔逻辑型、向量空间模型(vector space model,VSM)、概率型以及混合型等。文本特征表示关于文本的元数据,分为描述性特征(如文本的名称、日期、大小、类型等)和语义性特征(如文本的作者、机构、标题、内容等)。特征项选取是指用一定特征项(如词条或描述)来代表文档,在文本挖掘时只需对这些特征项进行处理,从而实现对非结构化文本的量化处理。这是一个非结构化向结构化转换的步骤。

在文本挖掘中,通常采用字、词或短语作为表示文本的特征项。相比较而言,词比字具有更强的表达能力,而词和短语相比,词的切分难度比短语的切分难度小得多。因此,目前大多数中文文本分类系统都采用“词”作为特征项,称为特征词。这些特征词作为文档的中间表示形式,用来实现文档与文档、文档与用户目标之间的相似度计算。被选取的特征项(特征词)必须具备以下特性:①特征项要能够确实标识文本内容;②特征项具有将目标文本与其他文本相区分的能力;③特征项的个数不能太多;④特征项分离要比较容易实现。

但是如果直接用分词算法和词频统计方法得到的特征项来表示文本向量中的各个维,那么这个向量的维度将非常大。在高维特征空间中,特征之间可能是冗余的或者不相关的,造成高维特征空间处理不便。它们不仅给后续工作带来巨大的计算成本,还会大大增加机器学习的时间,使整个处理过程的效率非常低,而且会损害分类、聚类算法的精确性,从而使所得到的结果很难令人满意。

因此,必须对文本向量作进一步净化处理,在保证原文含义的基础上,找出对文本特征类别最具代表性的文本特征项,这也是本书要研究的问题,即在不影响文本向量有效表示的基础上,对文本特征向量进行“降维”。有效地解决高维数据的“降维”

问题,可以提高文本处理的速度和效率,对文本内容的过滤和分类、聚类处理、自动摘要、用户兴趣模式发现、知识发现等有关方面的研究都有非常重要的影响[86,87]。

3.5　数　据　挖　掘

在各种各样的学科领域和行业中,数据正在以一个戏剧性的速度被收集和积累。迫切需要新一代的计算理论和智能工具,帮助人类从迅速增长的海量数据中提取有用的信息(知识)。这些理论和工具就是"从数据库中发现知识(knowledge discovery in database,KDD)"这门新兴的学科[88]。

在抽象的层面,KDD领域关注的是能够表达数据意义的方法和技术的发展。KDD的基本问题是解决一个将底层数据(通常是海量的、过于松散的、不易理解和消化的数据)映射到其他可能更紧凑的(如一个简短的报告)、更抽象的(如一个描述性的近似模型或数据产生过程的模型),或更有用的形式(例如,一个预测模型,用来预测未来情况下的值)。而整个KDD过程的核心就是数据挖掘(data mining,DM),用于模式的发现和提取。

作为实现知识发现的一个重要步骤,数据挖掘是通过探索和分析大量数据从而发现有意义的模式和规则。数据挖掘问题的实质是一个建立模型的过程,即如何从数据中发现模式。数据挖掘已经解决了很多挑战性的研究课题,并在统计分析、机器学习和复杂系统领域提出了很多新方法。

3.5.1　数据挖掘产生背景

从历史上看,"在数据中发现有用模式"的概念已经被赋予各种名称,包括知识提取(knowledge extraction)、信息发现(information discovery)、信息采集(information harvesting)、数据考察(data archaeology)、数据模式处理(data patternprocessing)。数据挖掘主要是由统计人员、数据分析人员和管理信息系统(MIS)所使用,在数据库领域也有很多应用。

知识发现的终极目标是从低层次数据中提取出高层次知识,是指从数据中发现有用知识的整个过程。可以看出相对于整个KDD流程,数据挖掘组件是指在这一过程中的一个关键步骤,其本质是应用特定算法从数据中抽取模式。目前,数据挖掘在很大程度上依赖于已知的技术,如机器学习、模式识别和统计学等。计算智能(CI)作为智能化的方法论集合从实验和观察中发现经验规律,并从数据的因果关系中进行推理建模,可以支持和辅助KDD的整个过程。

通过数据挖掘,人们可以从数据中提取有趣的知识、规律或者高层次信息,并从不同的角度进行观察或理解。发现的知识最后被用于支持决策、过程控制、信息管理、查询处理等。因此,数据挖掘被信息产业界认为是大数据研究最重要的前沿技术之一,也是最有前途的交叉学科。

　　数据挖掘涉及多学科的集成,包括数据库、统计学、机器学习、高性能计算、模式识别、神经网络、数据可视化、信息检索、图像与信号处理和空间数据分析。DM也依赖于很多先进的计算方法,如神经网络、模糊集和粗糙集理论、知识表示、归纳逻辑程序设计或高性能计算。此外,基于所挖掘的数据类型或给定的数据挖掘应用,数据挖掘系统也可以结合空间数据分析、信息检索、模式识别、图形分析、信号处理、计算机图形学、Web 技术、经济、商业、生物信息学或心理学领域的技术。

　　数据挖掘可以看作一个多学科的活动(包括技术),超越了任何一个特定的学科范围(如机器学习)。在这样的背景下,对于很多学科领域,如人工智能或机器学习,提供了用于 KDD 过程中的数据挖掘步骤的一些算法;或者说,人工智能(AI)或计算智能(CI)有明显的机会应用到数据挖掘中。DM 强调寻找可理解的模式,这种模式可以解释为有用或有趣的知识。例如,神经网络虽然是一个强大的建模工具,但它相对于决策树是比较难理解的;同时,针对有噪声的大规模数据集,DM也强调建模算法的缩放性和鲁棒性。

　　自 20 世纪 60 年代以来,"数据挖掘"术语的含义在数据分析技术领域中被首次引入。当人们试图从一个全局的特定样本中推断出一般模式,统计学提供了一种语言和框架,用于量化不确定性。随着对 DM 关注的持续升温,人们相信,在任何数据集中(甚至随机产生的数据),如果搜索的时间足够长,总会找到具有统计学意义的模式,但事实却常常相反。

　　显然,这个问题对于 DM 的研究是非常重要的。近年来,在统计学领域,人们对这些问题的理解取得了实质性进展,数据挖掘也随之变得越来越合理化;另外,由于没有考虑到统计学的因素而导致数据挖掘的相关问题是可以避免的。

　　因此,与统计学相比,DM 包含一个更广阔的"建模"(modeling)视野。"建模"可以看成数据挖掘,乃至知识发现的核心问题。

3.5.2　数据挖掘问题本质

　　随着数据生成的自动化以及数据生成速度的加快,数据挖掘需要处理的数据量急剧膨胀。因为数据规模很大,要对数据进行有效的处理,就需要计算机能够理解数据在结构上的差异,明白数据要表达的语义,然后对其进行分析和挖掘。信息系统模式将从数据围着处理器转变成处理能力围着数据转,将计算用于数据,而不是将数据用于计算。

　　数据挖掘是指对存储在知识库中的海量数据进行仔细分析研究,通过使用统计学、人工智能(计算智能)或模式识别等技术,从而发现有意义的新的相关性、模式和趋势的过程。它结合分析知识基础、成熟的分析技巧以及相关行业经验来利用及处理企业极其丰富的数据,通过建立预测性模型揭示隐藏的趋势和模式,支持研究和决策的工作。可以这样认为：数据挖掘就是从大量的数据中寻找可能潜在的模式或信息的技术。这些信息是具有潜在价值的，能够支持决策，可以为企业带来利益，甚至为科学研究寻找突破口。

1. DM 定义

数据挖掘是知识发现过程中一个重要环节（步骤），它基于特定算法从数据中抽取模式。

在研究探讨知识发现的同时，Fayyad 在 1996 年对数据挖掘的定义如下：数据挖掘是知识发现过程中的一个步骤，由数据分析和发现算法组成，这些算法在可接受的计算效率局限性内，基于数据产生特殊的模式聚类[89]。

这个定义中，数据（data）是指一组事实的集合（如在数据库中的样本），人们获取有关于客观环境的数据，是用来建立我们生活宇宙的理论和模型之基本证据。模式（pattern）是使用某种语言进行的一种表达，它描述了数据的子集或适用于子集的一个模型。在这里，所谓的"提取模式（extracting a pattern）"包含三方面含义：①确定拟合数据的模型；②从数据中发现结构；③对一组数据集进行任何高层次的描述。

另一个 DM 定义也是 Fayyad 等提出的：数据挖掘是在一个特殊的表达形式下，发现有兴趣的模式。表达形式可包含分类规则或分类树、回归、聚类等。此外，他们对数据挖掘的计算模型及其能解决的问题从不同角度进行了详细讨论[90-92]。

Berry 和 Linoff 在 1999 年给出如下定义：数据挖掘本质上是基于知识发现，通过探索和分析大规模数据从而发现有意义的模式和规则的过程[93]。

作为数据挖掘的结果，我们希望模式是新颖的和潜在有用的，即可以给用户带来一些利益的；同时，该模式应该是可以理解的；最后，在一定程度上发现的模式对于新的数据应该具有有效性。

2. DM 计算机制和大数据挖掘基本框架

根据系统的用途可以对知识发现进行定义，我们首先区分两类目标：证明型（verification），系统被用于证明用户的假设；发现型（discovery），系统被自动设定可以发现新的模式。我们进一步将发现型定义为预测型（prediction），系统可以找到模式来预测系统行为；描述型（description），系统可以找到模式并通过人类可以理解的方式来表达。

目前的数据挖掘技术大多数都是以第二类为主，是基于发现导向（discovery-oriented）的数据挖掘算法。而高层次数据挖掘的主要目标往往是预测和描述。如前所述，预测涉及使用数据库中的某些变量来预测感兴趣的其他变量未知的或未来的值，描述着重发现描述数据的人类可以解释的模式。虽然预测和描述之间的界限不是很清晰(在某种程度上,一些预测模型也可以用于描述),了解它们的区别对于理解整体的知识发现目标是有用的。面向特定数据挖掘应用的预测和描述的目标,可以通过使用各种特定的数据挖掘方法而实现。

　　数据挖掘方法包含拟合模型,或从观测数据中建立模型或确定模式。拟合的模型在知识推断中发挥作用:模型反映有用或有趣的知识,是整体的互动 KDD 过程的一部分,在这个过程中人类的主观判断通常是必需的。

　　大多数数据挖掘方法都是基于统计学、模式识别和机器学习等学科领域中尝试性和测试性的技术:分类、聚类、回归等。熟悉并理解这几大类技术下的不同算法阵列对于很多新手或有经验的数据分析师来说都是不小的挑战。事实上,在文献中阐述的许多数据挖掘方法中,存在一些最基本的技术。数据挖掘隐含的模型表达(类似于 $x \to f(x)$ 中的函数 f)一般包含以下几个重要组件:①多项式(polynomials);②曲线函数(splines);③核和基函数(kernel and basis functions);④阈值和布尔函数(threshold-boolean functions)。由此可见,数据挖掘的本质就是建模问题,即如何基于数据集进行模型的抽象和描述,如何找到 $x \to f(x)$ 中的函数 f。

　　根据 Fayyad 给出的相关定义,数据挖掘技术分为以下 5 类,如图 3.10 所示。

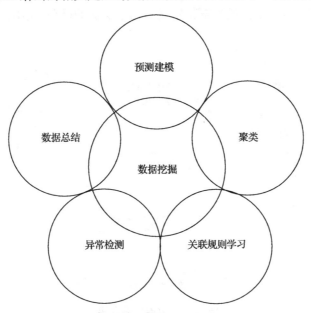

图 3.10　数据挖掘技术分类

　　(1)预测建模(predictive modelling):预测建模的目标是基于有限的训练样本,估计出一个函数 g,实现从输入空间 X 的点(或特征向量)到输出空间 Y 的点

（或特征向量）的映射，即 $x^i \rightarrow g(x^i)$。也就是说，我们要根据给定的一些领域的值（X）预测出其他特定领域的值（Y）。因此，要基于有限的样本或训练集准确地构建一个函数 g，训练集中可能包含噪声。

根据输出空间的不同形式，可以将预测建模的问题分为两类。如果预测值是数字的或连续的（如 $Y=aX+b$），那么是一个回归问题（例如，预测一个物理参数，如高度）；如果预测的值是离散的（即 $Y=\{0,1,\cdots,K-1\}$），则是一个分类问题（例如，预测肿瘤是良性的或恶性的）[94]。

（2）聚类（clustering）：也叫分割。将数据记录分组成不同的子集，在每个子集的数据与该子集的其他数据"类似"，且不同于其他子集的数据。

（3）关联规则学习（association rule learning）：寻找一个模型，描述变量之间显著的相互依赖关系。

（4）数据总结（data summarization）：针对数据子集建立一个简洁的描述方法。例如，表述数据子集中一些属性之间的相似性。

（5）异常检测（anomaly detection）：专注于从以前测量的或规范性的数据中发现最显著的变化。

最后，为了更深层次地理解数据挖掘，从挖掘算法实现功能和知识共享及安全两个维度，我们可以将数据挖掘框架定义为两个层面的循环，见图 3.11。

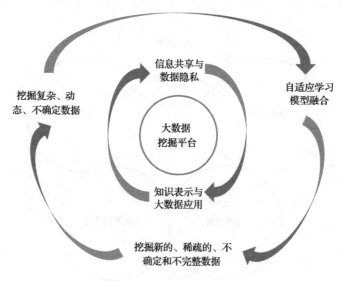

图 3.11　数据挖掘框架

（1）在外循环中，数据挖掘分为三个阶段（步骤）。

①挖掘复杂的、不确定的和动态的数据（mining from complex, uncertain and dynamic data）：从海量数据中发现模式。

②自适应学习和模型的混合(adaptive learning and model fusion)：根据数据样本，对模型进行训练并开发有效的混合模型。

③挖掘新的、稀疏的、不确定的和不完整的数据(applied in new, sparse and incomplete data)：将模型应用于新的、稀疏的和不完整的数据，对挖掘的模式进行验证。

可以看出，外循环实现了数据挖掘模型(模式)的训练和确定，是一个迭代的过程。

(2) 在内循环中包括两个阶段。

①信息共享和数据隐私(information sharing and data privacy)：在保护用户隐私的基础上，实现最大程度的信息共享。

②知识表示和大数据应用(knowledge representation and big data application)：面向用户的需求，提供有效的知识解释和表达，实现大数据应用。

3. 数据挖掘生命周期

根据"跨行业数据挖掘标准流程"(CRISP-DM)，一个给定的数据挖掘应用的生命周期由六个阶段组成，如图 3.12 所示。注意，这些步骤的顺序是自适应的(可调的)。也就是说，下一个阶段(步骤)往往取决于与前面阶段相关联的结果。步骤之间的依赖关系如箭头所示。例如，假设项目处在建模阶段，根据模型的行为和特点，我们可能会返回到数据准备阶段进行进一步细化，然后向前移动到模型评价阶段[95]。

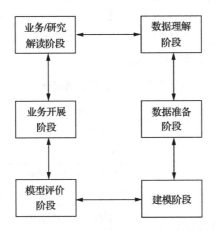

图 3.12　数据挖掘应用的生命周期

4. 数据挖掘系统的演化

由于海量数据采集(massive data collection)、强大的多处理器计算机(powerful multiprocessor computers)和数据挖掘算法(data mining algorithms)三种非常成熟技术的支撑,数据挖掘系统一直在商业世界中成功地应用。

数据挖掘系统的发展起始于业务数据存储在计算机时,随着数据访问的持续改进,最近的新技术允许用户实时浏览企业的数据。数据挖掘系统的这一进化过程超越了回顾性的数据访问,并成功跨越到预期性和前瞻性的信息传递。从业务数据到业务信息的演变过程中,每一个新的阶段都建立在前一个阶段的基础上。从用户的角度来看,下面列出四个阶段的数据挖掘系统是具有里程碑意义和革命性的,因为它们实现了新的业务问题的准确和快速应答。

(1) 数据收集系统(20世纪60年代):可实现简单问题问答,如在过去的五年里,某人的总收入是多少?

(2) 数据访问系统(20世纪80年代):关系型数据库管理系统(RDBMS)和结构化查询语言可用于查询和报告等。可实现业务问题问答,如去年在印度的单位销售额是多少?

(3) 数据仓库和决策支持系统(data warehousing & decision support system):使用联机分析处理、多维数据库和数据仓库等技术,实现许多业务问题问答,如去年的销售额是多少?

(4) 数据挖掘系统:采用许多先进的算法、多处理器计算机以及海量数据库等。能够回答业务问题,如明年有多少人会买黑色的车?

在过去几十年里,数据挖掘技术的核心组件已经在许多研究领域快速发展,如统计学、人工智能和机器学习。今天,随着这些技术的成熟,加上高性能的数据库引擎和庞大的数据集成工作,使这些技术更适用于目前的大数据研发环境。由表3.3的最后一行可以看出,计算智能(也称软计算)为数据挖掘的未来提供了理论和方法论支撑。数据挖掘趋势对比见表3.3。

表 3.3　数据挖掘趋势对比

数据挖掘趋势	应用算法	数据格式	计算环境
过去	统计学、机器学习技术	传统数据库中的数值数据和结构化数据	第4代程式学习的演化和各种相关技术
现在	统计学、机器学习、人工智能、模式识别技术	多源数据格式(包括结构化、半结构化和非结构化数据)	高速网络、高终端存储装置和并行分布式计算
未来	软计算技术(模糊逻辑、神经网络和遗传算法)	复杂数据对象(包括高维、快速的数据流,图像,多实例对象,时序数据)	多智能体技术和云计算

数据挖掘算法体现了10年前就产生的、最近才成为成熟的、可靠的并可理解的各类新技术及其融合,持续超越旧的统计方法。统计分析的目的是处理结构良

好的问题,结果是能够反映统计假设检验的推论;数据挖掘的目的是处理非结构化问题,结果是能够反映数据挖掘算法计算属性的推论。相较于传统的统计分析方法(模型),数据挖掘方法可以处理高维的、稀疏性的、多重共线性的和异构的数据,对异常点和缺失值具有较高容忍度,并能够发现高维空间中不同比例变量之间不典型的非线性结构,而统计方法则无法实现这些功能。两者具体对比见表 3.4。

表 3.4 统计分析与数据挖掘对比

	统计分析	数据挖掘
问题类型	结构化	非结构化/半结构化
推理规则	显式推理	非显式推理
分析目标和数据采集	数据采集,再进行目标格式化	分析或建模过程中不需要进行数据采集
数据集	小且尽量同质	大且允许多源
范例/方法	基于理论(演绎)	基于协同或启发式理论(归纳)
性噪比	大于 3	小于 3
分析类型	确定型	探究型

统计分析和数据挖掘的思想并不相同:统计分析的基础之一是概率论,在对数据进行统计分析时,分析人员常常需要对数据分布和变量间的关系进行假设,确定用什么概率函数来描述变量间的关系,以及如何检验参数的统计显著性,然后利用统计分析技术来验证该假设是否成立;而在数据挖掘的应用中,分析人员不需要对数据分布作任何假设,数据挖掘中的算法会自动寻找变量间隐藏的关系或规律,给数据挖掘带来了更灵活、更宽广的思路和舞台。因此,相对于海量、杂乱的数据,数据挖掘技术有明显的应用优势。目前,大数据挖掘的具体应用领域如下。

①公共部门:使政府部门和发展组织分析人群中大量的数据,并提供更好的治理和服务。

②金融服务:进行更好的交易和风险决策,通过更好的客户识别和营销活动,提高产品的质量。

③医疗保健:挖掘每个人的 DNA,发现、监测和改善每一个人的健康状况。

④制造业:寻找新的机会来预测各类维修问题,使用大数据来提高制造质量,降低成本。

⑤电信:基于移动设备所产生的海量数据进行实时的数据挖掘,包括电话、文本信息、应用程序和 Web 浏览,以提供更好的客户服务,并建立可信度。

⑥零售:大数据挖掘为零售商提供了众多的机会,可以改善市场销售、运营、供应链,并开发新的商业模式。

⑦其他行业:数据挖掘在许多其他行业也有很好的应用前景,如石油和天然气、交通运输、全球定位系统和卫星。

3.5.3 大数据环境下的数据挖掘挑战及问题

地球上每天生成和存储的数据量呈指数级增长。在每一分钟内，Google 收到超过 200 万个查询请求，电子邮件用户发送 2 亿封邮件，YouTube 用户上传 48 小时的视频，Facebook 用户分享超过 680000 条新闻，Twitter 用户生成 100000 条信息。此外，媒体共享网站、股票交易网站和新闻网站不断增加每天的新数据。几年前，当我们开始企图利用这个"大数据"快速找到隐含的模式和有用的见解时，一个新的相互关联的研究领域——数据挖掘随即产生。

提取信息并不是我们唯一要执行的任务，数据挖掘还包含很多其他的过程，如数据清洗、数据集成、数据转换、模式挖掘、模式评估和数据演示。当所有的这些过程都结束了，我们将能够在许多应用中使用这些信息，如欺诈检测、市场分析、生产控制、科学探索等。

数据挖掘系统面临着许多问题和缺陷。基于小规模样本建立的快速和正确的系统在应用于一个更大的数据集时，会表现出完全不同的行为；一个数据挖掘系统可以在连续、一致的数据集上良好地运行，但是，当有一点噪声被添加到训练集时，系统性能也许会明显变差。可见，数据挖掘并不是一个简单的任务，因为所使用的算法必须适用于来自海量的异构数据源并且非常复杂的数据[96-99]。这些因素也创造了数据挖掘需要面临的主要问题和挑战，主要分为三类，见图 3.13。

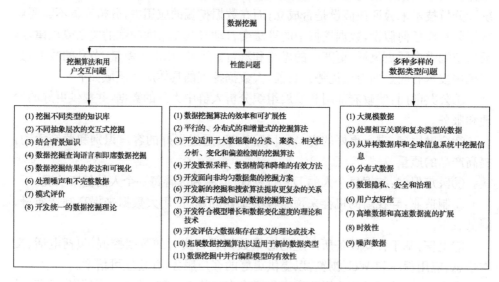

图 3.13　DM 主要问题和挑战分类图

1）挖掘算法和用户交互问题

（1）挖掘不同类型的知识库。

数据挖掘应涵盖广泛的数据分析和知识发现任务,包括数据特征描述、关联、分类、聚类、偏差分析和相似性分析。

(2)不同抽象层次的交互式挖掘。

数据挖掘过程需要互动,互动式挖掘允许用户聚焦模式的搜索,并基于返回的结果,提供和提炼数据挖掘的请求。

(3)结合背景知识。

需要结合背景知识进行挖掘,背景知识可以用来指导模式的发现过程,并以简洁的术语和多种抽象层次表达发现的模式。

(4)数据挖掘查询语言和即席数据挖掘。

使用数据挖掘查询语言,允许用户描述即席数据挖掘任务,可以与数据仓库查询语言相结合。

(5)数据挖掘结果的表达和可视化。

发现的模式有时需要被高层次的语言表达,或者进行可视化。使得挖掘结果更容易被用户理解。

(6)处理噪声和不完整数据。

当进行数据挖掘时,需要数据清洗方法来处理噪声和不完整的数据对象。如果数据清洗方法不存在,则发现模式的准确性会很差。

(7)模式评价。

一个数据挖掘系统可能挖掘出成千上万的模式,通过模式评价可以发现用户感兴趣的模式。

(8)开发统一的数据挖掘理论。

很多数据挖掘技术是为了某个具体问题设计的,如分类或聚类等,并没有一个统一的理论。因而,提出一个理论框架用来结合不同的数据挖掘任务(包括聚类、分类、关联规则等),以及不同的数据挖掘方法(如统计、机器学习、数据库系统等),可以为数据挖掘的研究提供基础。

2)数据挖掘算法的性能问题

(1)数据挖掘算法的效率和可扩展性。

为了有效地从海量数据库中提取信息,数据挖掘算法必须是有效的和可扩展的。

(2)平行的、分布式的和增量式的挖掘算法。

由于数据库规模庞大、数据分布广泛、挖掘算法复杂性等因素,激励了并行和分布式数据挖掘算法的开发。这些算法将数据分为可以并行处理的子集,然后将每个子集的计算结果合并。这种增量式的算法,使得数据挖掘无须再从零开始。

(3)开发适用于大数据集的分类、聚类、相关性分析、变化和偏差检测的挖掘算法。

开发面向大数据集的数据挖掘算法；同时，基于数据主要存储在磁盘上或服务器上，不适合于主内存的事实，在性能和精度之间进行权衡。

（4）开发数据采样、数据精简和降维的有效方法。

在大量混合类型的数据领域，开发数据采样、数据精简和降维的有效方法。虽然大样本量意味着可以让我们处理更高的数据维度，但我们对高维空间的理解仍然相当原始。"维数灾难"仍然经常发生。

（5）开发面向非均匀数据集的挖掘方案。

开发面向非均匀数据集的挖掘方案（包括多媒体、视频和文字模式的混合），并且能够处理定义在部分数据间的稀疏关系。

（6）开发新的挖掘和搜索算法提取更复杂的关系。

开发新的挖掘和搜索算法，能够提取领域之间更复杂的关系，并能够阐述领域的结构（如层次、稀疏关系等）。

（7）开发基于先验知识的数据挖掘算法。

开发基于先验知识的数据挖掘算法，即可利用这样的知识，减少搜索成本并增加收益，这些算法针对不确定性和数据丢失的问题具有鲁棒性。

（8）开发符合模型增长和数据变化速度的理论和技术。

由于已经发展了很长一段时间，大型数据库呈现出非典型的增长，如同从静态的联合概率密度中进行取样。数据如何增长的问题需要更好地理解，并开发出工具以应对它的发展需要。

（9）开发评估大数据集存在意义的理论或技术。

传统的统计评估技术可用于小样本的情况，大数据集的存在，将使这些方法失去其预期的"过滤"功能。因此，需要开发评估大数据集存在意义的理论或技术。

（10）拓展数据挖掘算法以适用于新的数据类型。

今天，大多数数据挖掘算法需要处理很多种类的数据。这是一个重要的挑战，包括：①时间序列数据；②非结构化数据，如文本；③半结构化数据，如 HTML 和 XML 文档；④多媒体和协作数据；⑤分层和多尺度的数据；⑥具有回收价值的数据。

（11）数据挖掘中并行编程模型的有效性。

研究人员在许多方面扩展了现有的数据挖掘方法，包括单源的知识发现方法效率改进、面向多源的数据挖掘机制设计、动态数据挖掘和流数据的分析方法研究。但目前还存在一些不适应并行平台的算法，如何将并行高效的数据挖掘技术应用到大数据平台上，这将是一个挑战，也是数据挖掘人员未来的研究方向。

3) 多种多样的数据类型问题

（1）大规模数据。

目前，已经存在来自越来越复杂数据源的、各种类型的大量数据，如自然语言文本、图像、影像、时间序列数据等。对于这些数据的挖掘将需要开发适用于海量和高维数据集的并行和分布式算法。

（2）处理相互关联和复杂类型的数据。

数据库可能包含很多复杂的数据对象（多媒体数据、空间数据、时间数据对象等）。处理关系型和复杂类型的数据是一项重要工作。

（3）从异构数据库和全球信息系统中挖掘信息。

数据可来自局域网或广域网。这些数据源可以是结构化的、半结构化或非结构化的。因此，从如此广泛的数据源中挖掘知识，增加了数据挖掘的难度。

（4）分布式数据。

需要被挖掘的数据存储在分布式计算环境的异构平台上。无论是技术还是组织上的原因，把所有的数据集中到一个地方是不可能的。因此，必须开发适合分布式数据挖掘的算法和工具。

（5）数据隐私、安全和治理。

分布式环境中的自动化数据挖掘对数据隐私、安全和治理等方面提出了严重的挑战，基于网格的数据挖掘技术将会解决这些问题。

（6）用户友好性。

一个数据挖掘系统必须向用户隐藏技术的复杂度。为了实现这一点，在网格支持的工作流管理、资源识别、分配、调度和用户界面等领域开发新的软件、工具和基础设施是很有必要的。

（7）高维数据和高速数据流的扩展。

数据挖掘的一个挑战是如何设计处理超高维分类问题的分类器。在文本挖掘和药物安全性分析中，经常需要建立有效的分类器以处理数以百万计或数十亿的特征向量。

另一个重要的问题是在非常大的数据库（如 100 TB）中挖掘数据流。卫星和计算机网络数据是最常见的例子。然而，今天的数据挖掘技术仍然无法处理这种规模的数据。数据流也可以来自传感器网络和 RFID 应用，数据流处理对于数据挖掘人员来说是一个新的挑战。

（8）时效性。

要处理的数据集的大小增加，将需要很多的时间来进行分析。但在某些情况下，我们需要立即得到分析结果。因此，我们需要提前获得部分结果，可以用来分析少量的增量数据，以达到快速测定的目的。

（9）噪声数据。

在大型数据库中，很多数据的属性值是不精确或不正确的，其原因可能是错误的仪器测量或人为的错误登记。我们将区分两种形式的数据噪声：损坏值和缺失的属性值。噪声数据在数据分析过程中产生了不确定性，必须在数据分析过程中进行处理,这也是面临的一个挑战。

上述问题被认为是数据挖掘技术进一步发展的主要挑战。最近的研究已经在一定程度上解决了一些问题,其他问题仍然有待继续研究。可见,开发高效率和高性能的数据挖掘方法是学者将要继续研究的课题。

3.6　知　识　发　现

知识发现是指从数据中发现有用知识的整个过程,其终极目标是从低层次数据中提取出高层次知识。在宏观层面,KDD 聚焦从数据中发现知识的全过程,包括数据如何存储和访问,算法如何可以扩展到大规模数据集并且依旧有效运行,运算的结果如何解释和可视化,以及整体人机交互如何被有效地建模。本节中,大数据环境下的知识发现(发现知识和关系)重点聚焦以下两类问题。

(1) 模式评估(pattern evaluation):根据某种指标对模式(pattern)进行评估,识别表示知识的真正有趣的模式。也就是说,数据挖掘阶段发现的模式经过评估后可能存在冗余或无关的模式,这时需要将其剔除;也有可能挖掘出的模式不能满足用户要求,这时则需要整个发现过程回退到前续阶段,如重新选取数据,设定新的参数值,甚至采用一种新的数据挖掘方法等。

由于 KDD 最终是面向人类用户的,强调寻找可理解的模式,即该模式可以被解释为有用或有趣的知识,因此,也需要将挖掘出的模式解释为知识。例如,神经网络虽然是一个强大的建模工具,但与决策树(decision trees)相比是比较难理解的。因此,对于分类或聚类的结果,我们更希望得到的是可直接读取的感应树和规则模型或可以绘制和提交的聚类结果。

(2) 模式可视化(pattern visualization):使用可视化和知识表示技术,对发现的模式进行可视化,或者把结果转换为用户易懂的另一种表示。需要注意的是,不同的背景可能需要不同的表现形式,如规则、表格、交叉列表、饼形/条形图表等;同样地,不同种类的知识需要不同形式的表达:关联分析、分类、聚类等。

此外,层次的概念也很重要,当表示为高层次抽象时,发现的知识可能更容易理解,而交互式处理(旋转/切割)可以提供数据的不同视角。可视化工具包含敏感性分析(I/O 的关系)、价值分配的直方图(柱状图)、时序图和动画。

所以,模式评估和可视化是 KDD 一个重要的必不可少的阶段,它不仅担负着将 KDD 系统发现的知识以用户能了解的方式呈现,而且根据目标需求进行评价,以最终提供用户感兴趣的和可用的知识。

3.6.1　知识发现及其基本步骤

"数据库中的知识发现"这个词在 1989 年由 Piatetsky-Shapiro 首次提出,强调知识(knowledge)是一个数据驱动发现过程的最终产品,是一个相对年轻的计算机科学领域,它的目标就是大规模数据集的自动解释。此后,KDD 在人工智能和机器学习领域得到了广泛应用。

Fayyad 等在 1996 年提出:"知识发现是指从数据中鉴别出有效模式的非平凡过程,该模式是新的、可能有用的和最终可理解的。"在这里,"过程(process)"这个词意味着知识发现包含许多步骤,即数据准备、模式搜索、知识评估和提炼,以及整个循环中的多次重复。"非平凡的"(nontrivial)意味着过程中包括一些搜索或推断,也就是说,它不能通过一个简单的事先定义好的公式(如计算一组数字的平均值)进行直接计算[88,89]。

更广义地讲,知识发现技术是基于已定义好的、多步骤的知识发现过程,目的是从大量的数据集里发现新的知识[100]。

自从知识发现的概念被提出以来,从电信工业分析到科学数据和体育数据分析,KDD 在各类不同的工作领域得到了广泛的应用。随着从以下交叉的研究领域中不断发展和演变(如机器学习、模式识别、数据库、统计、人工智能、专家系统的知识获取、数据可视化和高性能计算),KDD 快速成长为一个相当广阔的领域,可以吸引来自不同专业的大量科技和非科技人员,如商业分析、算法开发和数据管理,所有这些人都为 KDD 的发展贡献力量。

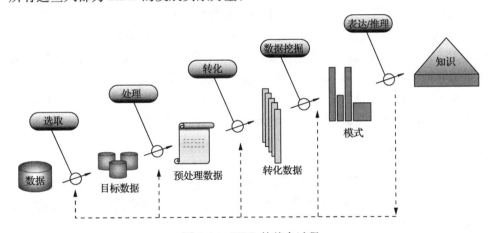

图 3.14 KDD 的基本过程

KDD 的基本过程如图 3.14 所示,主要包括数据库的选择和使用,预处理,采样,数据转换,应用数据挖掘方法(算法)从数据中抽取模式,评估数据挖掘的结果以识别被称为"知识"的模式子集。在 1996 年,Brachman 和 Anand 提出了一个实用的知识发现过程,强调了过程的互动性本质。KDD 的基本步骤可以大致描述如下。

(1) 开发关于应用领域和相关先验知识的理解,从用户的观点出发识别 KDD 过程的目标。

（2）建立目标数据集。选择一个数据集，或者聚焦变量（数据样本）的子集，这是知识发现处理的对象。

（3）数据清理和预处理。基本的操作包括删除噪声，收集建模的必要信息，解释噪声产生原因，决定处理丢失数据字段的策略，并说明时间序列信息及其变化等。

（4）数据规约和投影。基于任务目标寻找有用的特征（feature）来表示数据。应用降维或变换方法，减少变量的有效数量，或者发现数据的不变表示。

（5）探索性分析以及模型和假设的选择。选择数据挖掘算法和选择用于搜索数据模式的方法。这个过程包括确定恰当的模型和参数，并将一个特定的数据挖掘方法与 KDD 过程的整体标准相匹配。

（6）数据挖掘。在一个特殊表达形式下找到感兴趣的模式。表达形式包含分类规则或分类树、回归、聚类等。通过正确地执行前面的步骤，实现数据模式的挖掘。

（7）评价及解释挖掘出的模式。可能返回到前面步骤中的任意一步，执行进一步的迭代。这一步还可以包含提取模式和模型的可视化。

（8）应用发现的知识解决问题。将知识整合到系统中，或者进行简单的记录。这个过程还包括检查和解决与先前提取的知识之间的某些潜在冲突。

KDD 旨在提供工具来自动化整个数据分析的过程和完成统计学家假设和选择的“艺术”，它涉及大量的互动和迭代，也包含任何两个步骤之间的循环。虽然 KDD 中的主要工作都集中在数据挖掘，通过这个步骤可进行模式提取和数据的描述。但其他步骤对于整体 KDD 的成功应用来说也非常重要。

知识发现流程的最后步骤包括对挖掘出模式的可能性评价和解释，用以确定哪些模式可以被认为是新的知识。这也是本章我们讨论的重点。

3.6.2　模式评价

面向挖掘出的不同模式，根据反映模式重要性程度的评价指标（如兴趣度）对其进行评估。基于评价函数（指标）的度量值，对挖掘出的模式进行删减或排序，实现模式的优选过程。

1. 面向关联规则的评价

关联规则挖掘（association rule mining）是数据挖掘中最活跃的研究方法之一，可以用来发现事情之间的联系，最早是为了发现超市交易数据库中不同的商品之间的关系。1993 年，Agrawal 首先提出了挖掘用户交易数据库中项集间的关联规则问题，其核心方法是基于频集理论的递推方法[101]。此后人们对关联规则挖掘问题进行了大量研究，包括 Apriori 算法优化、多层次关联规则算法、多值属性关联规则算法及其他关联规则算法等,以提高算法挖掘规则的效率。

关联分析就是希望从数据中找出"买尿布的人很可能会买啤酒"这样看起来匪夷所思但可能很有意义的模式。挖掘出这样的规则有很多用处,例如,商家可以考虑把尿布展柜和啤酒展柜放到一起以促进销售。

海量数据直接导致了关联分析的困难,因为数据量的增加会直接造成挖掘效率的下降,当数据量增加到一定程度时,问题的难度就会产生质变。事实上,关联规则算法能产生大量的规则,其中很多是无意义或是冗余的。例如,$\{A,B,C\} \rightarrow \{D\}$ 和 $\{A,B\} \rightarrow \{D\}$ 有同样的支持度和置信度。制定出面向关联规则的评价指标就能够反映出模式的重要程度,用于挖掘出模式的裁减或排序。

因此,需要定义某些定量的措施,用于提取出关联规则的评价。Shapiro 和 Matheus 在 1994 年提出的兴趣度度量(interestingness),通常可作为一个模式的整体衡量指标[102]。具体地,模式兴趣度度量包括以下几个因素:①简易性(simplicity),如关联规则长度、决策树大小;②准确性(certainty),如置信度(confidence)、分类可靠性、规则强度等;③可用性(utility),即潜在用途,如支持度(support)、噪声阈值等;④新颖性(novelty),之前所未知,如精细程度(用来去除多余的规则)。基于以上几个因素,可以定义兴趣度函数(interestingness function)来计算模式兴趣度。也就是说,基于兴趣度度量,对抽取出的模式(关联规则)进行删除或者排序。

根据这些概念,我们认为如果超过了一定的兴趣度阈值,一个模式就可以被看成知识。当然,这绝不是一个试图从哲学甚至大众的观点来定义的知识。事实上,这个定义中的"知识"是纯粹的面向用户和特定领域的,并由用户选择的任意函数和阈值来决定。

给定规则 $X \rightarrow Y$,计算关联规则兴趣度的信息可以由列联表(contingency table)给出,见表 3.5。列联表用于定义不同指标的度量,如支持度(support)、置信度(confidence)、提升度(lift)、兴趣度(interest)等。

表 3.5　$X \rightarrow Y$ 的列联表

	Y	$\overline{Y}$	
X	f_{11}	f_{10}	f_{1+}
$\overline{X}$	f_{01}	f_{00}	f_{0+}
	f_{+1}	f_{+0}	$|T|$

其中,f_{11} 为 X 与 Y 的支持度;f_{10} 为 X 和 $\overline{Y}$ 的支持度;f_{01} 为 $\overline{X}$ 和 Y 的支持度;f_{00} 为 $\overline{X}$ 和 $\overline{Y}$ 的支持度。

(1)支持度(support)。支持度表示项集 $\{X,Y\}$ 在总项集里出现的概率,其计算公式为

$$\text{Support}(X \rightarrow Y) = P(X, Y)/P(I) = P(X \cup Y)/P(I) = \text{num}(X \cup Y)/\text{num}(I)$$

$$(3\text{-}1)$$

其中,$P(X, Y)$表示同时对于X和Y的概率分布;I表示总事务集;num()表示求事务集里特定项集出现的次数;num(I)表示总事务集的个数;num($X \cup Y$)表示含有$\{X, Y\}$的事务集的个数(个数也叫次数)。

(2)置信度(confidence)。置信度表示在先决条件X发生的情况下,由关联规则$X \rightarrow Y$推出Y的概率。即在含有X的项集中,含有Y的可能性,其计算公式为

$$\text{Confidence}(X \rightarrow Y) = P(Y \mid X) = P(X, Y)/P(X) = P(X \cup Y)/P(X)$$

$$(3\text{-}2)$$

(3)提升度(lift)。提升度表示含有X的条件下同时含有Y的概率,与不含X的条件下却含Y的概率之比,即

$$\text{Lift}(X \rightarrow Y) = P(Y \mid X)/P(Y) \tag{3-3}$$

(4)兴趣度(interest)的定义为

$$\text{Interest} = \frac{P(X, Y)}{P(X) \cdot P(Y)} \tag{3-4}$$

对于许多分析二元变量之间联系的度量方法,支持度的缺点在于许多潜在的有意义的模式由于包含支持度小的项而被删除;置信度的缺陷在于该度量忽略了规则后件中项集的支持度,高置信度的规则有时可能误导;提升度的度量计算了规则置信度和规则后件中项集的支持度之间的比例(注意:只有非零值才是重要的二元属性,是非对称二元属性)。从客观度量的角度来看,兴趣度等价于提升度,基于这种相关分析方法可分析出一对变量之间的联系,即统计独立的,还是正、负关联模式。

2. 面向分类的评价

对分类方法进行评价,通常需要考虑以下因素:①计算复杂度,决定算法执行的速度和占用的资源,依赖于具体的实现细节和软硬件环境,由于面向的对象是海量数据,因而空间和时间复杂度将是非常重要的问题;②预测的准确率,涉及模型正确地预测新的或前所未见的数据的类标能力;③速度,构造模型的速度和使用模型进行分类的速度;④强壮性,给定噪声数据或具有空缺值的数据,模型正确预测的能力;⑤可伸缩性,是指在给定内存和磁盘空间等可用的系统资源的前提下,算法的运行时间应当随数据库大小线性增加;⑥可解释性,分类模型提供的理解及洞察的层次,以及是否可以更好地用于决策支持;⑦成本,涉及预测错误代价所产生

的计算花费。

为了度量分类器的预测精度,如果明确或隐含地假设每个被错分的数据会产生相同的成本,我们引入以下各参数作为分类器性能评价指标(准确率、错误率、精度、召回率、F 度量、灵敏度、特异度)对分类器进行评估。好的评价指标要求其充分反映出分类器对问题的解决能力;同时,好的评价指标更有利于我们对分类模型进行优化,也更容易向使用者和客户展示交互。

为了说明这些评价指标,我们首先介绍混淆矩阵(confusion matrix)的概念,典型的混淆矩阵结构如表 3.6 所示。

表 3.6　典型的混淆矩阵结构

		预测的类	
		YES	NO
实际的类	YES	a(TP)	b(FN)
	NO	c(FP)	d(TN)

给定一个类 C_j 和一个数据库元组 t_i,t_i 可能被分类器判定为属于 C_j 或不属于 C_j,其实 t_i 本身可能属于 C_j 或不属于 C_j,这样就会产生如下情况。

a:真正(true positive,TP),判定 t_i 在 C_j 中,实际上的确在其中。

b:假负(false negative,FN),判定 t_i 不在 C_j 中,实际上的确在其中。

c:假正(false positive,FP),判定 t_i 在 C_j 中,实际上不在其中。

d:真负(true negative,TN),判定 t_i 不在 C_j 中,实际上不在其中。

面向分类问题的评价指标形式化定义如下。

(1) 准确率(accuracy):准确分类的元组所占的百分比

$$\text{accuracy} = (\text{TP} + \text{TN})/(\text{TP} + \text{TN} + \text{FP} + \text{FN}) = \frac{a+d}{a+b+c+d} \quad (3\text{-}5)$$

(2) 错误率(error rate):描述被分类器错分的比例

$$\text{error rate} = (\text{FP} + \text{FN})/(\text{TP} + \text{TN} + \text{FP} + \text{FN}) = \frac{b+c}{a+b+c+d} \quad (3\text{-}6)$$

错误率则与正确率相反,对某一个实例来说,分对与分错是互斥事件,所以accuracy=1−error rate。

(3) 精度(precision):标记为正类的元组实际为正类所占的百分比(预测的正类中有多少是预测对的)

$$\text{precision} = \text{TP}/(\text{TP} + \text{FP}) = \frac{a}{a+c} \quad (3\text{-}7)$$

(4) 召回率(recall):正类元组中标记为正类的百分比(实际的正类中有多少

是预测对的）

$$recall = TP/(TP+FN) = \frac{a}{a+b} \qquad (3-8)$$

（5）F-度量（F-measure）：是精度和召回率的调和均值

$$F = \frac{2 \times precision \times recall}{precision + recall} \qquad (3-9)$$

（6）灵敏度（sensitivity）：将正样本预测为正样本的能力，表示所有正例中被分对的比例，衡量分类器对正例的识别能力

$$sensitivity = TP/(TP+FN) = \frac{a}{a+b} \qquad (3-10)$$

（7）特异度（specificity）：将负样本预测为负样本的能力，表示所有负例中被分对的比例，衡量分类器对负例的识别能力

$$specificity = TN/(TN+FP) = \frac{d}{c+d} \qquad (3-11)$$

（8）其他评价指标。①计算速度：分类器训练和预测需要的时间。②鲁棒性：处理缺失值和异常值的能力。③可扩展性：处理大数据集的能力。④可解释性：分类器的预测标准的可理解性，像决策树产生的规则就是很容易理解的。

对于某个具体的分类器而言，我们不可能同时提高所有上面介绍的指标，当然，如果一个分类器能正确对所有的实例分类，那么各项指标都已经达到最优，但这样的分类器往往是不存在的。

例如，没有谁能准确预测地震的发生，但我们能容忍一定程度的误报。这里有两个情况：①假设 1000 次地震预测中有一次地震真的发生，但是没有预测到；②同样在 1000 次预测中有 5 次预测为发现地震，其中一次真的发生了地震，而其他 4 次为误报。可以看出，第一种情况的准确率是 999/1000＝99.9％，第二种情况的准确率是 996/1000＝99.6％；但第一种情况的召回率是 0/1＝0％，而第二种情况的召回率是 1/1＝100％，可见，虽然谎报了几次地震，但真的地震来临时，我们没有错过，可见第二种分类器才是我们想要的。即在一定准确率的前提下，我们要求分类器的召回率尽可能高。

上述评价指标可以对分类器进行评估，都是比较常用的分类器性能评价标准。但是，这些性能评价标准都是只在一个操作点有效，这个操作点就是使得错误概率最小的点。而且，这些评价指标都有一个共同的弱点，即它们对于类分布的改变显得不够强壮。当测试集中正例和负例的比例发生变化时，它们可能不再具有良好的性能，甚至不被接受。

因此，基于上述一些问题，从医疗分析领域引入了新的分类器性能评价方

法——ROC 曲线和 AUC 方法。这两种方法对类分布的改变不敏感,当类分布不平衡时,一些传统的评价标准不再适用,这两种方法更适合评价和比较这种不平衡的数据集。ROC 曲线和 AUC 方法与所选预测阈值相互独立,不再受所选决策阈值的限制,提高了质量分析测试中的灵敏度,避免了确定不同种类错误分类的代价。

3. 面向聚类的评价

一个好的聚类算法需要具有以下特征:①具有可伸缩性;②能够处理不同类型的属性,以及能够发现任意形状的簇(发现隐藏模式的能力);③在决定输入参数的时候,不需要特定的领域知识;④能够处理噪声和异常;⑤对输入数据对象的顺序不敏感;⑥能够处理高维数据;⑦能产生满足用户指定约束的聚类结果;⑧聚类结果是可解释的和可用的。

通常情况下,聚类结果的好坏取决于该聚类方法的具体实现方式和所采用的相似性评估方法。因此与分类评价指标相对应,对聚类算法进行评价,通常基于以下几个评价指标。

(1) 精度(precision):标记为正类的元组实际为正类所占的百分比(预测的正类中有多少是预测对的)

$$precision = TP/(TP+FP) = \frac{a}{a+c} \tag{3-12}$$

(2) 召回率(recall):正类元组中标记为正类的百分比(实际的正类中有多少是预测对的)

$$recall = TP/(TP+FN) = \frac{a}{a+b} \tag{3-13}$$

(3) 最小误差:衡量不同类别的数据与类别中心的距离平方和,待聚类数据集为 $\{x\}$, m_i 为类别 C_i 的中心,c 为类别的个数。J_e 越小,聚类结果越好

$$m_i = \frac{\sum\limits_{x \in C_i} x}{|C_i|}, \quad J_e = \sum_{i=1}^{c} \sum_{x \in C_i} \| x - m_i \|^2 \tag{3-14}$$

(4) 最小方差:衡量同一类别内样本数据的方差(方差是各个数据与平均数之差的平方的平均数),x' 是 C_i 类中数据的平均值,n 为 C_i 类中包含的样本个数

$$\bar{S}_i = \frac{1}{n} \sum_{x \in C_i} \sum_{x' \in C_i} \| x - x' \|^2 \tag{3-15}$$

这些评价指标都从不同方面对聚类结果进行评价。聚类方法最终要产生高质量的聚类结果——簇,这些簇要具备以下两个特点:高的簇内相似性和低的簇间相似性。因此,基于簇的特性,可以从类内差异(within cluster variation)和类间差异

(between cluster variation)两方面设计聚类的评价函数。

类内差异：衡量聚类的紧凑性，类内差异可以用特定的距离函数来定义，例如，每个类中的元素 x 到类别中心的距离平方和，m_i 为类别 C_i 的中心

$$W(C) = \sum_{i=1}^{c} W(C_i) = \sum_{i=1}^{c} \sum_{x \in C_i} d^2(x, m_i) \tag{3-16}$$

类间差异：衡量不同聚类之间的距离，例如，类间差异定义为聚类中心间的距离平方和

$$B(C) = \sum_{i,j=1}^{c} d^2(m_i, m_j), \quad i \neq j \tag{3-17}$$

聚类的总体质量 q 可表达成 $W(C)$ 和 $B(C)$ 的一个评价函数 L，即

$$q = L(W(C), B(C)) \tag{3-18}$$

如果采用的函数形式为 $q = W(C)/B(C)$，则 q 值越小，证明聚类算法越优。

4. 面向回归的评价

回归分析(regression analysis)是在掌握大量观察数据的基础上，利用数理统计方法，建立自变量与因变量之间回归关系的函数表达式(称为回归方程)的一种统计分析方法。回归分析法是依据事物发展变化的因果关系来预测事物未来的发展，它是研究变量间相互关系的一种定量预测方法。

回归分析法根据一个或一组自变量的变动情况预测与其有相关关系的某随机变量的未来值。进行回归分析需要建立描述变量间相关关系的回归方程。根据自变量的个数，可以是一元回归，也可以是多元回归。根据所研究问题的性质，可以是线性回归，也可以是非线性回归。非线性回归方程一般可以通过数学方法转换为线性回归方程进行处理。常见的回归方程如下。

（1）线性回归中，用一条直线模拟数据的生成规则

$$y = ax + b$$

（2）多元线性回归是线性回归的扩展，涉及多个自变量

$$y = a_1 x_1 + a_2 x_2 + b$$

（3）多项式回归中，通过对变量进行变换，可以将非线性模型转换成线性模型，然后用最小平方和法求解

$$y = a_1 x_1 + a_2 x_2^2 + a_3 x_3^3 + b$$

可见，利用线性回归可以为连续取值的函数建模。如果在回归分析中只包括一个自变量和一个因变量，且二者的关系可用一条直线近似表示，这种回归分析称

为一元线性回归分析。如果回归分析中包括两个或两个以上的自变量，且自变量和因变量之间是线性关系，则称为多元线性回归分析。

一元线性回归模型见图 3.15，用来描述因变量 y 如何依赖于自变量 x 和误差项 ε 的方程称为回归模型。可表示为

$$y = \beta_0 + \beta_1 x + \varepsilon \tag{3-19}$$

其中，被预测或被解释的变量称为因变量（dependent variable），用 y 表示；用来预测或用来解释因变量的一个或多个变量称为自变量（independent variable），用 x 表示；β_0 和 β_1 称为模型的参数。y 是 x 的线性函数（部分）加上误差项；线性部分反映了由于 x 的变化而引起的 y 的变化；误差项 ε 是随机变量，反映了除 x 和 y 之间的线性关系之外的随机因素对 y 的影响，即不能由 x 和 y 之间的线性关系所解释的变异性。

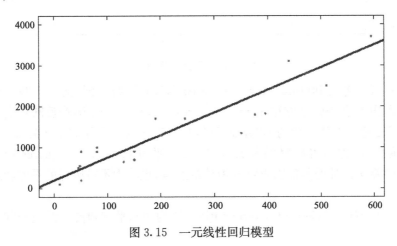

图 3.15　一元线性回归模型

该线性回归模型建立在以下三点基本假设的基础上：

①因变量 x 与自变量 y 之间具有线性关系；

②在重复抽样中，自变量 x 的取值是固定的，即假定 x 是非随机的；

③误差项 ε 满足正态性、方差齐性和独立性。

针对一元线性回归模型，我们采用回归直线的拟合优度作为评价指标，对其拟合性能进行评估。拟合优度（goodness of fit）是指回归直线相对于观测值的拟合程度。度量拟合优度的统计量是可决系数 R^2（亦称确定系数）。R^2 等于回归平方和在总平方和中所占的比例，即回归方程所能解释的因变量变异性的百分比。衡量的是回归方程的整体拟合度，表达因变量与所有自变量之间的总体关系。

对一个具体的观测值 y_i 来说，其变差（该实际观测值与其均值之差 $y_i - \bar{y}$，见图 3.16）的具体表达式为

$$\underbrace{\sum_{i=1}^{n}(y_i-\overline{y})^2}_{\substack{\text{总平方和}\\(\text{SST})}}=\underbrace{\sum_{i=1}^{n}(\hat{y}_i-\overline{y})^2}_{\substack{\text{回归平方和}\\(\text{SSR})}}+\underbrace{\sum_{i=1}^{n}(y_i-\hat{y}_i)^2}_{\substack{\text{残差平方和}\\(\text{SSE})}}\tag{3-20}$$

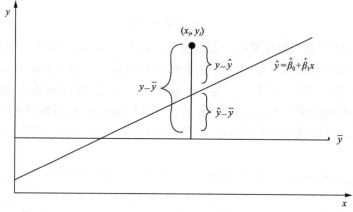

图 3.16　变差示意图

其中,①总平方和(total sum of squares,SST)反映因变量的 n 个观察值与其均值的总误差;②回归平方和(sum of squares of regression,SSR)反映自变量 x 的变化对因变量 y 取值变化的影响,或者说,是由于 x 与 y 之间的线性关系引起的 y 的取值变化,也称为可解释的平方和;③残差平方和(sum of squares of error,SSE)反映除 x 以外的其他因素对 y 取值的影响,也称为不可解释的平方和或剩余平方和。

确定系数(coefficient of determination) R^2 为回归平方和占总误差平方和的比例,即

$$R^2=\frac{\text{SSR}}{\text{SST}}=\frac{\sum_{i=1}^{n}(\hat{y}_i-\overline{y})^2}{\sum_{i=1}^{n}(y_i-\overline{y})^2}\tag{3-21}$$

R^2 反映了回归直线的拟合程度,其取值范围是 $[0,1]$。R^2 的值越接近 1,说明回归直线对观测值的拟合程度越好;反之,R^2 的值越接近 0,说明回归直线对观测值的拟合程度越差。

3.6.3　模式可视化

模式可视化的核心任务是指将数据挖掘中获取的模式,通过可视化的形式,表示为有用的知识。

被挖掘出的模式包含特征描述和区别、关联、分类、聚类、趋势/偏差和异常分

析。其中,特征描述和区别属于多维度概念描述,即数据总结和数据特点的对比(如干燥与潮湿地区的人口总数)。

这些被挖掘出的模式可被表达成多种可视化形式,如离散点、盒须图、报告、决策树、关联规则、聚类图、孤立点等。可以从不同的知识抽象层次和不同的数据属性或维度等方面,对模式进行不同形式的可视化表达。不同的用户需求可能需要不同的表现形式,同样地,不同种类的知识也可能需要不同的表达方式。

模式可视化聚焦于将抽象信息转换为直观表达的方法及理论,视觉表现和交互技术利用人眼的带宽途径进入大脑,让用户看到、探索,并了解大量的信息和知识。可视化方法提供一个针对大量数据集的定量描述,表征出数据的模式(包含结构、规律、趋势及关系),使用户获得对知识空间的深入理解,同时发现并确定模式的参数,为相关领域的定量分析奠定基础。

3.6.4　模式评价及优化问题描述

数据挖掘系统可能会产生数以千计的模式,不是所有的模式都是有趣的。如果一个模式证实了用户所寻求的某种假设,则它是有趣的,有趣的模式具有以下特性:①易于理解;②适用于新的或试验数据,并具有一定程度的确定性;③潜在有用性;④新颖性,或验证用户希望确认的一些假设。只有有趣的模式才代表知识。

这里就产生了一个问题,即如何判断一个模式是否有趣,面向不同的模式,存在不同的评价方法。根据兴趣度度量(interestingness measures),可以对关联规则进行评价;根据各种分类器性能评价指标(准确率、错误率、精度、召回率、F-度量、灵敏度、特异度),可以对分类模型进行评价;根据综合考虑类内差异(within cluster variation)和类间差异(between cluster variation)两个因素的评价函数,可以对聚类整体质量进行评价;采用回归直线的拟合优度作为评价指标,可以对一元线性回归模型的拟合性能进行评价。

模式评价的目的在于找到一种评判标准,衡量挖掘出模式的优劣,找到所有符合用户需求和有趣的模式。如果模式的评价结果不理想,就要考虑对数据集进行重新挖掘(建模)。除了对已有模式的选优,还可以对已有模式进行优化(进化),形成新的模式,对数据进行更好的描述或者达到用户满意的兴趣度指标。可以看出,在知识发现阶段,模式评价和优化问题是我们将要讨论的主要问题,以为用户提供真正感兴趣和有用的知识。

第4章　计算智能基础

人类对智能的研究已经有超过3000年的历史。20世纪计算机的发明为建立和研究具有智能属性的系统提供了必要条件,人工智能的产生更是人类智能理论研究史上最辉煌的一页。它的发展是以硬件与软件为基础的,经历了漫长的历程。以维纳(Wiener)、弗雷治、罗素等为代表对发展数理逻辑学科的贡献及丘奇(Church)、图灵和其他一些人关于计算本质的思想,对人工智能的形成产生了重要影响。

1956年夏季,人工智能诞生以来,一直存在着两种重要的研究范式,即符号主义和连接主义。符号主义采用知识表达和逻辑符号系统来模拟人类的智能。连接主义则从大脑和神经系统的生理背景出发来模拟它们的工作机理和学习方式。符号主义试图对智能进行宏观研究,而连接主义则是一种微观意义上的探索。

粗略地讲,传统的人工智能面对符号表示和推理,它是一种自上而下的结构。也就是说,一个给定问题的结构被事先分析,并且通过这个结构建立智能系统。例如,专家系统(expert system,ES)通过常规的逻辑术语来表示问题,在这个给定结构下,应用常规的推理步骤来得出结论,决定行为。

20世纪50~60年代,这两种方法并驾齐驱,但基本是独立的。60年代和70年代,符号主义人工智能发展较快,80年代,符号主义人工智能未取得应有的进展,相反,连接主义的研究蓬勃发展,在理论和应用上均取得了令人瞩目的成就。到了90年代,连接主义人工智能逐渐占据主导地位,特别是符号人工智能和连接人工智能融合技术的研究,逐渐成为解决原来人工智能理论本身缺陷的新方法。

计算智能中的每种方法尽管不尽相同,但都同时具有非符号表示和自底向上模式的操作这些共同属性,系统的结构是从一个没有顺序的开端来涌现,和从上强加的方法大为不同。它以连接主义的思想为主,广义地讲就是借鉴仿生学思想,基于自然界的某些智能机制,用数学语言抽象描述的计算方法。Bezdek认为计算智能是以操作者提供的数据为基础,而不依赖"知识",通过训练建立联系,进行问题求解,具有在不确定及不精确环境中进行推理和学习的卓越能力。

在计算智能的主要分支中,我们可以发现:模糊逻辑(fuzzy logic,FL)反映大脑思维的高层次推理;神经网络(neural networks,NN)模仿低层次的大脑结构;进化计算(evolutionary computation,EC)则与一个生物种群的进化过程有着许多相似的特征。这些研究方法各自可以在某些特定方面起到特殊的作用,但是也存在一些固有的局限。在诸多智能方法中进行交叉结合、取长补短成为计算智能发展的新方向。

因此,将这些智能方法有机地融合起来进行研究,就能为建立一种统一的智能系统设计和优化方法提供基础。基于这种考虑,将三者结合起来研究已经成为一种发展趋势。1994 年,关于神经网络、模糊系统、进化计算三大 IEEE 学术会议在美国佛罗里达州奥兰多市联合举行的首届“计算智能世界大会”(WCCI' 94)就反映了这种趋势,计算智能作为人工智能新发展的主流地位从此确定了。

所以,今天的计算智能可以说是神经网络、模糊计算、进化计算及其融合技术的总称,是基于数值计算和结构演化的智能,是智能理论发展的高级阶段。

4.1　计算智能研究现状及趋势

智能是个体有目的的行为、合理的思维,以及有效的适应环境的综合性能力。可以认为,智能就是在给定任务或目的下,能根据环境条件制定正确的策略和决策,并能有效地实现其目的的过程或能力。

毫无疑问,自然界中的生物智能(biological intelligence,BI)是智能理论产生的源泉。我们很难简单地给出生物智能的定义。对低级动物来讲,它的生存、繁衍是一种智能。为了生存,它必须表现出某种适当的行为,如觅食、避免危险、占领一定的地域、吸引异性以及生育和照料后代。因此,从个体的角度看,生物智能是动物为达到某种目标而产生正确行为的生理机制。于是,智能水平高的个体比智能水平低的个体更容易找到食物,更知道用伪装的办法来减少危险。此外,在自然界,生物智能还表现在生物的群体行为。大多数动物是以一定数量的个体组合起来行动的。这种组合使生物增强了感觉危险存在的能力,增强了抵御外来侵犯的能力。除了生存、繁衍等智能行为外,自然界还存在更高层次的生物智能。自然界智能水平最高的生物就是人类,人类不但具有很强的生存能力,而且具有感受复杂环境、识别物体、表达和获取知识以及进行复杂的思维推理和判断的能力。

参照生物智能,广义的智能可以这样定义:智能是个体或群体在不确定的动态环境中做出适当反应的能力,这种反应必须有助于它们实现其最终的行为目标。

根据智能的定义不难发现除了生物系统以外,许多机器系统也表现出一定的智能行为。因此,除了生物智能外,还存在人工智能(artificial intelligence,AI)。人工智能到目前为止尚无统一的定义。人工智能是相对于生物智能而言的,用人工方法和技术模仿、延伸和扩展人的智能[103,104]。人工智能的创始人之一 Simon 认为,人工智能的研究目的是学会编制计算机程序来完成智能的行为,并认识人类是如何完成这些智能行为的[105]。另一创始人 Minsky 则认为,人工智能的研究一方面是帮助人类思考,另一方面使计算机更加有用[106]。人工智能的权威 Feigen-baum 指出,只告诉计算机做什么,而不需告诉它怎么做,计算机就能完成工作,便可以说它有智能了[107]。很明显,对人工智能的说法各不相同,共同的认识是,人工智能系统必须具备推理、学习和联想三大功能。

人工智能是计算机科学、控制论、信息论、神经生理学、心理学、语言学等多种学科互相渗透而发展起来的一门综合性学科。从计算机应用系统的角度出发,人工智能是研究如何制造出人造的智能机器或智能系统,以模拟、延伸和扩展人类的智力能力的科学[108-110]。

长期以来,人们从人脑思维的不同层次出发,对人工智能进行研究,形成符号主义、连接主义和行为主义。连接主义与行为主义间的差距相对较小,因此可将人工智能分为两大类,即符号主义人工智能和连接主义人工智能。

符号主义采用知识表达和逻辑符号系统模拟人类的智能[111,112],从宏观层次上撇开人脑的内部结构和机制,仅从人脑外在表现出来的智能现象出发进行研究,例如,将记忆、判断、推理、学习等心理活动总结成规律,编制成规则,然后用计算机进行模拟。符号主义认为:认知的基本元素是符号,认知过程是对符号表示的运算,人类的语言、文字的思维均可用符号来描述,而且思维过程只是对这些符号的存储、变换和输入、输出[113]。专家系统和知识工程是符号主义人工智能发展的主流。连接主义则从大脑和神经系统的生理背景出发来模拟它们的工作机理和学习方式。连接主义认为符号是不存在的,认知的基本单元是神经细胞,认知过程是大量神经元的连接,以及这种连接所引起的神经元的不同兴奋状态和系统所表现出的总体行为。神经网络和神经计算机是这种模式的代表[114,115]。符号主义试图对智能进行宏观研究,而连接主义则是一种微观意义上的探索。

传统 AI 致力于以语言或符号规则的形式来表达和模拟人类的智能行为。自1956 年在达特茅斯(Dartmouth)会议上提出“人工智能”这个概念以来,在其后的大部分时间里,人工智能主要是在符号主义,特别是在“物理符号系统”假设的背景下,通过对计算机的编程来实现的。1976 年,纽厄尔(Newell)和西蒙(Simon)在《计算机协会通讯》杂志上发表了著名论文《作为经验探索的计算机科学:符号和搜索》,两人从符号语义的观点出发,对智能的本质进行了深入分析。他们一致认为“正如不存在能通过自己的特殊性质表示生命实质的‘生命原理’一样,也不存在任何‘智能原理’”[116]。他们认为计算机之所以能表现智能的特征,是因为它具有存储和处理符的能力。“我们衡量一个系统的智能水平,是看它在面临任务环境所设置的种种变动、困难和复杂性时,达到规定目的的能力。当所完成的任务范围有限时,计算机科学在实现智能过程中的这一总的投入并不引人注目,因为这时可以准确地预见这一环境中的全部变动。当我们将计算机扩展到处理自然界中的全部偶发事件时,它就变得较为醒目了”。因此,“符号是智能行动的根基”,智能水平则取决于系统处理符号的能力。“我们这里的目标并不是从外部世界理解。我们要考察这门科学(人工智能)的一个方面——通过经验探索而形成的新的基本理解”。这个“新的基本的理解”就是“物理符号系统”假设。

Newell 和 Simon 提出的物理符号系统假设认为物理符号系统是智能行为的充分必要条件。物理符号系统由一组符号实体组成,它们都是物理模式,可在符号结构的实体中作为组分出现。该系统可以进行建立、修改、复制、删除等操作,以生成其他符号结构。物理符号系统假设的推论告诉人们,人有智能,所以他是一个物理符号系统;推论三指出,可以编写出计算机程序去模拟人类的思维活动。这就是说,人和计算机这两个物理符号系统所使用的物理符号是相同的,因而计算机可以模拟人类的智能活动过程。

在某些很窄的问题领域,不可否认,如果存在明显的知识,"物理符号系统"假设将具有重要的意义,如专家系统,可谓成功的传统 AI 成果的典范[117]。但是,"物理符号系统"假设的实现本身依赖于十分苛刻的条件,即如果把计算机看成是符号系统的物理实现,就必须把被求解的问题形式化,也就是把对象用统一的抽象符号和固定规则精确地表示出来。人们曾认为,只要符号足够丰富,操纵这些符号的规则足够细致和严密,建立起一个能够为计算机识别和处理的形式化系统是可能的[118,119]。但是,在其后的研究中人们发现,基于"物理符号系统"假设的人工智能以静止的、精确的逻辑方式来处理问题,这与人类智能依靠人脑思维灵活地处理问题的方式显然不是同一个概念。人类有共同的逻辑,但没有共同的思维方式,因而试图通过向计算机灌输一整部百科全书的方式来使计算机获得令人满意的问题处理方式,除在极个别非常狭窄的专业范围内,通常情况下都是失败的。ES 算是一个成功的范例,但是它本身是基于明显知识以简单的问题为对象的系统,只是行为可以存储在符号结构化数据库的假设下的特殊情况。

20 世纪 50~60 年代,符号主义和连接主义这两种方法并驾齐驱,但基本是独立的,60 年代和 70 年代,符号主义人工智能发展较快,80 年代,符号主义人工智能未取得应有的进展,再加上日本第五代计算机研制的失败,使符号主义的研究受到挫折。80 年代中期以来,这种经典人工智能的发展由辉煌转入相对停滞状态,对"物理符号系统"假设的依赖使传统人工智能陷入了困境。相反,连接主义人工智能在神经网络的带动下异军突起,连接主义的研究蓬勃发展,在理论和应用上均取得了令人瞩目的成就,连接主义 AI 的研究逐渐发挥主导作用[120]。

计算智能(computational intelligence,CI)是以数据为基础,通过训练建立联系,进行问题求解。计算智能以连接主义的思想为主,并与模糊数学等数学方法相交叉,形成了众多发展方向。模糊逻辑、人工神经网络、遗传算法、演化计算、人工生命、免疫信息处理、多 Agent 系统等都可以包括在计算智能中[121,122]。

美国学者 Bezdek 在 1992 年首次给出了计算智能的定义:计算智能是基于操作者提供的数据,不是依赖于知识,而人工智能使用的则是知识,若一个系统仅仅处理底层的数据,具有模式识别的功能,并且不使用人工智能意义中的知识,那么这个系统就是计算智能系统。主要表现的特点:具有计算的适应性;具有计算误差的容忍度;接近人处理问题的速度;近似人的误差率[123]。

Bezdek 对这些相关术语给予了一定的符号和简要说明或定义。

他给出有趣的 ABC:

A-artificial,表示人工的(非生物的),即人造的;

B-biological,表示物理的+化学的+有机的=生物的;

C-computational,表示数学+计算机。

图 4.1 表示 ABC 及其与神经网络(neural networks,NN)、模式识别(pattern recognition,PR)和智能(intelligence,I)之间的关系。是由 Bezdek 于 1994 年提出的。A、B、C 三者对应于三个不同的系统复杂性级别,其复杂性自左至右、自底向上逐步提高。

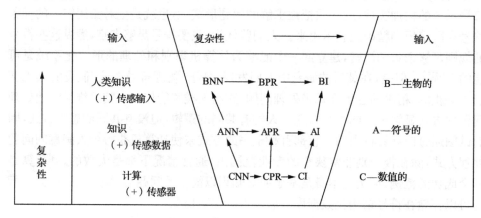

图 4.1 ABC 的交互关系图

Bezdek 认为智能有 3 个层次:第 1 个层次是生物智能,它是人脑的物理化学过程反映出来的,人脑是智能的物质基础,它是对智能的产生、形成和工作机理的直接研究,主要是生理学和心理学研究者所从事的工作;第 2 个层次是人工智能,是非生物的,研究始于 1956 年,主要目标是应用符号逻辑的方法模拟人的问题求解、推理、学习等方面的能力;第 3 个层次是计算智能,它由数学方法和计算机来实现。计算智能是一种智力方式的低层认知,它与人工智能的区别只是认知层次从中层下降至低层而已。中层系统含有知识(精品),低层系统则没有。反之,当一个智能计算系统以非数值方式加上知识(精品)值,即成为人工智能系统。

人工智能应以生物智能为基础,如果搞清了生物智能的工作机理及其各功能部件的结构关系,就可以通过高度发达的电子、光学和生物的器件构筑类似的结构对其进行模拟、延伸和扩展,从而实现人工智能。但遗憾的是,由于人脑结构高度复杂,也由于实验这一现代科学的锐利武器在研究人脑机制和结构时不能随意使用,直到今天,生物智能还没有完全搞清基本智能活动的机制和结构,总体进展有限。因而人工智能理论的主流已经从结构模拟的道路走向功能实现的道路。所谓的功能实现,就是将生物智能看作黑箱,而只控制黑箱的输入/输出关系,只要从输入/输出关系上来看所要模拟的功能即可。功能实现的道路使计算智能理论摆脱了生物智能研究进展缓慢的束缚,通过几十年的发展,已经成为较为成熟的理论体系。

计算智能正是功能实现的道路的典型代表,它涉及神经网络、模糊逻辑、进化计算等领域,计算智能的研究和发展正是反映了当代科学技术多学科交叉与集成的重要发展趋势。近年来,在各领域的研究与应用中,越来越多的计算智能分支算法取得了长足的进展,已成为各学科研究的热点[124]。

计算智能主要研究非线性的、适应性的信息处理的本质和能力,其初始代表为神经网络。神经网络的一些特点在连接主义思想中也得到了体现,例如:①以分布式方式存储信息;②以并行方式处理信息;③具有自组织、自学习能力。

模糊逻辑(FL)理论及其应用的研究也取得了重大进展。模糊逻辑突破了传统逻辑的思维模式,对于深刻研究人类的认识能力具有举足轻重的作用。特别是它与专家系统、神经网络以及控制理论的结合,说明它正在 CI 研究中扮演重要角色[125,126]。同时,在自然选择和进化理论基础上发展起来的进化计算理论(EC)在优化计算等方面也有其特定的优势,成为 CI 研究的一个新方向[127]。

但是,计算智能的各分支算法都有其自身的不足,因此对这些分支进行交叉结合、取长补短,将这些智能算法有效地融合起来进行研究,就能为建立新的复杂系统建模、分析、预测和控制框架提供理论基础和参考依据。

可见,计算智能混合算法的研究已成为计算智能发展的主要趋势[128]。对计算智能进行体系化研究,开发或构造更有效的计算智能混合算法成为了新的研究课题。

4.2　计算智能的定义

计算智能自 1992 年诞生以来,虽然应用很广泛,但是没有一个统一的有关计算智能的定义。接下来我们总结了有关计算智能各种各样的解释。

第一个计算智能的定义由 Bezdek 给出:一个计算智能系统依靠的是通过传感器所提供的数据,而不是依靠"知识"[129]。

Bezdek 认为:智能系统包含许多不同的主题,我们可以将它们归为 A、B、C 三类,即人工智能、生物智能和计算智能。人工智能主要是由符号知识组成,生物智能是指物理的、化学的和有机的系统,而计算智能主要依靠低层的数据信息[123]。

在 1994 年,Bezdek 认为 CI 是"人脑智力的低层计算模式",而 AI 是"人脑智力的中层计算模式",中层计算模式包括知识,而低层则不包含知识。他认为一个系统是计算智能系统:"当一个系统仅仅处理底层的数据,具有模式识别的功能,并且不使用人工智能意义中的知识,并且当它主要表现:具有计算的适应性;具有计算误差的容忍度;接近人处理问题的速度;近似人的误差率,那么这个系统就是计算智能系统"[123]。

可以看出,Bezdek观点的一个特殊方面就是强调了模式识别的重要性。尽管计算智能与人工智能的界限并非十分明显,然而讨论它们的区别和关系是有益的。马克斯(Marks)在1993年提到计算智能与人工智能的区别,而Bezdek则关心模式识别与生物神经网络(BNN)、人工神经网络(ANN)和计算神经网络(CNN)的关系,以及模式识别与其他智能的关系。忽视ANN与CNN的差别可能导致对模式识别中神经网络模型的混淆、误解和误用。

Marks的定义列举了CI所包含的分支,如神经网络、遗传算法、模糊计算、计算和人工生命[130]。在他们有关CI的书中,Eberhart详细阐述了他们有关CI的观点,并将他们的观点与Bezdek的观点联系在一起,他们的观点可以被总结为:计算智能可以被定义为一种方法论,它包含具有学习和处理新环境能力的计算,这种系统被认为具有一种或多种推理的属性,如归纳、发现、联想和提取。计算智能系统的输出通常包括预测或决定。从另一个角度看,计算智能系统包含具有实际适应性的概念、范例、算法,他们可以激发在一个变化环境下的智能行为[131]。

这个观点与Bezdek观点的主要不同之处在于:这个观点强调适应性,而不是模式识别。如下所阐述:"总的来说,适应性是描述计算智能系统行为最恰当的术语。事实上,从某些角度来说,计算智能和适应性是同义词"[132]。

以下是Fogel提出的概念:

"以下这些技术、神经网络、模糊计算和进化计算同属于CI的门下,CI是一门新兴的领域,它用来描述计算的方法,这种方法可以使解决方案适应于新问题,并且不依赖精确的人类知识"[133]。

我们可以看出,这段引论的前部分是列举属于CI的分支算法,而后半部分则强调了适应性在CI中的关键作用。事实上,Fogel的观点可以看成Eberhart观点的夸大,他认为智能和适应性是等同的,并详细阐述如下:

"任何系统能够在变化的环境下产生适应行为来实现目标,它都可以被认为是智能的。相反,任何不能产生适应行为,只能在一个简单环境下运行的系统不具有智能"[133]。

另一个特殊的有关计算智能的解释由Poole给出:

"计算智能就是研究如何设计智能体,一个智能体就是有智能行为的系统,它的行为适应环境和它的目标,它可以通过变化的环境和目标随时改变自己的行为。它从经验中学习,可以根据给定的限制条件和有限的计算来作出正确选择"[134]。

现在许多研究学者将"计算智能"与"软计算"等同。"软计算"是相对于"硬计算"(传统计算)而言的,传统计算的主要特征是严格、确定和精确。但是它并不适合处理现实生活中的许多问题,如汽车驾驶。"软计算"通过对不确定、不精确及不完全真值的容错来取得低代价的解决方案和鲁棒性[135]。软计算是正在发展起来的一种计算方法,它与人脑相对应,具有在不确定及不精确环境中进行推理和学习的卓越能力,它模拟自然界中智能系统的生化过程(人的感知、脑结构、进化和免疫等)来有效地处理日常工作[135]。1992 年,模糊理论创始人美国加利福尼亚大学伯克利分校的 Zadeh 教授指出人工神经网络、模糊逻辑及遗传算法与传统计算模式的区别,并将它们正式命名为软计算。

关于计算智能的观点还有很多。

有些观点认为:计算智能是设计智能体的研究领域。一个智能体在环境中活动,它包括虫子、狗、温度调节装置、飞机、人、组织和社会。一个智能体就是可以智能活动的系统,所有它的活动都是与环境和目的相符的,它可以根据变化的环境和变化的目标来灵活行动,它可以通过经验来学习,并可以根据限定条件和有限计算来作出正确的选择。计算智能的核心目标就是在自然界或人造系统中,理解产生智能行为的原理和规则[136,137]。

也有些观点认为:计算智能不仅仅是研究如何设计智能体,它也包含所有无算法计算过程的研究,人类(或动物)可以通过不同种类的智能来解决这些问题[138]。

在 CI 的研究中,我们的兴趣集中在只有人类或者动物才能解决的问题上,这些问题毫无疑问地需要智能。具体的兴趣同样集中在能够解决这些智能问题的方法和工具上[138]。

CI 所能解决的问题主要是那些没有有效的算法,或者没有可能用公式来描述,或者是 NP 完全问题并在实际中没有有效解决办法[139,140]。我们得到一个更加广泛的定义:CI 是计算机科学的一个分支,它主要解决那些没有有效计算算法解决的难题。

通过以上学习和总结,我们可以抓住几个关键点来得出计算智能的定义:①模拟智能体的行为;②适应性;③可以解决的问题;④所包含的分支。

我们可以概括如下:计算智能本质上借鉴了仿生学思想,它从模拟自然界各种智能现象发展而来,用计算机模拟和再现生物的某些智能行为(学习性、适应性等),是用于改造自然的工程实践的一种新型研究领域。换句话说,它模拟自然界中智能系统的生化过程(人的感知、脑结构、进化和免疫等)来有效地处理日常工作,以取得低代价的解决方案和鲁棒性。计算智能基于自然界的模糊推理、神经网络、生物进化等机制,是用数学语言进行抽象描述的计算方法。它是基于数值计算和结构演化的智能,是智能理论发展的高级阶段。

计算智能有着传统的人工智能无法比拟的优越性,它的最大特点就是不需要建立问题本身的精确模型,非常适合于解决那些因为难以建立有效的形式化模型而用传统技术难以有效解决,甚至无法解决的问题。

我们总结的计算智能分支有 22 个:模糊计算、神经网络、进化计算、群体计算模型、粒群优化、蚁群算法、智能代理模型、多 Agent 系统、支持向量机、免疫计算、DNA 计算、人工生命、模拟退火算法、自然计算、量子计算、粗糙集理论、禁忌搜索、序数优化、粒度计算、混沌寻优算法、局部搜索算法和分形科学。

4.3　计算智能体系化分类研究及其混合算法一般性设计

计算智能作为一门新兴的研究领域已经受到越来越多学者的广泛关注。近年来,对诸多计算智能分支算法进行交叉融合已经成为计算智能发展的新趋势,将计算智能分支算法有机地结合起来,就能为建立一种统一的智能系统设计方案提供基础。由此形成了计算智能领域的一个研究热点,即计算智能混合算法理论研究。如何开发或构造更有效的计算智能混合算法成为了新的研究课题。

计算智能分支众多,为了开发更有效的计算智能混合算法,我们需要对 CI 的全部分支算法进行分类。已有的各种不同的计算智能分类方法,其目的都是探讨各类算法的计算机制,为组合新的计算智能混合算法提供基础,并从不同角度揭示了计算智能的本质。然而有些分类方法并不全面,也不够详细,不能覆盖计算智能的全部分支,无法充分满足研究混合算法的需求。本章旨在对计算智能分类方法和各类的普适性计算模型进行体系化研究,为构造和设计 CI 混合算法提供理论支持和方向。

从广泛收集和整理计算智能的定义和已有的分类方法出发,在充分理解计算智能本质的基础上,根据 4.2 节给出的计算智能的一般性定义,CI 是模拟自然界中的智能行为来解决实际问题的计算方法,是基于数据的智能。因此,从"模拟"的角度来看计算智能,本节提出基于模拟机制的计算智能分类方法(SMB),SMB 深入探讨了计算智能各类包含分支算法的非线性映射本质及其不同的模拟机制,为计算智能混合算法的一般性构造和设计提供基础。

4.3.1　计算智能分类方法概述

为探索 CI 不同的分类方法,我们选取 EC、FL、NN、DNA 计算(DNA computing,DNAC)和量子计算(quantum computation,QC)这 5 个分支算法举例说明,介绍如下。

第一种方法是根据所应用的不同计算介质进行划分。这样我们可以认为,EC、FL、NN 是同一类,而 DNAC、QC 是另外一类。第一类计算方法属于传统的硅介质的,计算实施的物理条件就是基于硅芯片的硬件设备(计算机)。这类方法有着它的局限性,如能量分配与信息交换速度等问题。而 DNAC 和 QC 却是基于不同的介质,QC 可以通过降低量子结构的水平来克服传统计算机的固有局限,DNA 计算所基于的介质是生物分子和酶。这些都是与硬件不同的生物介质。

第二种方法是通过平行机制给出的。传统计算机的硬件是通过顺序计算来构造的,大多数算法因此也是连续的。而自然界很多现象本质上是平行的。大脑通过几十亿个神经元协调工作,动物王国每个成员平行地工作来完成生存任务。NN 和 EC 可以被看成模仿这些自然现象的算法,因此在功能上是基于平行机制的计算。从这个观点来看,顺序执行 NN 和 EC 算法是"非自然"的,这是因为受现在计算机内部结构的限制。而 DNAC 和 QC 也属于这类方法,通过不同的计算介质,它们的计算实际上是平行执行的,虽然第一个实际量子计算机还没有被创建。因此,DNAC、EC、NN、QC 可以看成不同程度上的平行机制计算方法,而 FL 则不是。

通过自然界的启发形成了分类的第三种方法。所谓的自然计算组成了计算机科学的研究领域,它受启发于自然过程。在这里,自然可以被解释为生物的和生物化学的。例如,模拟退火算法就是基于冷却金属的过程,它就不属于自然计算的一部分。但是,EC 就是基于达尔文进化论的,NN 基于抽象脑模型,DNA 计算基于生物介质,它们都属于自然计算家族的。FL 和 QC 并不属于自然计算家族[141]。

第四种分类方法由张智星(Roger Jang)提出,他认为可以将 SC 分为模型空间(model space)和方法空间(approach space)两类,其中模型空间包括神经网络、模糊逻辑、自适应模糊神经网等;方法空间包括:①基于导数的优化方法,如最陡下降法、牛顿法等;②非导数优化方法,如遗传算法、模拟退火等[142]。

最后一种分类方法强调智能性,分别围绕计算智能不同的智能方面。"计算性"方面主要集中在 DNAC 和 QC,这两种方法都集中在重新定义计算本质和执行任务的计算机上。这主要是由我们上面提到的计算介质的不同导致的。而 EC、FL、NN 这些方法强调了 CI 的"智能性"。EC、NN 可以单独划成一组,因为它们共同阐述了如何解释智能。从这个观点出发,适应性是智能行为和智能系统的重要方面。我们可以将 EC、NN 归为适应系统(adaptive system)这类。在 EC 中,至少是绝大部分的进化计算,适应性只发生在系统层,那就可以评估,它的属性可以通过繁殖来传播。但是单个个体就学不到任何东西,它不是可适应的。也就是说种群可以产生新个体和选择最优个体来适应生存,种群连续改变它的组成,从一开始的随机选择到最后的最好适应度的个体。在 NN 中,适应性产生在局部或个体层。适应性在这里主要强调各个神经元的连接改变了,因此大脑越来越好地执行给定任务,它是可以学习的[143]。

4.3.2　基于模拟机制的计算智能分类方法

这些分类方法从各种不同的角度把 CI 的各个分支进行了划分。本节所要阐述的分类方法与这些方法均不相同。我们在这里重新介绍计算智能的定义。

计算智能本质上借鉴了仿生学思想,它从模拟自然界各种智能现象发展而来,通过计算机模拟和再现生物的某些智能行为(学习性、适应性等),发展成改造自然的工程实践的一种新型研究领域。

　　我们可以简单地认为,计算智能是一种模拟科学,它试图模拟自然界的智能行为(自组织、自学习、自适应等)[144],为我们解决问题提供一类新的思路和方法。CI 的本质是一个普适性的逼近器,它可以完成非线性映射和优化的强大功能[145]。那么,从"模拟"的角度来看计算智能,我们就可以通过计算智能所模拟对象的不同对其进行分类。这种分类方法我们定义为基于模拟机制的分类方法(simulation-mechanism-based,SMB)。在这里,我们认为自然界是广义的自然界,不仅仅包含生物界,分为有机界、无机界和人造界。

　　与这个定义相对应,本节对计算智能的各种算法进行分类:模拟自然有机界(生物界)的智能行为所产生的计算智能分支算法定义为有机机制模拟(organic mechanism simulation,OMS);模拟自然无机界的智能行为所产生的计算智能分支算法定义为无机机制模拟(inorganic mechanism simulation,IMS);模拟自然人造界的智能行为所产生的计算智能分支算法定义为人造机制模拟(artificial mechanism simulation,AMS)。

　　从宏观上分类,共三类:有机机制模拟、无机机制模拟和人造机制模拟。

　　其中,有机机制模拟类可分为:基于个体的模拟和基于种群的模拟两类。根据模拟不同的群体智能行为,基于种群的模拟又可分为:模拟种群进化和模拟种群协作两类。各类及子类所包含 CI 分支算法具体如下。

　　1) 有机机制模拟

　　(1) 基于个体的模拟。

　　①模糊计算:模拟人对客观世界认识的不确定性。

　　②神经网络:模拟人脑神经元。

　　③支持向量机:通过非线性变换将输入空间变换到一个高维空间,然后在这个新的空间中求取最优分类超平面。

　　④免疫计算:借鉴和利用生物免疫系统的信息处理机制而发展的信息处理技术。

　　⑤DNA 计算:模拟生物分子 DNA 结构进行计算的新方法。

　　⑥人工生命:通过人工方法建造具有自然生命特征的人造系统。

　　(2) 基于种群的模拟。

　　①进化计算:基于生物进化的思想和原理来解决世界问题。

　　②群体智能:是一种在自然界生物群体行为的启发下提出的计算智能实现模式。

　　③粒群优化:一种基于群体搜索的算法,它建立在模拟鸟群社会的基础上。

　　④蚁群算法:是一种源于大自然中生物世界的新的仿生类算法。

　　⑤智能代理模型。

　　⑥多 Agent 系统。

2）无机机制模拟

①模拟退火：如果说神经网络和进化计算是模拟有机界产生的计算方法，那么模拟退火是成功模拟无机界自然规律的结晶．

②自然计算可以描述成所有新兴计算分支的交集的映射集合。我们认为：模拟计算是 DNA 计算、进化计算、免疫计算、量子计算和其他计算机计算分支的交集。而自然计算属于模拟计算的映射，是模拟计算的一类。

③量子计算也属于这类。

3）人造机制模拟

①粗糙集：作为一种处理不精确、不确定和不完全数据的新的数学计算理论，能够有效地处理各种不确定的信息。

②禁忌搜索。

③序数优化。

④粒度计算。

⑤混沌寻优算法。

⑥局部搜索算法。

⑦分形科学。

总体分类示意图如图 4.2 所示。

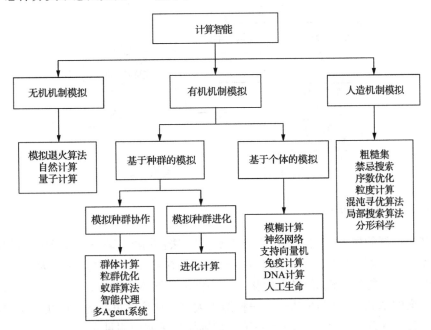

图 4.2　基于模拟机制的计算智能分类方法

后面将对每类的各分支算法及普适性计算模型进行详细介绍。

4.4　有机机制模拟

基于有机机制模拟的分支算法是受大自然生物界的启发而产生的。它是模拟大自然生物界的各种智能行为的一种计算方法。根据其模拟对象的不同,有机机制模拟类可分为基于个体的模拟和基于种群的模拟两类。

基于种群的模拟是指模拟生物界群体的智能行为所产生的计算智能分支算法;基于个体的模拟是指模拟生物个体的智能行为所产生的计算智能分支算法。根据模拟不同的群体智能行为,基于种群的模拟又可分为模拟种群进化和模拟种群协作两类。有机机制模拟的分类图如图4.3所示。

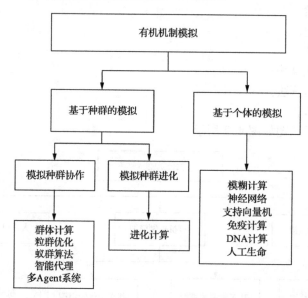

图 4.3　有机机制模拟的分类示意图

4.4.1　基于种群的模拟

基于种群的模拟大致包含以下几个分支算法:进化计算——基于生物进化的思想和原理来解决世界问题;群体智能——一种在自然界生物群体行为的启发下提出的计算智能实现模式;粒群优化——一种基于群体搜索的算法,它建立在模拟鸟群社会的基础上;蚁群算法——一种源于大自然中生物世界的新的仿生类算法;还包含智能代理模型和多 Agent 系统。详细模拟机制说明见表 4.1。

表 4.1　基于种群的模拟分支算法及模拟机制说明

分支算法	机制说明
进化计算	模拟达尔文生物进化论的思想和原理
群体智能	模拟生物群体的智能行为
粒群优化	模拟鸟群社会的智能行为
蚁群算法	模拟蚁群社会的智能行为
智能代理模型	模拟智能群体行为
多 Agent 系统	模拟多智能体的协作行为

　　这些算法具有如下共同特征：模拟自然界中种群的生物进化或生物协作的思想来解决现实世界中的问题，为原来很多难以解决或者无法解决的问题提供了一种新的计算方法。其中，进化计算模拟了生物种群进化机制，其他算法，如群体计算、粒群优化、蚁群算法和多 Agent 系统等都模拟了生物种群协作机制。基于种群的模拟分类图如图 4.4 所示。

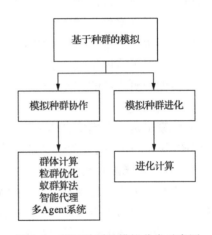

图 4.4　基于种群的模拟分类示意图

1. 模拟种群进化

　　模拟种群进化类中最具代表性的当属进化计算。生物群体的生存过程普遍遵循达尔文的物竞天择、适者生存的进化准则。种群中的个体根据对环境的适应能力而被大自然选择或淘汰。20 世纪 60 年代以来，如何模仿生物来建立功能强大的算法，进而将它们运用于复杂的优化问题，就逐渐成为一个研究热点。进化计算正是在这一背景下孕育而生的。进化计算包括遗传算法（genetic algorithms，GA）、进化策略（evolution strategies，ES）、进化编程（evolutionary programming，EP）[146,147]。

　　遗传算法是模仿生物遗传学和自然选择机理，通过人工方式构造的一类优化搜索算法。遗传算法与传统数学模型截然不同，它为那些难以找到传统数学模型的难题找到一种解决方法。霍兰德（Holland）于 1975 年在他的著作 Adaptation in Natural and Artificial Systems 中首次提出遗传算法，并提出了模式定理（schema theorem），为遗传算法奠定了理论基础。遗传算法是一类以 Darwin 自然进化论和 Mendel 遗传变异理论为基础的求解复杂全局最优化问题的仿生型算法。GA 基于适者生存，优胜劣汰的进化原则，对包含可能解的群体反复使用遗传学基本操作，不断地生成新的群体，使种群不断进化，同时以全局并行搜索技术来搜索优化群体中的最优个体,以求得满足要求的最优解或最准确解。

　　遗传算法的具体流程可简述如下:模拟自然界优胜劣汰的进化现象,把搜索空间映射为遗传空间,把可能的解编码成一个向量——染色体,向量的每个元素称为基因。通过不断计算各染色体的适应值,选择最好的染色体,获得最优解。

　　遗传算法是一种基于自然选择和群体遗传机理的搜索算法,它模拟了自然选择和自然遗传过程中的繁殖、杂交和突变现象。在利用遗传算法求解问题时,问题的每个可能的解都被编码成一个“染色体”,即个体,若干个体构成了群体(所有可能解)。在遗传算法开始时,总是随机地产生一些个体(初始解)。根据预定的目标函数对每个个体进行评估,给出一个适应度值。基于此适应度值,选择个体用来复制下一代。选择操作体现了“适者生存”原理,“好”的个体被选择用来复制,而“坏”的个体被淘汰。然后选择出来的个体经过交叉和变异算子进行再组合生成新的一代。这一群新个体由于继承了上一代的一些优良性状,因而在性能上优于上一代,这样逐步朝着更优解的方向进化。因此遗传算法可以看作一个由可行解组成的群体逐步进化的过程。

　　进化策略是一类模仿自然进化原理以求解参数优化问题的算法。它是由雷切伯格(Rechenberg)、施韦费尔(Schwefel)和彼得·比纳特(Peter Bienert)于1964年提出的,并在德国共同建立。

　　进化编程也称进化规划(evolutionary planning),是由福格尔(Fogel)在1962年提出的一种模仿人类智能的方法。进化编程的过程可理解为从所有可能的计算机程序形成的空间中搜索具有高的适应度的计算机程序个体。那些具有最强能力的算法被保留作为父代以产生新子代。这一过程不断循环,直至发现具有可靠性算法为止。

　　我们可以这样总结:进化计算是采用简单的编码技术来表示各种复杂的结构,并通过简单的遗传操作和优胜劣汰的自然选择来指导学习和搜索的方向,直到找到满足条件的最优解为止。进化计算充分体现了种群进化的过程,它又模拟了种群的具有自组织、自适应、自学习的特点,为那些复杂系统寻优问题提供了一种效率高、操作简单、通用性强的计算方法。它无疑是一种模拟种群进化的仿生学算法。我们可以将其流程统一定义为图4.5。

图 4.5　种群进化流程示意图

　　其中进化过程具体流程如图 4.6 所示。

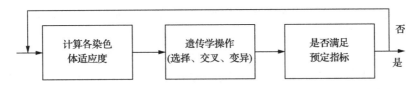

图 4.6　进化过程模块的具体流程图

2. 模拟种群协作

模拟种群协作类包括群体智能、粒群优化、蚁群算法和多 Agent 系统等分支算法。群体智能（swarm intelligence,SI）是一种在自然界生物群体行为的启发下提出的计算智能领域的一种关键技术。群体智能研究主要是对生物群体协作产生的复杂行为进行模拟，并在此基础上探讨解决和解释一些复杂系统复杂行为的新思路和新算法。群体智能计算是群体智能研究中的一个分支，最具代表性的例子就是荒山寻宝。可解决的问题：功能优化、发现最佳路径、调度、结构优化、图像和数据分析。

群体智能指的是"简单智能的主体通过合作表现出复杂智能行为的特性"。该智能模式需要以相当数目的智能体来实现对某类问题的求解功能。作为智能个体本身，在没有得到智能群体的总体信息反馈时，它在解空间中的行进方式是没有规律的。只有受到整个智能群体在解空间中行进效果的影响之后，智能个体在解空间中才能表现出具有合理寻优特征的行进模式。在通常情况下，群体智能是指任何启发于群体生物的集体行为而设计的算法和分布式问题解决方法。它的两个主要分支就是粒群优化和蚁群算法[148,149]。

粒群优化（particle swarm optimization,PSO）最早是由心理学研究人员 Kennedy 博士和计算智能研究人员 Eberhart 博士于 1995 年提出的，它是源于对鸟群觅食过程中的迁徙和群居的模拟。PSO 是一种基于群体的优化工具，同时也是一种基于迭代的优化工具。系统初始化为一组随机解，通过迭代搜寻最优值，粒子（潜在的解）在解空间追随最优的粒子进行搜索。在 PSO 中，采用信息共享机制，它有着简单容易实现同时又有深刻的智能背景的特点。通过对每个粒子适应度函数的计算，来确定该粒子是否是群中的最优粒子（如适应度函数是否最小），如果是则不用移动，且更新 P、G。如果不是，则根据计算公式更新速度和位移，逐步靠近最优粒子。

蚁群算法（ant colony optimization,ACO）是一种模拟进化算法。20 世纪 90年代初，意大利学者多里戈、马尼左和科洛龙等从生物进化和仿生学角度出发，研究蚂蚁寻求路径的自然行为，提出了蚁群算法。算法以信息激素（pheromone）为理论核心，使得一定范围内的其他蚂蚁能够察觉到并由此影响它们以后的行为，并且蚁群能随环境的变化而变化，适应性地搜索新的路径，产生最优选择。蚁群算法已经显示出它在求解复杂优化问题,特别是离散优化问题方面的优势,是一种很有发展前景的计算智能方法。

通过以上分析我们可以看出,群体智能计算是一类模拟种群协作的算法,算法通过一定数目的智能体的共同协作来实现对某类问题的求解,它是对简单生物群体的涌现现象的具体模式研究。简单的智能主体通过合作表现出复杂智能行为,并通过整个种群的协作来共同完成特定任务,使整个种群体现出自组织特性。它们的工作流程定义如图 4.7 所示。

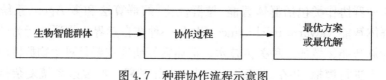

图 4.7　种群协作流程示意图

其中协作过程具体流程如图 4.8 所示。

图 4.8　协作过程模块的具体流程图

MAS(multi agent system)是一个多个 Agent 合作求解系统,其中的 Agent 有自身的追求目标,而群体 Agent 也具有追求目标,每个 Agent 通过分布式合作来完成总体目标和功能。它也可以看成模拟种群分布式合作的算法。

3. 基于种群模拟的普适性模型

本节将进化计算、群体计算模型(包括 ACO、PSO 等)、粒群优化、蚁群算法、智能代理模型和多 Agent 系统都归入基于种群的模拟这一类。它们共同的特点是模拟自然界中种群的生物进化或生物协作的思想来解决现实世界中的问题,为原来很多很难解决或者无法解决的问题提供了一种崭新的计算方法。

其中,进化计算是模拟生物种群进化的算法,而剩余的群体计算、粒群优化、蚁群算法和多 Agent 系统都属于模拟生物种群协作的算法。可以将此类算法看成一个非线性映射的过程,而中间处理过程可以看成是非线性映射器,该类算法的普适性模型如图 4.9 所示。

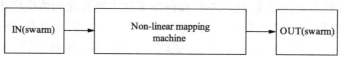

图 4.9　基于种群模拟的普适性模型

(1) IN(swarm)：生物群体（由可能解组成的初始种群或某一智能群体）。

(2) Non-linear mapping machine：生物进化或协同过程。

(3) OUT(swarm)：最优方案（最优解或最准确解）。

其中，我们对 Non-linear mapping machine 进行定义：

Non-linear mapping machine＝(Input，Output，$F(x_i)$，$O(F(x_i))$，$E(x_i)$)

具体含义如下。

①Input：初始化种群，即所有的可能解组成的初始种群。

②Output：输出的最优方案（满足要求的最优解或最准确解）。

③$F(x_i)$：适应度函数，对于种群中的每个个体评价其性能的指标，可作为进化或协同的依据。在进化计算中，适应度高的个体被选择，适应度低的个体被淘汰；在协同计算中，根据适应度的值判断该粒子是否是种群中的最优粒子。

④$O(F(x_i))$：进化或协同操作，操作依据每个个体适应度的不同来进行。在进化计算中，选中的个体通过各种遗传操作来产生新的个体；在协同计算中，依据适应度函数改变每个个体的速度和位置，使个体移至新的位置，越来越靠近最优解。

⑤$E(x_i)$：评价指标，用来评价个体的性能是否达到我们预测的标准，如果达到标准，则终止算法。

具体流程的伪代码可表示如下：

```
Procedure SwarmNonMapMach (In (swarm))
BEGIN
    For each agent
        Initialize a group
    END //初始化种群
    DO
        For each agent
            Calculate fitness value   //对于种群中每个个体，计算适应度函数 F(xi)
            O(F(xi)) //依据适应度函数，对种群中每个个体进行相应操作
        End
    WHILE maximum iterations or minimum error criteria is not attained
//是否满足评价指标 E(xi)
RETURN Out(swarm)//产生最优解或最准确解
END
```

4.4.2　基于个体的模拟

基于个体的模拟大致有以下几个分支算法：模糊计算——模拟人对客观世界认识的不确定性；神经网络——模拟人脑神经元；支持向量机——其基本思想是通

过非线性变换将输入空间变换到一个高维空间,然后在这个新的空间中求取最优分类超平面;免疫计算——借鉴和利用生物免疫系统的信息处理机制而发展的各类信息处理技术;人工生命——通过人工方法建造具有自然生命特征的人造系统以及 DNA 计算。详细模拟机制说明见表 4.2。

表 4.2　基于个体的模拟分支算法及模拟机制说明

分支算法	机制说明
模糊计算	模拟人对客观世界认识的不确定性
神经网络	模拟人脑神经元的结构
支持向量机	模拟人的模式识别能力
免疫计算	模拟生物免疫系统的信息处理机制
DNA 计算	模拟生物体 DNA 分子的结构
人工生命	模拟具有自然生命特征的人造系统

这些算法具有以下共同特性:它们模拟自然界中生物体不同层面的生命现象来解决很多复杂的问题。DNA 计算是在生物分子层对 DNA 的分子结构进行模拟;人工神经网络是在器官结构层对大脑生理结构进行模拟;免疫计算是在机体功能层对生物的免疫系统进行模拟;模糊计算是在认知层对人类的思维方式进行模拟;支持向量机是在意识层对人类的模式识别能力进行模拟;人工生命是在生命层对整体生命特征进行模拟。

本节重点讨论模糊逻辑和神经网络这两个分支算法。

1. 模糊逻辑

1965 年美国加利福尼亚大学伯克利分校的自动控制理论专家 Zadeh 教授在 *Information&control* 杂志上发表了 *Fuzzy set* 一文,论文中第一次提出了模糊集合的概念,提出了表达事物模糊性的重要概念——隶属函数,突破了 19 世纪末德国数学家 Cantor 创立的经典集合理论的局限性,从此开创了一个新的数学分支即模糊数学,奠定了模糊理论的基础[150]。其核心是对复杂的系统或过程建立一种语言分析的数学模式,使自然语言能直接转换为计算机能识别的算法语言。模糊集合的引入可将人的判断、思维过程用比较简单的数学形式直接表达出来,从而使对复杂系统作出合乎实际的、符合人类思维方式的处理成为可能[151,152]。

作为计算智能最主要的分支之一,模糊逻辑在机器智能系统(machine intelligence quotient)中扮演着很重要的角色。可以将模糊集合理论这样定义:它是这样一门理论或技术,旨在提供一个系统的框架用于处理人类思维过程中的模糊性和不确定性[153]。模糊集合(逻辑)有很多应用领域,如推理、控制、分类、决策和优化等[154]。

　　模糊逻辑是通过模仿人的思维方式来表示和分析不确定、不精确信息的方法和工具。它是用来对"模糊"的现象或事件进行处理,以达到消除模糊的逻辑。

　　"在许多特定领域中,模糊逻辑的中心是什么?它并不像经典逻辑系统那样,模糊逻辑旨在建立推理的不精确方式,这种方式在大量的人类不确定和不精确的环境下作出合理决策的能力中扮演着很重要的角色。这种能力依靠我们基于一个不准确、不完善并不十分可靠的知识库,对于某一问题来给出一个近似答案的能力。"模糊逻辑中两个重要的概念就是语言变量和模糊 if-then 规则[155]。

　　模糊推理系统(fuzzy inference system,FIS)可以实现从输入空间到输出空间的非线性映射。当不限定规则数时,零阶 Sugeno 模型能以任意精度匹配紧集上的任意非线性函数,这也就意味着 FIS 具有无限逼近的能力。

　　模糊推理的过程是:它先将操作人员或专家的经验制定成模糊推理规则,然后把来自传感器的信号模糊化,并用此模糊输入去适配控制规则,完成模糊推理,最后将模糊输出量进行去模糊化,变为模拟量或数字量输出,其流程如图 4.10 所示。

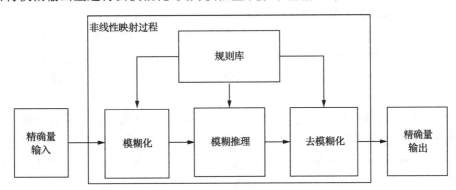

图 4.10　模糊推理的一般流程

　　将模糊逻辑理论应用于复杂系统建模是近几年研究的热点。模糊建模是指用模糊 if-then 规则来描述一个系统[156,157]。建立这样的一个系统包括建立一个从系统输入到输出的非线性关系。一旦这样的模型被确定下来,它就可以用于系统的分析、预测、控制等。

　　一个模糊控制器或者一个一般的模糊推理系统可以看成从输入到输出的功能映射 f[158]。

　　从本质上讲,映射 $f: X \rightarrow Y$,即函数 $y = f(x)$,X 和 Y 分别为 U 和 V 的基集(base sets),U 和 V 为 X 和 Y 的模糊集[159]。

形式上,可以将这个映射表示为 $X * Y$ 上的关系 F,即 $(x, y) \in F$,$y = f(x)$。由此可见,模糊推理系统是一个非线性映射器,见图 4.11。

图 4.11　FIS 的非线性映射模型

2. 神经网络

人工神经网络的先锋卡洛克(McCulloch)和皮茨(Pitts)曾于 1943 年提出一种称为"似脑机器(mindlike machine)"的思想,提出了二值神经元(MP)模型,MP 模型的提出开始了对神经网络的研究进程[160]。20 世纪 60 年代末～80 年代中期,认识上的局限性使对神经网络的研究进入了低潮。

进入 20 世纪 80 年代,传统的计算机和人工智能技术面临着重重困难。模拟人脑的智能信息处理过程,如果仅靠串行逻辑和符号处理等传统的方法来解决复杂的问题,会产生计算量的组合爆炸。因此,具有并行分布处理模式的神经网络理论又重新受到人们的重视。1986 年 Rumelhart 等在多层神经网络模型的基础上,提出了多层神经网络模型的反向传播学习算法(BP 算法),解决了多层前馈神经网络的学习问题,证明了多层神经网络具有很强的学习能力。作为一种前馈神经网络学习算法,它可以完成许多学习任务,解决许多实际问题。从此对神经网络的研究又开始复兴,掀起了第二次研究高潮。

神经网络是由大量人工神经元(处理单元)按照一定的拓扑结构相互连接而成的一种具有并行计算能力的网络系统[161]。它是研究人类大脑在信息处理方面的基础上提出来的,具有很强的自适应和学习能力、非线性映射能力、鲁棒性和容错能力[162]。

神经网络的结构使其通过学习的过程来处理信息,也就是说它具有对输入数据和学习规则的适应性。这一强大的模型由许多神经元(简单的计算单元)共同构成,并且以模拟人类大脑的功能结构连接而成。因此,这种分布式的结构使神经网络非常适合处理非线性问题和输入/输出之间的映射问题。

虽然有许多关于神经网络的定义,本节从强调神经网络模型的关键特性出发,总结如下:神经网络可以被定义成一个分布的、自适应的和非线性的学习机器,它由不同的神经元基于一定的拓扑结构组成。神经网络的功能由不同处理单元(神经元)之间的内在连接决定。每一个神经元都接受来自其他神经元或自身的连接,这种连接定义了神经网络的拓扑结构并且在神经网络的功能实现上扮演着与单个神经元一样重要的角色。输入信号通过这种连接进行传输,其强弱由神经网络的可调权值(w_{ij})来控制。

由于神经网络的知识通过神经元之间的连接权值存储在一个分布式的结构里,并且这些知识可以通过修改连接权重这样一个学习过程来获取,我们可以认为:神经网络试图模拟人脑的功能结构来处理信息。

这种固有的并行结构和容错能力使 NN 可以解决很多实际问题。神经网络具有模式识别、系统辨识与预测、非线性分类和功能逼近等强大功能,它的映射能力可以逼近任意线性或非线性函数。

图 4.12 所示为神经元结构。神经元单元由多个输入 $x_i(i=1,2,\cdots,n)$ 和一个输出 y_j 组成。中间状态由输入信号的权和表示,而输出为

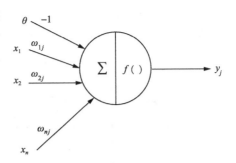

图 4.12 神经元结构图

$$y_j = f\Big(\sum_{i=1}^{n} x_i \cdot w_{ij} - \theta\Big)$$

其中,θ 为神经元单元的偏置(阈值);w_{ij} 为连接权系数;n 为输入信号数目;y_j 为神经元输出;t 为时间;$f()$ 为输出变换函数,有时称为激励函数,往往采用 0-1 二值函数或 S 型函数,见图 4.13。

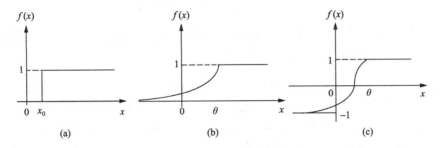

图 4.13 神经元中的某些激励函数

这三种函数都是连续和非线性的。一种二值函数可由下式表示,如图 4.13(a) 所示。

$$f(x) = \begin{cases} 1, & x \geqslant x_0 \\ 0, & x < x_0 \end{cases} \tag{4-1}$$

一种常规的 S 型函数见图 4.13(b),可由式(4-2)表示。

$$f(x) = \frac{1}{1 + \mathrm{e}^{-ax}}, \quad 0 < f(x) < 1 \tag{4-2}$$

常用双曲正切函数见图 4.3(c),来取代常规 S 型函数,因为 S 型函数的输出均为正值,而双曲正切函数的输出值可为正或负。双曲正切函数如式(4-3)所示

$$f(x) = \frac{1 - \mathrm{e}^{-ax}}{1 + \mathrm{e}^{-ax}}, \quad -1 < f(x) < 1 \tag{4-3}$$

可以看出,神经元单元有三个基本要素:

(1) 一组连接(对应于生物神经的突触),连接强度用连接上的权值表示,权值为正表示激活,为负表示抑制。

(2) 一个求和单元,用于求取各输入信号的加权和(线性组合)。

（3）一个激励函数 $f()$，起映射作用并将神经元输出幅度限制在一定范围内。神经元的流程图如图 4.14 所示。

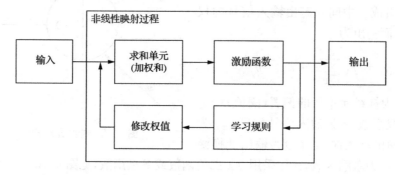

图 4.14　神经元信息处理流程图

从数学角度可知，一个神经元的信息处理过程可以被表示为一个非线性映射的操作 Ne，从输入向量 $X(t) \in R^n$ 到精确输出 $y(t) \in R^1$，即

$$\text{Ne}: X(t) \in R^n \rightarrow y(t) \in R^1$$

从信号处理的角度来看，生物神经元有两个关键要素，即突触（synapse）和胞体（soma），它们共同负责执行计算任务，如学习，获取知识，并识别模式。每一个突触是一个存储元件，它包含了过去的一些经验属性。突触通过不断调整它的权重以适应新的神经元的输入，从而进行学习，见图 4.15。

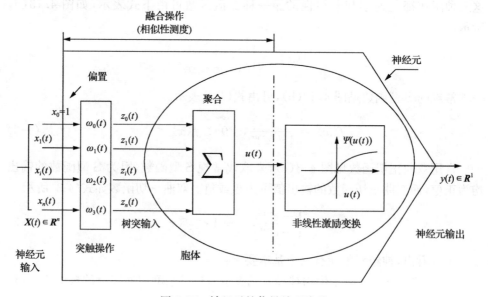

图 4.15　神经元的信号处理流程

胞体聚合一组加权输入,当超过一定的阈值时,神经元将被激活。在离开胞体之前,轴突(输出)信号经过非线性变换。在数学上,突触和胞体的早期阶段在新的神经元输入和存储的知识(过去经验)之间提供了一种融合操作,针对这个聚合信号,胞体的后半部分提供了一个有约束的非线性激活操作。

在图 4.15 中,融合操作比较新的神经元输入 $x_i(t)$ 与存储在突触的权值 $w_i(t)$(过去经验),而非线性激活操作 $\psi()$,提供了一个有界的神经元输出 $y(t)$。

目前,神经网络已经被非常成功地应用于动态系统的辨识与控制。多层感知器(multilayer perceptron,MLP)的无限逼近能力使它成为非线性系统建模和非线性系统控制的最佳选择之一。

3. 其他算法

1) 支持向量机

支持向量机(support vector machine,SVM)建立在计算学习理论的结构风险最小化原则之上,SVM 的基本思想是通过核函数将输入空间中的样本通过某种非线性函数关系映射到一个特征空间中(维数可能较高),使两类样本(可推广到多类样本)在此特征空间中线性可分,并寻找样本在此特征空间中的最优线性分类超平面。SVM 算法搜寻最优的超平面,不但正确分类数据集,而且要使两类样本分类间距最大化。SVM 的一个重要优点是可以处理线性不可分的情况。

正是因为其完备的理论基础和出色的学习性能,该技术已成为机器学习界的研究热点,并在很多领域都得到了成功的应用,如人脸检测、手写体数字识别、文本自动分类等。

支持向量机旨在模拟人类的特殊的模式识别功能。研究曾显示只有人类可以从一群相似物体(如人群)中识别出与自己相关的物体(如熟人),而计算机不具有这种能力。

我们通过支持向量机的基本思想可以看出:样本在输入空间线性不可分,利用一个非线性的映射把原数据集中的向量点转化到一个更高维的特征空间中,在这个高维度的空间中找一个线性超平面来根据线性可分的情况处理,由此完成了分类的功能,如图 4.16 所示。

2) 免疫计算

生物免疫系统是一个高度进化的生物系统,它旨在区分外部有害抗原和自身组织,从而清除病原并保持有机体的稳定。生物免疫系统的工作原理:免疫系统主要依靠抗体来对入侵抗原进行攻击以保护有机体。从计算的角度来看,生物免疫系统是一个高度并行、分布、自适应和自组织的系统,具有很强的学习、识别、记忆和特征提取能力。人们自然希望从生物免疫系统的运行机制中获取灵感,开发面向应用的免疫系统计算模型——人工免疫系统(artificial immune system,AIS),

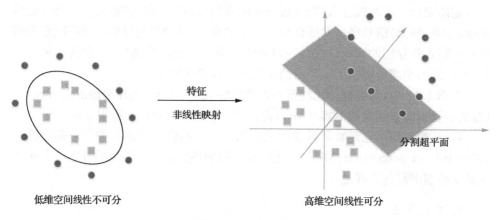

特征
非线性映射

分割超平面

低维空间线性不可分   高维空间线性可分

图 4.16   支持向量机

用于解决工程实际问题。

20 世纪 70 年代,Jerne 提出了免疫网络假说,给出了免疫网络的数学框架,这是人工免疫系统开创性的工作。人工免疫系统是对生物免疫系统的模拟,是借鉴和利用生物免疫系统的信息处理机制而发展的各类信息处理技术、计算技术以及在科学工程领域中应用而产生的各种智能系统的统称。De Castro 等给出的定义为:AIS 是一种由理论生物学启发而来的计算范式,它借鉴了一些免疫系统的功能、原理和模型并用于复杂问题的解决[163]。

免疫算法是一种确定性和随机性选择相统一,并具有勘测与开采能力的启发式随机搜索算法。体液免疫应答过程,即抗体学习抗原并最终清除抗原的过程。算法的中心思想是:将此进化过程中抗体对应优化问题的候选解,抗原被视为问题本身,进而获得寻求最优解的免疫算法。其最终目标是寻找最优抗体来消除抗原。其流程如图 4.17 所示。

3) DNA 计算

DNA 计算是一种非常新的计算模式,是计算机科学和分子生物学相互结合、相互渗透而产生的新兴交叉研究领域。DNA 计算是一种模拟生物分子 DNA 的结构并借助于分子生物技术进行计算的新方法,DNA 计算模型在克服了电子计算机存储量小与运算速度慢这两点严重的不足的基础上,开创了以化学反应为计算工具的先例。

传统的计算机是用"0"和"1"进行各种编码的,而在 DNA 计算中,可以用组成 DNA 分子的 4 个字母的集合 $\Sigma = \{A, G, C, T\}$ 来编码信息。酶可以看作在 DNA 序列上简单的计算,不同的酶相当于作用于 DNA 串上不同的算子。DNA 计算的基本思想是:利用 DNA 分子的双螺旋结构和碱基互补配对的性质,将所要处理的问题编码成特定的 DNA 分子,在生物酶的作用下,生成各种数据池(data pool),

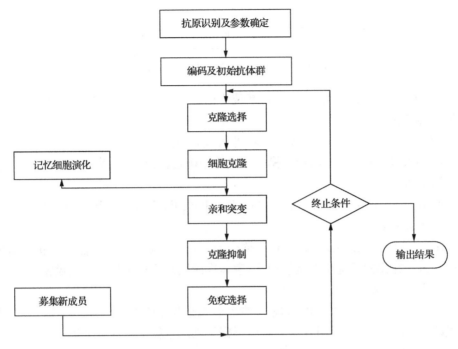

图 4.17 免疫算法的基本原理

即问题的可能解;然后利用现代分子生物技术,如聚合酶链反应(polymerize chain reaction,PCR)、聚合重叠放大技术(parallel overlap assembly,POA)、超声波降解、亲和层析、分子纯化、电泳、磁珠分离等手段破获运算结果;最后通过测序或其他方法解读计算结果。

4) 人工生命

人工生命(artificial life,AL)试图通过人工方法建造具有自然生命特征的人造系统,它是用计算机来构造生命特有的自律行为的人工系统。人工生命的思想起源于 20 世纪 50 年代 John von Neumann 的元胞自动机用数学和逻辑形式的方法来揭示生命的本质,并将自我繁衍的本质特征应用于人造系统。

人工生命研究以抽象地提取控制生物现象的基本动态原理为基础,并通过物理媒介(如计算机)模拟生命系统动态发展过程的工作。

4. 基于个体模拟的普适性模型

从以上分析可以看出,神经网络和模糊推理系统可以逼近任意非线性函数,且都可以通过从输入到输出的一个非线性映射过程来实现。以神经网络和模糊推理为代表的基于个体的模拟这一类算法的普适性模型如图 4.18 所示。

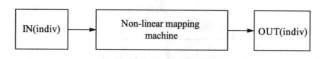

图 4.18　基于个体模拟的普适性模型

（1）IN(indiv)：一组输入。模糊系统为精确量输入，神经网络为一组与其连接的带权神经元。

（2）Non-linear mapping machine：非线性映射过程。

（3）OUT($indiv$)：输出量。模糊系统为精确量输出，即决策；神经网络为神经元的输出值。

Non-linear mapping machine＝$(II(X_i), IO(LR(II(X_i))), RB, LR(II(X_i)))$

具体含义如下。

①$II(X_i)$：integrated input(X_i)，整合输入，即将输入经过整合变为我们需要的输入量。在模糊系统中即是模糊化（隶属度函数），将精确值转为模糊输入集合；在 NN 中，即求输入神经元的加权和。

②RB：rules base，规则库，即根据专家经验事先编辑好的规则。在 FL 中为模糊规则库，在 NN 中为学习规则。系统根据规则库进行学习或是推理。

③$LR(II(X_i))$：learning and reasoning(integrated input(X_i))，根据规则库对整合输入进行学习或推理。在 FL 中，根据模糊规则，对模糊输入集合进行模糊推理，得到模糊输出集合；在 NN 中，根据神经网络学习规则进行学习，对连接权值进行相应修改，从而得到相应改变的加权和（整合输入值）。

④$IO(LR(II(X_i)))$：integrated output(learning and reasoning(integrated input(X_i)))，将学习或推理的结果进行整合输出。在 FL 中，对得到的模糊输出集合进行去模糊化，进而得到精确值；在 NN 中，对加权求和值进行激励函数变换，得到神经网络的输出值，并使神经网络的输出值控制在一定的范围之内。

具体流程的伪代码可表示如下：

```
Procedure IndivNonMapMach (IN (indiv))
BEGIN
  For the whole system
      Initialize RB and weights;
  END //初始化规则库和权值
  DO
    For each input unit
        Calculate II(Xᵢ); //对于每个输入单元,计算系统的整合输入 II(Xᵢ)
        LR (II(Xᵢ)); //根据 RB 进行学习和推理
        Calculate IO(LR(II(Xᵢ))); //计算系统整合输出
```

```
    End
      WHILE minimum error criteria is not attained
   RETURN OUT(indiv) //产生系统输出
   END
```

4.4.3　基于个体模拟的层次结构

随着计算智能分支算法在不同应用领域取得了成功应用,计算智能领域已成为当前研究的热点[164]。计算智能系统通常被设计用来模拟生物智能的一个或多个方面[165],它以连接主义的思想为主,广义地讲就是借鉴仿生学思想,基于自然界的某些智能机制,用数学语言抽象描述的计算方法;计算智能也是基于数据的智能,它以操作者提供的数据为基础,而不是依赖"知识",通过训练建立联系,进行问题求解,具有非线性映射的强大功能。

从本质上讲,CI 是一门模拟科学。基于这个思想,从整体的分类角度出发,计算智能可以分成对自然界有机层进行模拟、对自然界无机层进行模拟和对自然界人造层进行模拟三大类;从有机机制模拟角度出发,又可分为基于生物个体层面的模拟和基于生物种群层面的模拟两大类;在基于种群层面的模拟中,根据模拟不同的群体智能行为,可以进一步细分为模拟种群进化和模拟种群协作两类;在基于个体层面的模拟这一分类中,主要是针对生物体不同层面的生命现象进行模拟。基于个体模拟的层次结构说明如图 4.19 所示。

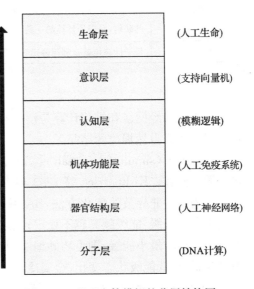

图 4.19　基于个体模拟的分层结构图

其中,DNA 计算是在生物分子层对 DNA 分子结构进行模拟,人工神经网络是在器官结构层对大脑生理结构进行模拟,免疫计算是在机体功能层对生物的免疫系统进行模拟,模糊计算是在认知层对人类的思维方式进行模拟,支持向量机是在意识层对人类的模式识别能力进行模拟,人工生命是在生命层对整体生命特征进行模拟。这种分层模拟理论正与我们前面阐述的计算智能的定义相对应。

本章提出的基于模拟机制的分类方法以及主要类的普适性计算模型,充分揭示了各类及各分支算法非线性映射的计算本质和它们之间的功能等价性和互补性;SMB 为计算智能混合算法的研究和一般性设计提供了方向。

4.5　无机机制模拟

基于无机机制模拟的分支算法的灵感来源于大自然无机界的各种自然规律（如模拟退火、太阳光子、量子等）。我们可以利用各种自然规律所体现出的智能性来研究各种计算方法，从而解决我们生产和生活中所遇见的问题。

无机机制模拟类大致有以下几个分支算法，见表 4.3。

表 4.3　无机机制模拟的分支算法及模拟机制说明

分支算法	机制说明
模拟退火	模拟物理学中固体物质的退火过程而产生的算法
自然计算	可以描述成所有新兴计算分支的交集的映射集合。模拟计算是 DNA 计算、进化计算、免疫计算、量子计算和其他计算机计算分支的交集。而自然计算属于模拟计算的映射，是模拟计算的一类
量子计算	量子计算机就是利用隧道效应等已知的量子力学效应来实现的超级并行计算机

1）模拟退火

如果说神经网络和进化计算是模拟有机界产生的计算方法，模拟退火就是成功模拟无机界自然规律的结晶。

模拟退火（simulated annealing，SA）的思想源自 Metropolis 等 1953 年对统计热力学的研究。Kirkpatrick 等 1983 年将其开创性地应用于组合优化问题。

作为一种非导数的优化方法，SA 基于能量最低原理。原子的稳定状态取决于其所在的能级：能级越高越不稳定；反之则越稳定。如果将目标函数的最小值视作寻求原子的最小能级，则可巧妙地应用于诸如金属原子由高能级（宏观上反映为高温金属）到低能级状态变化（金属冷却）时的物理性质，进行优化[166]。

SA 是基于蒙特卡罗迭代求解策略的一种随机优化算法，其出发点是基于物理中固体物质的退火过程与一般组合优化问题之间的相似性。模拟退火算法在某一初温下，伴随着温度参数的不断下降，结合概率突跳特性在解空间中随机寻找目标函数的全局最优解，即局部最优解能概率性地跳并最终趋于全局最优。

我们假设全局最优解的目标函数最小，那么退火的过程就是寻找最小目标函数的过程，即寻找最优解的过程。

2）自然计算

莱顿（Leiton）自然计算研究中心的研究者认为，自然计算是一种表示自然启发的计算的一般性术语，而自然计算的研究就包括从理论上和经验上对自然启发的计算的理解。自然计算的本质就是比喻性地使用自然系统潜在的概念原理和机制。大脑的自然计算和其他自然对象的自然计算构成了整个自然计算。

换句话说,自然计算就是模拟生物机制、非生物现象和人脑功能的一门新兴学科。

自然计算可以描述成所有新兴计算分支的交集的映射集合。我们认为:模拟计算是 DNA 计算、进化计算、免疫计算、量子计算和其他计算机计算分支的交集。而自然计算属于模拟计算的映射,是模拟计算的一类。

3) 量子计算

量子计算机概括地讲,就是利用隧道效应等已知的量子力学效应来实现的超级并行计算机。在传统计算机上需要花费数年进行的计算放在量子计算机上可能只用数毫秒就能完成。

量子计算是应用量子力学原理来进行有效计算的新颖计算模式。作为其核心器件的量子计算机是由许许多多量子处理器构成的多体量子体系,每个量子处理器是个两态的量子系统。基于量子叠加性原理,采用合适的量子算法可以加快某些函数的运算速度。例如,Shor 量子并行算法可以将"大数因子分解"这个电子计算机上指数复杂度的难题变成多项复杂度的"易解"问题,从而可攻破现有广泛使用的公钥 RSA 等体系。

量子计算机由许多量子处理器(量子比特)构成,因此适用于研制量子计算机的物理体系应当具有物理可扩展性,即可集成成千上万个量子处理器构成"量子芯片",还要能对任一个或任两个量子处理器实施精确的操控。

量子计算机研究中最突出的特点是物理学的原理和计算机科学的交融和相互促进[167]。计算机不再是一个抽象的数学模型,物理原理对计算机计算能力和效率的限制逐渐引起人们的重视。自从提出大数的因子分解的量子算法后,基于量子并行处理的一些超快速算法接连被发现,现在已形成一个新的研究领域——量子复杂性理论。

很明显,无机机制模拟是模拟自然界的各种自然现象和自然法则而产生的新的计算方法,它模拟大自然无机界的准则和原理来解决各种实际问题。随着我们对自然界认识的深入,我们一定会研究出更多的基于无机机制模拟的分支算法。

4.6　人造机制模拟

人造机制模拟类可粗略地分为以下几个分支算法:粗糙集理论、禁忌搜索、序数优化、粒度计算、混沌寻优算法、局部搜索算法、分形科学。其基本思想就是模拟自然界人造产物的运算机理来解决实际的问题。在本章中不作详细介绍。

4.7　基于 SMB 的计算智能混合算法一般性设计

计算智能中的分支算法都不尽相同,但都同时具有非符号表示和自底向上模式的操作这些共同属性,系统的结构是从一个没有顺序的开端来涌现,和人工智能的从上强加的方法大为不同。每个计算智能分支算法可以在某些特定方面起到特殊的作用,但是也存在一些固有的局限,对这些分支进行交叉结合、取长补短成为计算智能发展的新方向。基于这种考虑,国内外学者提出各种不同的计算智能分类方法,其目的都是进一步探讨计算智能的本质和开发已有分支的组合方法。因此,建立正确的分类方法,对每类中分支算法的计算机制及联系进行深入研究,就可以将这些分支有机地融合起来,为建立一种统一的智能系统设计和优化方法提供理论基础,这也正是研究计算智能混合算法的初衷。

对于不确定环境下许多复杂问题,很多方法都无法准确分析问题的表里始末,无法有效地对问题进行求解。在这样的客观背景下只有应用类似于生物医学领域里的"鸡尾酒疗法"才能对如此困难的复杂命题给出满意的回答。

算法之间的功能等价性和互补性为混合算法的研究和开发提供了可能,也是混合算法设计的充要条件。本节从"模拟"的角度出发,提出基于模拟机制的分类方法,将计算智能主要分支分为三类:有机机制模拟、无机机制模拟和人造机制模拟。SMB 方法旨在覆盖计算智能的全部分支算法,通过对各类(子类)和各类(子类)包含的分支算法的计算机制进行深入研究,SMB 体现了各类(子类)和各类(子类)包含的分支算法的等价性与互补性,为研究计算智能混合算法的设计方案提供了基础框架,可依据 SMB 方法进行混合算法设计。

基于 SMB 的计算智能混合算法一般性设计主要包含以下两方面。

1) 算法之间的功能等价性

SMB 方法提供了具有不同功能和不同特性的算法的三大备选集(三大类),虽然各类或各分支算法所解决的问题和特点均不相同,但其计算本质都是一致的。在 SMB 分类方法的基础上,前面几节详细讨论了计算智能各类算法(尤其是有机机制模拟)的计算本质:非线性映射,CI 各类或各算法的功能等价性是开发计算智能混合算法的前提和充要条件。

2) 算法之间的功能互补性

计算智能是在目标层次上高度一致,而在方法层次上各具特色的方法集合,这一特征决定了计算智能成员间具有天然的互补性和集成性。计算智能的各类(子类)和每类的各分支算法都是基于不同的模拟机制,并在某一问题领域具有很大优势。例如,模糊逻辑主要面向涉及人类认知的主观性问题(推理、评估和决策);神经网络主要面向对外部环境的学习或自适应问题;进化计算主要面向非线性优化的问题。其他分支算法也都有各自适合的问题领域。

　　SMB 对三大类算法和每类（子类）包含各分支算法的计算机制和功能进行了详细讨论，其各类和每类包含的各分支算法都是基于不同的模拟机制，可在一定程度上相互补充，即各类或各算法之间具有功能互补性。计算智能各类或各分支算法间的相互集成与互补为不确定环境下复杂问题的分析与解决提供了有力的支持。

　　通过以上分析可以看出，SMB 方法描述了各类和各类包含的分支算法之间的功能等价性和互补性，为 CI 混合算法的一般性设计和构造提供了理论支撑和有效的组合途径。CI 混合算法设计的一般流程如图 4.20 所示。

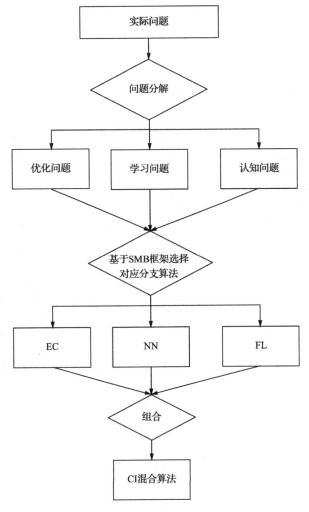

图 4.20　基于 SMB 的 CI 混合算法设计流程图

　　当我们解决实际问题时,就可以基于 SMB 各类或每类所包含的各分支算法的不同特性和计算机制,对应于不同的需要,在 SMB 每类内部组合或者跨类进行组合,产生新的混合算法。例如,当我们解决优化问题时,可以选择进化计算,如果我们要使整个进化过程具有自适应性或学习性,即对可能解(群体)的遗传操作或产生新一代的个体是一个可学习的过程,可以将 EC 与 NN 进行结合,这样就可以更快地达到搜索最优解的要求。

　　CI 成员的有机结合往往能兼顾问题的不同层面和视角,优势互补,协同一致,取得很好的效果。图 4.21 所示为基于 SMB 的计算智能混合算法图,描述了部分主要的 CI 混合算法。

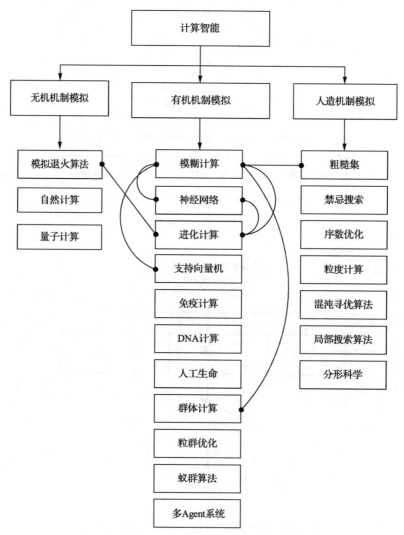

图 4.21　基于 SMB 的计算智能混合算法图

　　计算智能混合算法的研究已在实际应用中取得了很好的效果。在这个领域中,以模糊神经网(FNN)和模糊进化计算(FEC)为主要研究热点。模糊逻辑是模拟人类对客观世界认识的不确定性,模糊推理反映了人类的思维过程,而神经网络则是试图模拟人脑的神经元结构,对复杂的问题进行求解和学习。将模糊逻辑和神经网络相结合产生的模糊神经网,使人类对客观世界的认识变成了一个可学习的过程,更加贴近人类的思维模式,为我们认识和改造自然界提供了有力的理论和方法的支持。进化计算模拟了种群的进化过程,将人类思维(知识)加入这个过程中就形成了模糊进化计算,这使得产生最优解的过程更快、更有效。

4.8　计算智能混合方法的研究

　　近几年,计算智能混合算法的研究已经成为 CI 领域的研究热点。现在,我们越来越少能看见一个仅仅应用神经网络,或仅仅应用进化计算,或仅仅应用模糊逻辑的应用实例了。在许多情况下,模糊逻辑、神经网络和进化计算是相互补充的关系,而不是竞争的关系,在实际应用中越来越多地发现将这些算法混合的好处。其中一个最具代表性的例子就是应用模糊逻辑和神经网络混合技术的"神经模糊"消费产品数量的增加。

　　Zadeh 曾指出:在许多方法中,模糊逻辑、神经计算和可能性推理是互补的,而不是相互竞争的。我们越来越明确地发现在许多案例中,将这些方法结合起来是非常有利的。其中一个重要的情况就是"神经模糊"消费产品和系统数目的增加,"神经模糊"指的是模糊逻辑和神经网络技术的融合。[135]

　　Eberhart 也曾说过:"利用神经网络、进化计算和模糊逻辑的混合方法来开发的解决问题的工具,需要比较短的时间,并且是非常有实效的。"

　　我们越来越少地看见在一个应用实例中,仅仅用到神经网络,或者仅仅用到进化计算,或者仅仅用到模糊逻辑。有许多种可能来结合上述几种方法[145]。

　　将神经网络、模糊逻辑和进化计算等方法进行混合而开发出的计算智能混合模型、算法或近似性理论可以解决很多复杂难解的问题,需要较少的开发时间,并且具有很强的鲁棒性[168]。有很多种可能来组合计算智能的分支算法。

　　基于传统数学工具的系统建模方法并不适合定义不精确、不清楚和不确定的系统。相对地,模糊推理系统采用 *if- then* 语句进行系统描述,这样的建模方法虽然并没有采用精确的定量分析,却可以反映人类知识和思维过程的定性方面[169]。模糊推理系统(FIS)可同时处理定性描述和定量描述的问题,通过模拟人处理概念(信息)的不确定性,为解决很多主观性问题(决策、推理、评估)提供了方法。

　　然而具有卓越推理能力的模糊推理系统的某些方面值得我们更深入地探讨。

　　(1) 在 FIS 中,并没有将人类的知识或经验转换成模糊规则的一个标准方法或理论,这也就意味着模糊规则中模糊集参数的确定是主观的,并不精确。

（2）我们需要一个更加有效的方法来转换隶属度函数,使得整体输出误差指标最小或整体性能指标最大。

可以看出,使 FIS 具有学习能力,或实现 FIS 的自适应功能是我们要解决的重要课题,神经网络的学习功能可以解决 FIS 这些方面的问题。因此,我们付出更多努力,旨在开发具有自适应能力的模糊推理系统,即自适应模糊推理系统的普适拓扑结构、学习规则和近似理论,以至于这些模型可以在复杂系统建模和控制中得到很好的应用。

4.8.1 模糊神经网

神经网络的结构具有较强的容错能力,可以处理不精确数据和不确定的行为,然而,推理和认知的主观性等方面超出了传统神经网络理论的范围。与此同时,我们发现,模糊逻辑在模拟人类认知、感知和推理的不确定性等方面进行建模时,具有非常强大的功能。有关于二者结合的理论和思想层出不穷,相关学者将这两种理论结合为“模糊神经网”(fuzzy neural networks,FNN)或“神经模糊推理系统”(neural-fuzzy inference system)。一般的模型结构表示如图 4.22 所示。

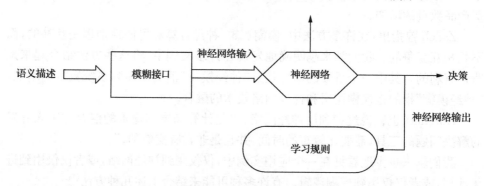

图 4.22　FNN 一般模型结构

对应于语义描述,模糊接口模块提供了多层神经网的输入向量,该网络可以通过期望输入/输出数据集被训练。

Takagi 和 Hayashi 是研究自适应模糊推理系统(模糊神经网)的先驱[170]。在他们的理论成果中,多层神经网络可以用来表示模糊推理方法,并且可以通过神经网络来训练模糊推理系统,调节模糊规则前件隶属度函数的非线性边界值和后件的非线性等式。并且,训练数据必须是事先准备好的。Lin 和 Lee[171,172],Wang 和 Mendel 也提出过各自的自适应模糊推理系统[173,174]。Horikawa 也提出过模糊神经网模型,用于从数据中提取模糊规则。

建立模糊神经网有两个主要目的:①它提供一个模型,具有很好的自适应(学习)能力;②训练后的模型可以用来预测系统行为和设计系统控制。

事实上,神经网络和模糊逻辑可以很好地进行结合。

借鉴生物接受区域的知识,Moody 和 Darken 提出了一种采用局部接受区域来执行网络映射的网络结构,我们称这种网络结构为径向基函数网络(RBFN)。

当给 RBFN 每个接受区的输出函数(C_i)赋予一个线性函数时,在一定条件下,RBFN 和 FIS 功能等价。这些条件归纳如下。

(1) 所考虑的 RBFN 和 FIS 使用相同的集结方法,即加权平均或加权和,来推导其最终输出。

(2) RBFN 接受区单元的数量等于 FIS 中模糊 if-then 规则的数量。

(3) RBFN 各个径向基函数等于 FIS 中模糊规则前件部分的复合 MF。实现它的一种方式就是在一条模糊规则中使用具有相同方差的高斯 MF,并采用乘积来计算激励强度。即 FIS 中高斯 MF 的乘积就构成了 RBFN 中的一个径向基函数 W_i。

(4) 相同的径向基函数和模糊规则应该有相同的响应函数(输出函数)。即它们有相同的常数项或线性方程,原始 RBFN 对应 0 阶 Sugeno FIS,扩展 RBFN 对应 1 阶 Sugeno FIS。

RBFN 由径向基函数组成,而 FIS 由一定数量的隶属度函数构成。FIS 和 RBFN 都有径向形状的函数,它们有一种相同的机制,即对小的接受区产生中心加权响应,使最初的输入激励局部化,从局部来考虑问题。可见,尽管 FIS 和 RBFN 是从不同的基础开发出来的,但它们基本上是植于相同的土壤。通过这一案例我们可以得出,FIS 和 NN 都具有强大的非线性映射功能,它们之间的功能等价性使这两种方法互为补充成为了可能。

自适应模糊推理系统的基本思想如下:与语义描述相对应,模糊接口模块为多层神经网提供一个输入向量。模糊推理系统与前馈神经网进行结合,通过训练后,可以提取描述非线性系统 I/O 关系的模糊规则。该推理系统可以根据期望输出或决策进行学习(训练)。通过数据训练后的自适应模糊推理系统就可以用来描述动态系统的行为。

一些学者将自适应模糊推理系统也称为"模糊神经网"或"神经模糊推理系统"。基于这两种方法融合的基本模型在专家系统、医学诊断、控制系统、模式识别和系统建模等领域具有很好的应用潜力。

我们可以将自适应模糊推理系统的基本原理和主要功能描述如下:模糊推理的每一步(将精确输入模糊化,计算前件激励强度,模糊隐含,聚合有效后件 MF 和去模糊化)在一个前馈神经网络结构下实现,换句话说,用前馈神经网络的结构实现模糊推理的每一步。由于神经网络本身的学习功能,一旦我们给定了数据样本,模糊推理系统中包含的参数可以根据学习规则(通常是梯度下降法)进行更新,即模型具有自适应（学习）的功能，自适应的目的是逼近，我们称这种模型为自适应模糊推理系统。

1. FNN 基本模型结构

模糊神经网的一般结构如图 4.23 所示。在这个模型中，一共有 4 层：$A \sim D$。有 X_1 和 X_2 两个输入变量，以及单输出变量 Y。

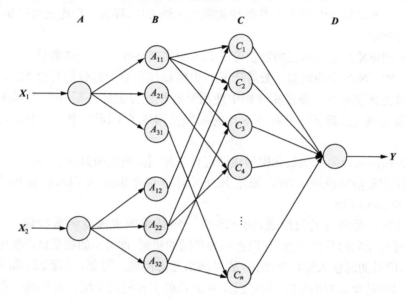

图 4.23　FNN 分层结构图

模糊规则的形式如下：

If X_1 is A_{j1} and X_2 is A_{k2}, Then Y is C_i

$(j = 1, 2, \cdots, m_1; \ k = 1, 2, \cdots, m_2; \ i = 1, 2, \cdots, n)$

$$\mu_i = A_{j1}(x_1) \cdot A_{k2}(x_2) \tag{4-4}$$

$$y^* = \sum_{i=1}^{n} \mu_i \circ C_i \tag{4-5}$$

其中，A_{j1} 和 A_{k2} 表示输入变量的隶属度函数（MF）；C_i 为输出变量的隶属度函数；n 是输出变量隶属度函数的个数；m_1 和 m_2 分别为输入变量隶属度函数的个数；u_i 是规则前件的激励强度；$y*$ 表示模型的输出值。

B 层为隶属度函数层，即 A_{j1} 和 A_{k2}；C 层为激励强度层，其值由式（4-4）计算得出；D 层为输出层，其值由式（4-5）计算得出。

通过 FNN 的学习能力来改变隶属度函数的参数，从而获取模糊规则。这种建模方法提供了一个可以很好地适应环境的模型，通过训练，该模型具有很强的逼近能力,可以用来预测动态系统的行为,并用于控制器的设计。

2. 基于 Mamdani 模型的自适应模糊推理系统(M-ANFIS)

Mamdani 模糊推理系统(M-FIS)和 Sugeno 模糊推理系统(S-FIS)是两类最著名的模糊推理系统[175,176]。

T-S 模糊推理系统很好地被应用于很多线性问题,并且它可以保证输出界面的连续性,模糊规则后件用输入变量的线性组合代替隶属度函数,每条规则都有一个精确输出。但是,T-S 模糊推理系统后件的线性表达不能充分体现模糊逻辑的本质(以近似的方式采用模糊集合而不是精确数字来表示和概括信息),也不符合人类的思维过程。尤其是在解决多对象(指标)综合评价问题时,S-FIS 存在很多困难,它无法设定每个输入变量的重要性(权重)因素。

我们来看 T-S 模糊推理系统的规则形式:

If x_1 is A_1 and x_2 is A_2 and $\cdots$ and x_k is A_k

Then $y = p_0 x_1 + p_1 x_2 + \cdots + p_k x_k$

在上面的方程中,常系数 $p(p_0 \sim p_k)$ 全部是固定的,这也就意味着对于输入论域 x(评价参数)和输出论域 y 之间的映射,我们无法设定输入变量 x_i 的权重。换句话说,不管我们是否设定输入变量(评价指标)的权重,每条规则的输出结果都不会受到影响。

对于 M-FIS 模型,激励强度的变化必定导致每条规则有效输出 MF 的改变;而在 S-FIS 中,激励强度的变化并不会影响每条规则的输出,只会影响最后的总输出。也就是说当我们考虑输入变量的权重因素时,并不会影响 S-FIS 的每条规则的结果,这并不符合人类的认知逻辑和思维模式。

相比之下,M-FIS 在解决这类多对象聚合(多指标评价)问题时有很大优势。M-FIS 的最大的优点如下。

(1) 它的推理过程非常直观。

(2) 它是最早被广泛接受的和最普遍的模糊推理方法。

(3) 它是最符合人类思维的推理方法。

对于很多非专业的人员,M-FIS 模糊推理系统更加直观易懂。Mamdani 模糊推理系统在后件表达上很有优势,它能够充分体现模糊逻辑的本质,可以应用于很多实际问题。

在 Mamdani 模糊推理系统中具有多个前件,单一规则的系统输出也可表示如下

$$C' = \underbrace{(A' * B')}_{\text{premise1}} \circ \underbrace{(A * B \rightarrow C)}_{\text{premise2}}$$

$$\mu_{C'}(z) = \bigvee_{x,y} \left[\mu_{A'}(x) \wedge \mu_{B'}(y) \right] \wedge \left[\mu_A(x) \wedge \mu_B(y) \wedge \mu_C(z) \right]$$

$$= \bigvee_{x,y} \{[\mu_{A'}(x) \wedge \mu_{B'}(y)] \wedge [\mu_A(x) \wedge \mu_B(y)]\} \wedge \mu_C(z)$$

$$= \underbrace{\{\bigvee_x [\mu_{A'}(x) \wedge \mu_A(x)]\}}_{\omega_1} \wedge \underbrace{\{\bigvee_y [\mu_{B'}(y) \wedge \mu_B(y)]\}}_{\omega_2} \wedge \mu_C(z)$$

$$= (\omega_1 \wedge \omega_2) \wedge \mu_C(z)$$

对应于模糊推理的每一步,有以下结论。

①$\omega_1 = A$ 和 A' 之间的匹配度(degree of compatibility)

$\omega_2 = B$ 和 B' 之间的匹配度

②$\omega_1 \wedge \omega_2 =$ 模糊规则前件部分的激励强度或满足度(firing strength or degree of fulfillment)

③有效的(导出的)后件 MF ($\mu_C(z)$):对规则的后件 MF 作用激励强度,生成有效的后件 MF(也表示在一个模糊隐含句中激励强度如何传播和应用)。

④总输出 MF:综合所有的有效后件 MF,求得总输出 MF。

⑤去模糊化:从模糊集合中抽取精确数值的方式。

通常有 5 种对论域 Z 上模糊集合 A 去模糊化的方法:①面积中心法(zCOA);②面积等分法(zBOA);③极大平均法(zMOM);④极大最小法(zSOM);⑤极大最大法(zLOM)。

当我们为模糊推理的每一步确定一种推理算子后,我们便构造了唯一的 M-FIS。

针对 ANFIS 规则后件线性表达的缺陷,本节介绍基于 Mamdani 模型的自适应模糊推理系统。与算子和隐含算子采用代数积(product),聚合算子采用和(sum),去模算子采用中心去模糊化法(COA),我们便构造出唯一的 Mamdani 推理模型,将该模型与前馈神经网络进行结合,我们得到基于 Mamdani 模型的自适应模糊推理系统。采用这种复合推理算子的好处就是使计算具有连续性,从而使得我们构造的基于 Mamdani 模型的自适应模糊推理系统具有学习的功能。在后件表达和推理直观性方面具有更大的优越性,从而更好地体现模糊逻辑的本质。该模型的推理过程更加贴近人类的思维模式,因此更能体现计算智能模拟生物智能来解决实际问题这一特征。

M-ANFIS 模型可表示为图 4.24。

If x is A_1 and y is B_1, then $f_1 = C_1(Z = C_1)$

If x is A_2 and y is B_2, then $f_2 = C_2(Z = C_2)$

M-AUFIS 模型由 5 层组成,每层的输出结果如下。

Layer1:模糊化层(fuzzification layer)。

计算隶属度 $\mu_{Ai}(x)$、$\mu_{Bi}(y)$

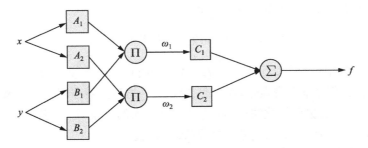

图 4.24　M-ANFIS 模型结构

$$O_{1,i} = \mu_{Ai}(x), i = 1,2 \text{ 或 } O_{1,i} = \mu_{B_{i-2}}(y), \quad i = 3,4 \tag{4-6}$$

A 或 B 的隶属度函数由广义钟形 MF 来定义

$$\mu_{Ai}(x) = \frac{1}{1 + \left[\left((x - c_i)/a_i\right)^2\right]^{b_i}} \tag{4-7}$$

其中，$\{a_i, b_i, c_i\}$ 为前提参数集。

Layer2：推理层（inference layer or rule layer）。

$$O_{2,i} = w_i = \mu_{Ai}(x) \times \mu_{Bi}(y), \quad i = 1,2 \tag{4-8}$$

我们用执行模糊"与"的 T 范式算子（product）来计算每条规则的激励强度。

Layer3：隐含层（implication layer）。

计算每条规则的有效后件 MF

$$O_{3,i} = w_i \circ C_i, \quad i = 1,2 \tag{4-9}$$

采用乘积（product）作为隐含算子。结论参数集由 C_i 选取的隶属度函数决定。如果推理后件的隶属度函数用梯形隶属度函数来表示，那么每个模糊集包含 4 个非线性参数需要调节。

Layer4：聚合层（aggregation layer）

$$O_4 = \sum w_i \circ C_i, \quad i = 1,2 \tag{4-10}$$

采用 Sum 作为聚合算子，综合所有的有效后件 MF，得到总输出 MF。

Layer5：去模糊化层（defuzzification layer）。

采用中心去模糊化法（COA）来计算系统的精确输出

$$O_5 = f = D \circ O_4 \tag{4-11}$$

其中，推理前件的模糊集 A_1、A_2、B_1、B_2 由钟形隶属度函数来表示，每个模糊集有非线性参数 3 个，这里共有 12 个前提参数需要调节。推理后件的模糊集可由梯形隶属度函数表示，每个模糊集有非线性参数 4 个，共有 8 个结论参数需要调节。在这个例子中,共有 20 个非线性参数需调节。

3. 基于 choquet 积分-OWA 的自适应模糊推理系统(Agg-ANFIS)

在推理层,用 OWA 算子来替换 AND 算子或 OR 算子,计算激励强度;在聚合层,用 choquet 积分来实现聚合,而不是传统的 T 协范式算子(Max 或 Sum);去模糊化算子采用中心去模糊化法;并且设定每个输入的权重,用 μ_i 表示;设定每条规则的权重,用 τ_i 表示;从而实现整个模糊推理过程。

如果将推理层和聚合层的推理步骤理解为多对象(指标)聚合(aggregation)的过程,替换的算子都用 Agg 来表示,则我们称这个模型基于 choquet 积分-OWA 的模糊推理系统,即 Agg-FIS。

可用图 4.25 来描述 Agg-FIS 的推理过程。

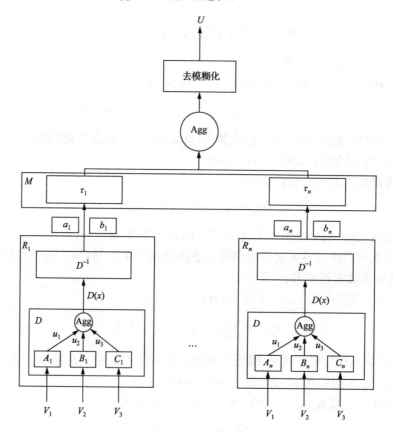

图 4.25　Agg-FIS 的推理过程

模糊规则形式如下:

if V_1 is A_1 and V_2 is B_1 and V_3 is C_1, then U is D_1

V_1、V_2、V_3 为输入变量,U 是单输出变量;A_1、B_1、C_1 分别代表每个输入变量的模糊集;D_1 为输出变量的模糊集。

①D:规则前件的隶属度函数模块(membership neural module)。

②D^{-1}:规则后件的隶属度函数模块(inverse membership neural module)。

③$D(x)$:每条规则的激励强度。

④R_i:模糊规则模块(rule neural module)。

⑤M:聚合层的权重模块。

⑥τ_i:每条规则的权重。

⑦u_i:每个输入的权重。

⑧$[a_i,b_i]$:每条规则有效输出的阈值。

将 Agg-FIS 与前馈神经网络相结合,我们就可以得到基于 Agg-FIS 的自适应模糊推理系统(Agg-ANFIS)。由于神经网络的学习功能,我们便可以根据训练数据和学习规则,对模型中的全部参数进行更新(调节)。它在模糊规则的后件表达、推理算子的普适性和对象(输入及规则)的权重因素等方面有很大优势,试图建立能够充分表现模糊逻辑本质和人类思维模式的模糊推理系统。该模型具有对数据的适应性,其本质是普适的逼近器。

图 4.26 所示为两个输入,单输出,并且有两个规则的 Agg-ANFIS 模型。

模糊规则:

If x is A_1 and y is B_1,Then f is C_1

If x is A_2 and y is B_2,Then f is C_2

Agg-ANFIS 模型由 5 层组成,如图 4.26 所示,其中每一层的输出结果表示如下。

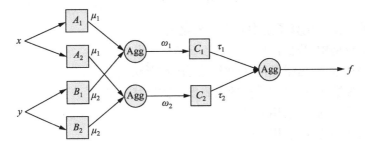

图 4.26 Agg-ANFIS 模型结构

Layer1:模糊化层。

将精确输入模糊化

$$O_{1,i} = \mu_{Ai}(x), \quad i = 1,2 \quad \text{或} \quad O_{1,i} = \mu_{B_{i-2}}(y), \quad i = 3,4 \quad (4\text{-}12)$$

其中,如果前件隶属度函数用广义钟形 MF 来定义

$$\mu_{Ai}(x) = \frac{1}{1 + \left[((x - c_i)/a_i)^2\right]^{b_i}} \tag{4-13}$$

$\{a_i, b_i, c_i\}$ 即为前提参数集。

Layer2：推理层。

采用 OWA 算子的一种特例（AND），计算每条规则的激励强度 w_i。其中 μ_i 表示每个输入的权重

$$O_{2,i} = w_i = \left[\bar{\mu}_1 + \mu_1 \times \mu_{Ai}(x)\right] \times \left[\bar{\mu}_2 + \mu_2 \times \mu_{Bi}(y)\right], \quad i = 1, 2 \tag{4-14}$$

Layer3：隐含层。

计算每条规则的有效后件 MF

$$O_{3,i} = w_i \circ C_i, \quad i = 1, 2 \tag{4-15}$$

结论参数集由推理后件（C_i）隶属度函数形状决定，"$\circ$"表示隐含算子（product）。

Layer4：聚合层。

计算所有规则有效后件 MF 的总和。

其中，每条规则的权重由 τ_i 定义

$$O_4 = \sum (w_i \circ C_i - w_{i-1} \circ C_{i-1}) \times \tau_i, \quad i = 1, 2 \tag{4-16}$$

聚合算子采用 choquet 积分。

Layer5：去模糊化层

计算系统的精确输出

$$O_5 = f = D \circ O_4 \tag{4-17}$$

采用的去模糊化算子是中心去模糊化法。

在这个模型中，我们需要调节的参数有以下几个。

①前提参数集：由推理前件的隶属度函数形状决定。

②结论参数集：由推理后件的隶属度函数形状决定。

③每个输入的权重：用 μ_i 表示。

④每条规则的权重：用 τ_i 表示。

4. 基于 BP 反传思想的参数学习规则

模型参数的学习或更新，即如何确定 FNN 模型的参数更新公式是非常重要的研究内容。下面通过深入理解神经网络中反传算法的思想，在详细讨论各种神经网络权值更新公式的基础上，提出了 FNN 的非线性参数更新公式，对自适应模糊推理系统中学习规则的研究具有理论指导意义。

1) 反传思想(back-propagation,BP)

正如名称所蕴涵的,自适应网络是一种整体输入/输出特性由一组可调参数来确定的网络结构。概念上,一个前向自适应网络实际上是其输入和输出空间的静态映射,这一映射可能是简单的线性关系,也可能是非线性映射[177,178]。我们的目标就是建立一个能实现期望的非线性映射的网络。这一非线性映射由待建模目标系统的期望输入-输出对所构成的数据集合来控制;通常,将这种数据集合称为训练数据集。改进网络性能调节参数所遵循的步骤称为学习规则或自适应算法。学习规则解释了神经网络中所有参数如何进行调节,从而使得整体误差指标最小。

通常,网络的性能由相同输入条件下期望输出和网络输出之间的差异来度量,这一差异被定义为误差指标。对一个给定误差指标施加某一特定的优化技术,就得到了学习规则。最陡下降法是最常用的学习规则,如果我们在最陡下降法中应用梯度向量,所产生的方法称为反传学习规则。

神经网络的学习问题是一个简单的问题,即找到一组合适的连接权值,使得整个网络可以计算出我们期望的结果。这个网络可以被输入-输出样本数据所训练并且调整自己的连接权重,目的是逼近期望的输出数据对。训练后的这个自适应网络还可以通过测试数据对其能力进行测试。

概念上讲,纠正系统误差的学习过程非常简单。这个过程如下:在训练过程中,将一组数据输入神经网络,并产生对应的输出数据。然后,这个输出数据与期望的目标输出相比较,计算出误差数据。如果误差是 0,即期望输出和网络输出一致,那么这个网络不需要调节;如果期望输出和网络输出不相符,那么网络的连接权值需要进行调节。

我们的问题就是要如何根据误差信号,对网络中的某些或全部权值进行调节。没有中间隐层的神经网络学习算法在一段时期得到了认可,但是,神经网络的学习问题仍然缺乏很好的解决方案,成为难点问题,从而使得早期的神经网络发展面临很大的困境,学者对其研究都缺少兴趣。直到 20 世纪 80 年代,Rumelhart等提出了一个相对简单但非常有效的解决方案,他们的学习方法被称为反传学习规则[179]。

反传学习规则(BP)的基本思想就是先定义一个系统的整体误差指标,然后根据学习规则来优化这个指标。系统的整体误差指标可定义为

$$E_p = \sum_{k=1}^{N(L)} (d_k - x_{L,k})^2$$

$$E = \sum_{p=1}^{P} E_P \tag{4-18}$$

其中,E_p 是第 P 对训练数据的误差指标;E 是系统整体误差指标;d_k 是第 P 组训

练数据期望输出的第 k 个分量, $x_{L,k}$ 是给网络施加第 P 组训练数据输入向量时所产生的实际输出的第 k 个分量。我们的目标就是使 $E(E_p)$ 最小。

为使误差指标 $E(E_p)$ 最小化,我们可以改变系统的权值,即比例与整体误差对权值的偏导进行调节。可知, w_{ij} 所改变的增量与下面的公式成比例

$$\frac{\partial E}{\partial x_i} \cdot \frac{\partial x_i}{\partial w_{ij}} \tag{4-19}$$

这个简单的学习过程在很多问题求解中得到了非常好的印证。神经网络系统最大的优势就是这些简单的但非常有效的学习规则一旦被定义后,神经网络系统就可以充分地适应于它所处的环境。反传思想的精髓源自 Rumelhart,为了对其进行更深入的了解,我们详细讨论如下,以便可以提出适用于 FNN 模型的参数更新公式。

在经典的最陡下降法中有

$$X^{(k+1)} = X^{(k)} - \eta \nabla E(X^{(k)}) \tag{4-20}$$

认为负梯度方向为最理想的搜索方向,直至找到最小值 X^*。

在自适应网络中,基本学习规则的本质就是简单最陡下降法。我们在最陡下降法中应用梯度向量,所产生的学习方法称为反传学习规则。学习规则的核心部分就是关于如何逆推获得梯度向量。梯度向量以误差指标相对于其参数的导数来定义。计算梯度向量的步骤通常被称为反传算法,因为梯度向量的方向与各节点输出流方向相反。一旦获得梯度向量,就可以根据 BP 学习规则对网络中的参数进行更新,目标就是使误差指标 E_p 最小。

如果误差指标 E_p 对整体输入节点 X 求导,运算量很大,不可行。例如,在有 8 个节点的前馈网络中,采用 S 型函数(挤压)作为激励函数,每个节点输出为 $x_i = \dfrac{1}{1 + e^{-\sum w_{ij} \cdot x_j + \theta}}$,所要拟合的函数,即期望输出为 $d_i = \sin(\prod_{j=1}^{n} x_j)$,将网络输出表达成网络输入的函数,则整个网络输出的误差指标和对整个网络输入求偏导,几乎是不可行的。所以我们引入了误差信号的概念,即 E_p 分别对每层的节点输出求导。基本思路表示如图 4.27 所示。

为了使用最陡下降法最小化误差指标,必须首先获得梯度向量。梯度向量以误差指标相对于参数的导数来定义。计算梯度向量的基本概念从输出层开始,将导数形式信息向后一层一层传播,直至到达输入层。

为了计算梯度向量,我们需要定义误差信号。一旦我们获得每个节点的误差信号,就可以根据链式法则求得梯度向量。一旦我们根据链式法则求得了梯度向量,那么我们便可获得网络参数的更新公式。主要思路就是沿着负梯度的方向学习(前进),对参数进行调节,每一次为一个步长,最终使得网络输出的误差指标足够小。

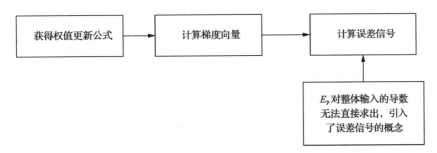

图 4.27　引入误差信号的基本思路

　　误差信号是由输出层顺序反传到输入层得到的,所以这个过程称为反传。同理,计算梯度向量的基本概念也是从输出层开始,将导数形式的信息一层一层向后传播,直至到达输入层。

　　在这里,我们介绍两个重要概念。

　　(1) 误差信号。

　　我们将第 l 层第 i 个节点的误差信号定义为

$$\varepsilon_{l,i} = \frac{\partial E_p}{\partial x_{l,i}}$$

即误差指标 E_p 对第 i 个节点输出的导数,即每个节点对应一个误差信号。我们可以看出,E_p 指最后一层输出节点的误差指标,因此只有最后一层节点(输出层节点)的误差信号可以直接求导算出,$-2(d_i - x_i)$;而隐层节点的误差信号无法直接算出。隐层节点的误差信号可以由它前一层节点的误差信号推导求出,即

$$\varepsilon_{l,i} = \frac{\partial E_p}{\partial x_{l,i}} = \sum_m \varepsilon_{l+1,m} \cdot \frac{\partial f_{l+1,m}}{\partial x_{l,i}}, \text{或 } \varepsilon_i = \frac{\partial E_p}{\partial x_i} = \sum_m \varepsilon_m \cdot \frac{\partial f_m}{\partial x_i} \quad (4\text{-}21)$$

第 m 个节点表示上一层 $(l+1)$ 与 i 相关的节点。

　　(2) 梯度向量。

　　应用最陡下降法来最小化误差指标 E_p,我们需要计算梯度向量。计算梯度向量的基本概念是:从输出层开始,将导数形式的信息向后一层一层传播,直至到达输入层。梯度向量被定义为:误差指标相对于各参数的导数。

　　如果 α 是第 l 层第 i 个节点的参数,则有

$$\frac{\partial E_p}{\partial \alpha} = \frac{\partial E_p}{\partial x_{l,i}} \cdot \frac{\partial f_{l,i}}{\partial \alpha} = \varepsilon_{l,i} \cdot \frac{\partial f_{l,i}}{\partial \alpha} \quad (4\text{-}22)$$

整体误差指标 E 相对于 α 的导数为

$$\frac{\partial E}{\partial \alpha} = \sum_{P=1}^{P} \frac{\partial E_P}{\partial \alpha} \quad (4\text{-}23)$$

通用参数 α 的更新公式为

$$\Delta\alpha = -\eta\frac{\partial E}{\partial\alpha}$$

即沿着负梯度方向进行学习，η 为学习速率。

应用最陡下降法的框架，我们得出参数 α 的更新公式

$$\alpha_{\text{next}} = \alpha_{\text{now}} - \eta\frac{\partial E}{\partial\alpha} \tag{4-24}$$

其中，η 为学习步长。

一旦我们为某个节点求出了误差信号，则对参数的梯度向量即可获得，从而得出这个参数的学习规则（更新公式）。

2）FNN 非线性参数更新公式

理论上，根据可用的计算资源和所需的性能水平，有四种最小二乘法和梯度下降法不同程度结合的参数更新方法（学习规则）[180]。其中，最小二乘法的计算复杂性通常高于梯度下降法。

（1）只用梯度下降法：将所有参数当作非线性参数来处理，通过迭代使用梯度下降法进行更新。

（2）应用一次最小二乘法后，采用梯度下降法：只在开始时使用一次最小二乘法，获得线性参数的初始值，随后采用梯度下降法迭代更新所有参数。

（3）最小二乘法和梯度下降法：首先区分线性参数和非线性参数。在用于更新非线性参数的梯度下降法的每一次迭代（周期）之后，采用最小二乘法来辨识线性参数。这也是前面介绍的混合学习规则。

（4）只用最小二乘法：将自适应网络的输出按照其参数线性化后，采用扩展卡尔曼滤波算法、高斯-牛顿法来更新所有的参数。

对于上述方法的选择应该建立在对计算复杂性和性能权衡的基础上。

在 FNN 中，采用第一种方法（在最陡下降法中应用梯度向量）对网络各参数（权值）进行更新，这里的所有参数都是非线性参数。此时我们要找的是使系统误差指标 E_p 最小的一组最佳参数（权值）w_{ij}。我们的首要任务就是计算梯度向量。

基于经典 BP 理论，我们可以推导出 FNN 模型中，参数（权值）的更新公式

$$\Delta w_{ij} = -\eta \cdot \frac{\partial E_p}{\partial w_{ij}} = -\eta \cdot \frac{\partial E_p}{\partial x_i} \cdot \frac{\partial f_i}{\partial w_{ij}} = -\eta\varepsilon_i \cdot \frac{\partial f_i}{\partial w_{ij}}$$

$$w_{\text{next}} = w_{\text{now}} - \eta\frac{\partial E_p}{\partial w_{ij}} \tag{4-25}$$

其中，节点 i 是节点 j 的上一层节点，$j < i$，即 $x_i = f_i(\sum w_{ij} \cdot x_j + \theta)$；$f_i$ 和 x_i 表示节点 i 的激励函数和输出。误差信号 ε_i 从输出节点逐层向前传播，每个节点的误

差信号都可由上层误差信号推导求出。式中，$\dfrac{\partial f_i}{\partial x_j}$ $\Big($ 求误差信号中的一项 $\varepsilon_j = \dfrac{\partial E_p}{\partial x_j}$

$= \sum\limits_i \varepsilon_i \cdot \dfrac{\partial f_i}{\partial x_j}\Big)$ 和 $\dfrac{\partial f_i}{\partial w_{ij}}$ 都可求出，即可根据公式对参数进行更新。

如果 $w_{ij} = \dfrac{\partial f_i}{\partial x_j}$，即 $x_j = \dfrac{\partial f_i}{\partial w_{ij}}$ 每个节点的参数更新公式已知，可对整个网络的参数（权值）进行更新。

例如，$\Delta w_{86} = -\eta \varepsilon_8 \cdot x_6$。

由此，FNN 模型参数更新公式如下

$$\Delta w_{ji} = \eta(d_i - x_i) \cdot x_j \cdot X \tag{4-26}$$

其中，η 是学习步长；d_i 是节点 i 的期望输出；x_i 是节点 i 的实际输出；x_j 是节点 i 的输入；X 是一多项式，一般我们用 $x_i \times (1-x_i)$ 表达。

3）对公式进行例证说明

（1）Adaline 网络。

$$E_p = (t_p - o_p)^2$$

$$\Delta w_i = -\eta \dfrac{\partial E_p}{\partial w_i} = -\eta \dfrac{\partial E_p}{\partial O} \cdot \dfrac{\partial O}{\partial w_i} = 2\eta(t_p - O_p) \cdot x_i$$

权值更新公式为

$$w_{\text{next}} = w_{\text{now}} + \eta(t_p - O_p) \cdot x_i \tag{4-27}$$

其中，t_p 为目标输出，O_p 为实际输出；x_i 为输入。

（2）多层感知器（MLP）。

我们用对数函数作为激励函数，则某一节点的输入-输出关系表达为

$$\bar{x}_i = \sum\nolimits_k w_{ki} x_k + \theta$$

$$x_i = f(\bar{x}_i) = \dfrac{1}{1 + \exp(-\bar{x}_i)}$$

误差指标定义为

$$E_p = \sum (d_i - x_i)^2$$

其中，x_k 为结点输入；d_i 是期望输出；x_i 是实际输出。

我们定义节点 i 的误差信号为

$$\bar{\varepsilon}_i = \dfrac{\partial E_p}{\partial \bar{x}_i}$$

权值的更新公式为

$$\Delta w_{ki} = -\eta \dfrac{\partial E_p}{\partial w_{ki}} = -\eta \dfrac{\partial E_p}{\partial \bar{x}_i} \cdot \dfrac{\partial \bar{x}_i}{\partial w_{ki}} = -\eta \bar{\varepsilon}_i x_k$$

η 反映收敛速度和学习中权值稳定性的学习速率。

其中,由链式法则可知,$\bar{\varepsilon}_i$ 的递归公式可写成

$$\bar{\varepsilon}_i = \begin{cases} -2(d_i - x_i) \dfrac{\partial x_i}{\partial \bar{x}_i} = -2(d_i - x_i) x_i (1 - x_i) \\ \dfrac{\partial E_p}{\partial \bar{x}_i} = \dfrac{\partial E_p}{\partial x_i} \cdot \dfrac{\partial x_i}{\partial \bar{x}_i} = \dfrac{\partial x_i}{\partial \bar{x}_i} \sum_{j, i<j} \dfrac{\partial E_p}{\partial \bar{x}_j} \dfrac{\partial \bar{x}_j}{\partial x_i} = x_i (1 - x_i) \sum_{j, i<j} \bar{\varepsilon}_j w_{ij} \end{cases}$$

对于输出层节点,有

$$\Delta w_{ki} = 2\eta(d_i - x_i) x_i (1 - x_i) \cdot x_k$$
$$w_{\text{next}} = w_{\text{now}} + \eta(d_i - x_i) x_i (1 - x_i) \cdot x_k \tag{4-28}$$

根据式(4-27)和式(4-28)可知,一般权值的更新公式为

$$\Delta w_{ki} = \eta(d_i - x_i) \cdot x_k \cdot X \tag{4-29}$$

其中,η 为学习速率;d_i 是期望输出;x_i 是实际输出;x_k 为结点输入;X 为一多项式。可见,式(4-27)和式(4-29)与 FNN 普适参数更新公式(4-26)表达一致。

5. 实验及对比分析

在城市交通系统中,服务水平(level of service,LOS)是一个定性的指标,用于描述在交通流中的司机的操作状况,如行驶速度或旅行时间、驾驶的自由度、交通扰动、舒适度或方便度等[181]。HCM 定义服务水平是一个定性的评测方法,用于描述某条道路交通整体的运营状况,以及驾驶者和乘客对其的感觉。交通服务水平是一个衡量标准,能够评价交通的整体功能[182]。

一般地,将服务水平分为 A~F 六个等级。A 级服务水平描述了几乎没有阻塞和延迟的自由流情况;F 级服务水平说明了交通需求已经超过了其通行能力,表现为交叉口出现长队列和长时间延迟;C 级服务水平一般认为是乡镇地区可接受的等级;D 级服务水平为城市区域可接受的等级。E 级和 F 级被认为是通行能力的临界值;在这种情况下,任何微小的扰动或时间都会造成大范围的排队现象和交通延迟[183]。

实质上,交通服务水平反映了司机对交通状况的主观感受,换句话说,反映了当前的交通状况可以为司机提供什么样的服务。在今日的北京,服务水平评价已经成为日常交通决策的一个重要因素。

迄今为止,已经存在的各种 LOS 评价方法大多是基于单指标进行定量评价,通过该指标和 LOS 等级之间的关系,对交通基础设施可提供的服务等级进行评价[184]。例如,交叉口采用平均延误、V/C 等指标来进行 LOS 等级划分。基本路段采用平均速度、V/C 等指标来进行 LOS 评价。这种方法并不能真正地反映交通

服务水平的本质。建立多指标的综合评价系统是 LOS 研究的重要课题。

　　本节所要解决的交通服务水平评价问题就是一类多对象(指标)决策问题,这类决策(推理)问题的本质是非线性映射,我们的目标就是建立模型来描述这种非线性映射关系,并实现近似(主观性)推理的过程,因此,采用三类模糊神经网(AN-FIS、M-ANFIS 和 Agg-ANFIS)进行实验。

　　基础数据(如流量、占有率和速度)均通过检测器获得,这些历史数据真实有效,可以用于多对象(指标)LOS 评价。共选择 2069 组样本数据(历史数据)进行,其中 1429 对用于模型的训练,剩下的 640 对用于测试模型。通过这些输入和LOS 值之间的映射关系,我们建立基于 FNN 的服务水平评价模型,通过历史数据对模型进行训练,并对训练后的模型进行测试。实验证明,FNN 的本质是一类普适逼近器,具有很强的逼近能力;同时,训练后的模型可以用于交通服务水平评价。

　　1) Agg-ANFIS 实验结果

　　建立基于 Agg-ANFIS 的服务水平评价模型,如图 4.28 所示。

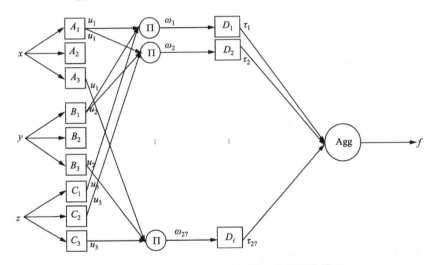

图 4.28　基于 Agg-ANFIS 的服务水平评价模型

　　规则如下:

　　If x is A_1 and y is B_1 and z is C_1,then LOS$=A$

　　在这个模型中,x、y、z 代表输入变量,分别为流量、占有率和速度;$A_1 \sim A_3$ 为流量的模糊集;$B_1 \sim B_3$ 为占有率的模糊集;$C_1 \sim C_3$ 为速度的模糊集;$D_1 \sim D_6$ 表示输出 LOS 的六个等级。f 为输出变量,即服务水平的值。前提参数个数为 $3 \times 3 \times 3 = 27$ 个,结论参数个数为 $6 \times 4 = 24$ 个;对应每个输入变量设定一个权重,共 3 个参数;对应每条规则设定一个权重,共 27 个参数,初始值都是 1。这些参数均为非线性参数,所以对整个模型应用 BP 算法进行参数调节。

通过编程，对我们建立的 Agg-ANFIS 模型进行调参，实验结果如下。

①训练花费时间：2.624s。

②训练之前的输入权值矩阵为

150	250	400
2.5	6	10
15	9	15

训练之后的输入权值矩阵为

149.87	249.93	399.9
2.4567	6.2972	10.297
7.3413	8.3121	11.808

③训练之前的输出权值矩阵为

0.2	0.35	0.55	0.75	0.85	0.99

训练之后的输出权值矩阵为

0.19158	0.33113	0.55151	0.66184	0.82544	0.90918

④训练之前的输入变量 mu 值矩阵为

1	1	1

训练之后的输入变量 mu 值矩阵为

0.60937	0.97412	0.59182

⑤训练之前的规则 tau 值矩阵为

Columns 1 through 27

1	1	1	1	1	1	1	1	1
1	1	1	1	1	1	1	1	1
1	1	1	1	1	1	1	1	1

训练之后的规则 tau 值矩阵为

Columns 1 through 27

0.49891 0.44642 1.1605 0.44642 1.1984 0.80317 0.81969 0.31815 0.10403

0.44642 0.89124 0.80317 0.40379 0.99201 0.20816 0.61759 0.53852 1.0974

0.18051 1.1575 0.31815 0.55074 0.59043 0.49891 0.49891 0.49891 0.49891

⑥MSE(训练误差)＝0.00022442

　Ans(测试误差)＝0.057391

⑦训练误差曲线如图 4.29 所示。

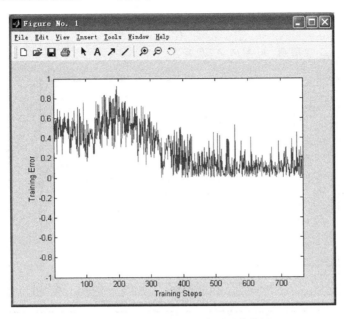

图 4.29　Agg-ANFIS 训练误差曲线图

⑧测试样本(640 对)及模型输出曲线如图 4.30 所示。

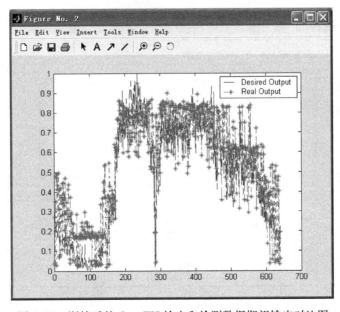

图 4.30　训练后的 Agg-FIS 输出和检测数据期望输出对比图

⑨测试误差曲线图如图 4.31 所示。

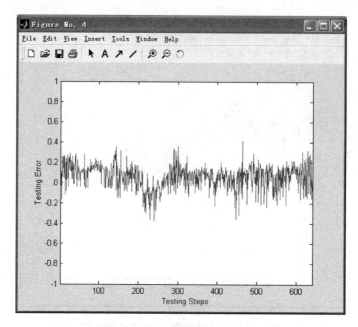

图 4.31　Agg-FIS 测试误差曲线图

⑩改变后的隶属度函数如图 4.32 所示。

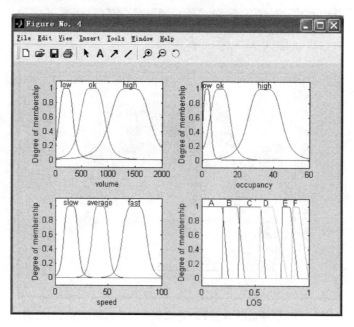

图 4.32　训练后的输入-输出变量隶属度函数

2) 实验结果对比分析

我们建立基于 ANFIS、M-ANFIS 和 Agg-ANFIS 这三类自适应模糊推理系统的评价模型,将其应用于服务水平评价实验中,并对训练后的模型进行测试。所有的程序都是通过 MATLAB 实现的。

这三类模型训练和测试的实验结果对比如表 4.4 所示。

表 4.4　ANFIS、M-ANFIS 和 Agg-ANFIS 实验结果对比

模型 实验结果	ANFIS	M-ANFIS	Agg-ANFIS
需调节参数个数	135	51	81
训练数据规模	1429	450	750
训练误差	$1.0038e-005$	0.0099368	0.00022442
花费时间	8.3110	0.501	2.624
测试误差	0.091368	0.069489	0.057391

由上面的实验结果对比表,我们可以总结如下。

(1) ANFIS、M-ANFIS 和 Agg-ANFIS 这三类自适应模糊推理系统都具有很好的学习(自适应)能力,可以达到系统的最小误差指标,即具有很强的逼近功能。

①M-ANFIS 和 Agg-ANFIS 在需调参数个数方面优于 ANFIS。

②在训练数据规模方面,M-ANFIS 最好,Agg-ANFIS 次之,即当只有小规模的数据样本时,这两类模型是我们的首选。

③模型对数据的适应性(自适应能力)由单位参数的训练数据规模、训练误差、测试误差三项指标共同决定。作为衡量模型对数据的适应性的重要指标之一,即单位参数的训练数据规模,M-ANFIS(8.8)和 Agg-ANFIS(9.2)优于 ANFIS(10.58)。

④在花费时间方面可推出,M-ANFIS 和 Agg-ANFIS 的收敛速度也要优于 ANFIS。

以上实验指标证明,M-ANFIS 和 Agg-ANFIS 模型对数据的适应性和收敛速率比 ANFIS 模型好。

⑤虽然 ANFIS 的训练误差最小,但这是以大规模的训练样本为代价的;M-ANFIS 和 Agg-ANFIS 训练误差可达到系统误差指标,Agg-ANFIS 的训练误差更优,都具有较好的逼近能力。

(2) 通过测试误差指标可以看出,训练后的模型 S-FIS、M-FIS 和 Agg-FIS 具有较好的非线性映射能力,可以用于服务水平评价。

①Agg-FIS 测试误差最小,M-FIS 次之,S-FIS 测试误差最大,说明 Agg-AN-FIS 模型具有最好的自适应能力。

②训练后的 Agg-FIS 具有最好的非线性映射能力,也说明了基于 choquet 积分-OWA 的模糊推理系统(Agg-FIS)是更能体现人类思维模式的推理系统,这也正是我们提出该模型的目标。

通过以上分析,可将模型性能指标总结为表 4.5。

表 4.5 ANFIS、M-ANFIS 和 Agg-ANFIS 模型性能指标对比

性能指标 \ 模型	ANFIS	M-ANFIS	Agg-ANFIS
训练数据规模／单位参数	差	优	中
逼近能力	优	差	中
收敛速度(计算效率)	差	优	中
训练后模型有效性	差	中	优
自适应能力	差	中	优

可见,M-ANFIS 和 Agg-ANFIS 模型大多数性能指标都优于 ANFIS;同时,在服务水平评价这个项目中,M-ANFIS 和 Agg-ANFIS 模型更能体现服务水平评价的实质,更加贴近实际需求。

4.8.2 基于进化计算的模糊建模

基于进化计算的模糊建模,是指在建模过程中有效利用先验知识进行建模和知识提取再利用。图 4.33 表示基于进化计算的模糊建模的交互系统流程图。

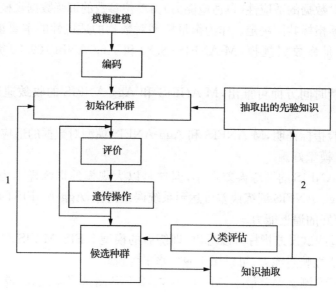

图 4.33 基于进化计算的模糊建模

在模糊建模中,通过获取可能解可以建立多个评价标准。

在循环 1 中,我们选出一些可能解,将它们作为个体进化过程的种子,这样可以缩小搜寻范围。

在循环 2 中,通过介绍先验知识(关于建模目标),基础规则在初始化种群时被应用。这些规则通过候选解(candidate)被获得,可以在下一次搜索时用来初始化种群。

事实上,模糊建模利用人类的知识符号,使信息在连续的空间离散化,并且人类所拥有的符号知识被嵌入到模糊建模的过程中,使我们有可能实现一个互动的非线性建模过程[185]。

4.9　计算智能的未来探索

机器智能是人类工程系统的全部规则,它展示了智能的全部方面。AI 是其中的一个乐章,它通过传统 AI 研究团队来描述。例如,我们可以认为基于知识的表示是大部分 AI 共同的特性。CI 则是另一个支流,它包含很多技术方法,这些方法基于非知识的规则进行工作。从这个意义上说,我们认为传统人工智能和 CI 是互补的。由此也产生了越来越多的混合方法的研究。我们认为 AI 和 CI 是两个交叉的领域,它们都在机器智能的领域内。

计算智能是一个相对年轻的领域,对于这个领域身份的讨论还一直在继续。很明显,计算智能的定义主要是围绕对“计算”和“智能”的解释来进行的,目前还没有一个统一接受的定义。随着更多方法的涌现和研究,计算智能的分支将会越来越多,对其所覆盖的领域和分类方法也会随之变化。

我们所遇到的另一个焦点问题就是 AI 与 CI 的关系。Bezdek 在他 1998 年的文献中指出:模糊逻辑、神经网络和进化计算也是使 AI 成为可能的技术,所以从本质上讲,AI 与 CI 的分界并不是十分明确的。

可以看出,计算智能通过对自然界各种智能现象的模拟,为人类解决许多问题提供了新思路和新方法。Bezdek 认为,每个人对计算智能都有不同的理解方式。随着我们对计算智能的研究和探索,CI 势必会在越来越多的领域发挥更大的作用。

第 5 章　计算智能与大数据处理

5.1　计算智能在数据获取中的应用

搜索策略的制定直接关系到网络爬虫抓取的效率和结果,也是大数据采集相关技术和理论研究的一类重点问题。根据广泛应用的各种搜索策略,从盲目搜索和启发式搜索两个维度出发,本节讨论网络爬虫的 URL 抓取策略。

5.1.1　常见的网络爬虫搜索策略

常见的网络爬虫搜索策略一般分为广度优先搜索策略与深度优先搜索策略两种,均属于盲目搜索,具体说明如下。

1. 广度优先搜索策略

基于广度优先搜索策略的网络爬虫是指抓取过程中,在完成当前层次的搜索后,才进行下一层次的搜索。该算法的设计和实现相对简单,当需要覆盖尽可能多的网页时,一般使用广度优先搜索策略。广度优先搜索策略的基本思想是认为与初始 URL 在一定链接距离内的网页具有较大的主题相关性。

广度优先搜索策略是一种完备策略,即只要问题有解,它就一定可以找到解。并且广度优先找到的解一定是路径最短的解。对于某些寻找最优解的问题,如最少步骤方案等问题,广度优先搜索策略具有明显的效率优势。但是,这种搜索策略盲目性较大,尤其是目标节点距初始节点较远时,将产生许多无用节点,当搜索规模很大时,易产生存储空间溢出的问题。

2. 深度优先搜索策略

深度优先搜索的思想是,搜索一旦进入某个分支,就将沿着这个分支一直进行下去,如果目标解恰好在这个分支上,则可以很快找到解;但是如果解不在这个分支上,且该分支又是一个无穷分支,则搜索过程几乎不可能找到解。因此,深度优先搜索策略是一种不完备策略,即使问题有解,也不一定能够找到解。此外,即使在能找到解的情况下,按深度优先找到的解也一定是代价最低的解。

深度优先搜索策略从起始网页开始,选择一个 URL 进入,分析这个网页中的 URL,选择一个再进入。如此一个链接一个链接地抓取下去,直到处理完一条路线之后再处理下一条路线。深度优先搜索策略设计较为简单。然而门户网站提供的链接往往最有价值，PageRank 也很高，但每深入一层，网页价值和 PageRank 都会相应地有所下降。这暗示了重要网页通常距离种子较近，而过度深入抓取到的网页价值很低。同时，这种策略抓取深度直接影响着抓取命中率以及抓取效率，抓取深度是该策略的关键。深度优先在很多情况下会导致爬虫的陷入（trapped）问题，此策略很少被使用。

5.1.2 基于估价函数的启发式搜索策略

启发式搜索策略中要用到与问题本身的某些特性有关的启发性信息，以指导搜索朝着最有希望的方向前进。由于这种搜索针对性较强，因而原则上只需要搜索问题的部分状态空间，效率较高。

在启发式搜索中，为了选定下一次要考察的节点，通过设计一个函数来控制搜索方向，这种函数称为估价函数。估价函数是用于估计节点重要性的实值函数，它定义为从初始节点经过 x 节点到达目标节点的最小代价路径的代价估计值。估价函数综合考虑了两方面的因素：已经付出的代价和将要付出的代价。

在爬虫抓取 URL 的过程中，根据估价函数对将要抓取的 URL 队列进行排序及选优，选出代价最小的一个或几个 URL 进行抓取，重复这个过程，直到系统满足终止条件。

估价函数的一般形式为

$$f(x) = g(x) + h(x) \tag{5-1}$$

目标为

$$\text{Min } f(x) \tag{5-2}$$

其中，$f(x)$ 表示从初始节点经过 x 节点到达目标节点的总代价，称为估价函数；$g(x)$ 表示从初始节点到达 x 节点已支付的实际代价，表征"历史信息"；$h(x)$ 表示从 x 节点到达目标节点将支付的估计代价，称为启发函数，表征"启发信息"。

$f(x)$ 估价函数可以是任意一种函数。但是，正确地选择估价函数对确定搜索结果起着决定性的作用。$g(x)$ 可以根据生成的搜索树实际计算出来。启发信息主要体现在启发函数 $h(x)$ 中，用于对将付出的代价进行估计，选择节点。其形式要根据问题的特性确定，依赖于某种经验估计。

具体地，估价函数 $f(x)$ 中，$g(x)$ 和 $h(x)$ 起着不同的作用。假如将估价函数写成

$$f(x) = p \times g(x) + q \times h(x) \tag{5-3}$$

其中，p、q 为权系数，p，$q \geqslant 0$。

当 q 增加，p 减小，即 $h(x)$ 的比例增大时，表示强调"启发信息"的作用和"纵

向深入"的搜索。

当 q 减小，p 增加，即 $g(x)$ 的比例增大时，表示强调"历史信息"的作用和"横向扫描"的搜索。

单纯的"广度优先"和"深度优先"搜索法是两种极端的情形。

(1) 在 $f(x)$ 中，$g(x)$ 的权值增大，搜索过程倾向于广度优先搜索，有利于搜索过程的完备性，但抑制了纵向深度前进的速度，降低了搜索过程的启发性，不利于提高搜索效率。

例如，在广度优先搜索法中

$$f(x) = p \times g(x) \tag{5-4}$$

其中，没有利用启发信息，所以 $h(x) = 0$ 或 $q=0$，效率较低。

(2) 在 $f(x)$ 中，$h(x)$ 的权值增大，搜索过程将倾向于深度优先搜索，强调"纵向深入"，沿最有希望的方向前进，利用启发性知识，提高搜索效率，压缩搜索空间，但放弃了横向扫描，降低了搜索过程的完备性。

例如，在深度优先搜索法中

$$f(x) = q \times h(x) \tag{5-5}$$

其中，忽略该节点处在哪一级，已经付出了多少代价，即不考虑 $g(x)$ 的影响，相当于取 $p=0$ 或 $g(x) = 0$。

实际上，设计适用的、高效的估价函数，需要根据问题的有关知识及对解的特性进行估计，既要考虑已付出的代价 $g(x)$，也要考虑将要付出的代价 $h(x)$，使得总代价 $f(x)$ 最小。兼顾搜索过程的完备性与启发性，在"横向扫描"与"纵向深入"之间，在"广度"搜索与"深度"搜索之间进行权衡，适当协调配合，才能取得满意的效果，低代价、高效率、成功地搜索到最优解。

在爬虫抓取 URL 的过程中，首先定义估价函数，判断候选 URL 的节点重要性(代价值)，并选取估价值最小的一个或几个 URL 进行抓取。即爬虫只访问经过估价函数预测为"有用"的网页。存在的一个问题是，在爬虫抓取路径上的很多相关网页可能被忽略，因为基于估价函数的启发式搜索策略是一种局部最优搜索算法，需要结合具体的应用进行改进，以跳出局部最优点。

5.2　计算智能在数据存储中的应用

随着海量信息爆炸，图像数据已经成为大数据中一类重要的数据类型。面向图像数据的存储问题也已经成为大数据存储的关键问题之一。针对矢量量化中搜索"全局"最优解的码书设计本质，引入粒群优化算法对经典的 LBG 算法进行改进，提出了一种全新的数据压缩思想，旨在实现图像数据的高效率存储。

5.2.1 粒群优化算法

粒群优化(particle swarm optimization,PSO)是一种基于群体搜索的算法,最早是由心理学研究人员 Kennedy 博士和计算智能研究人员 Eberhart 博士于 1995 年提出的,它源于对鸟群觅食过程中的迁徙和群居行为的模拟[186]。PSO 算法是基于群智能(swarm intelligence)方法的演化计算技术,引入了"群"的概念;同时,粒群优化是以邻域原理(neighborhood principle)为基础进行操作的,该原理来源于社会网络结构研究,体现了一种社会交互作用。群中的个体(粒子)相互学习,而且基于获得的知识移动到与它们更相似的较好的邻近区域。邻域内的个体进行相互通信[187,188]。

在粒群优化中,被称为"粒子"(particle)的个体通过超维搜索空间进行"流动"。粒子在搜索空间中的位置变化是以个体成功地超过其他个体的社会心理意向为基础的。因此,群中粒子的变化是受其邻近粒子(个体)的经验和知识影响的。一个粒子的搜索行为受到群中其他粒子的搜索行为的影响。由此可见,粒群优化是一种共生合作算法。

群是由粒子的集合组成的,而每一个粒子代表一个潜在的解。系统初始化为一组随机解,通过迭代搜寻最优值,粒子(潜在的解)在解空间追随最优的粒子进行搜索。粒子在超空间流动,每个粒子的位置按照其经验和邻近粒子的位置而发生变化。粒群优化算法是一种全局最佳(global best)算法,反映出一种被称为星型(star)的邻域拓扑结构。在该结构中,每个粒子能与其他粒子通信,形成一个全连接的社会网络。用于驱动各粒子移动的社会知识包括全群中选出的最佳粒子位置。此外,每个粒子还根据先前已发现的最好解来运用它的历史经验。速度矢量推动优化过程,并反映出社会交换的信息。

可见,粒子离开全局最佳及它自己的最佳解越远,使粒子回到它的最佳解所需的变化速度也越快。PSO 是一种基于群体的优化工具,也是一种基于迭代的优化工具。在 PSO 中,采用信息共享机制,它简单、容易实现,同时具有深刻的智能背景。

5.2.2 粒群优化算法的数学抽象和流程

假设在一个 d 维的目标搜索空间中,有 m 个粒子组成一个群落,其中第 i 个粒子表示为一个 d 维的向量 $X_i = (X_{i1}, X_{i2}, \cdots, X_{id})$,$i = 1, 2, \cdots, m$,即第 i 个粒子在 d 维搜索空间中的当前位置是 X_i。换言之,每个粒子的位置就是一个潜在的解。将 X_i 代入一个目标函数 $F(x)$ 就可以计算出其适应值,根据适应值的大小衡量解的优劣。第 i 个粒子的"飞翔"速度也是一个 d 维向量,记为 $V_i = (V_{i1}, V_{i2}, \cdots, V_{id})$。记第 i 个粒子迄今为止搜索到的最优位置 $P_i = (P_{i1}, P_{i2}, \cdots, P_{id})$,整个粒子群迄今为止搜索到的最优位置 $P_g = (P_{g1}, P_{g2}, \cdots, P_{gd})$。$X_i(t)$ 和 $V_i(t)$ 分别表示 t 时刻粒子的位置和速度。对粒子可按下列公式操作

$$V_i(t+1) = wV_i(t) + c_1 r_1 (P_i - X_i(t))/\Delta t + c_2 r_2 (P_g - X_i(t))/\Delta t \quad (5\text{-}6)$$

$$X_i(t+1) = X_i(t) + V_i(t+1)\Delta t \quad (5\text{-}7)$$

其中，w 为惯性权重，非负数，其值可以自适应调整，随着迭代的进行线性减小；c_1 和 c_2 是学习因子，为调节 P_i 和 P_g 相对重要性的参数，经验值 $c_1 = c_2 = 2$；r_1 和 r_2 是 $[0,1]$ 区间的随机数，以增加搜索随机性；$V_i \in [-V_{max}, V_{max}]$，$V_{max}$ 是常数，由具体问题设定；Δt 是时间间隔，通常取为单位时间。

按照上述方式定义的基本微粒群算法在实际运行中存在振荡和发散的可能性，因此必须对其进一步加以控制才能保证算法的收敛性。最简单的方法是控制粒子速度的极限 V_{max}，通过 V_{max} 的设置制约粒子在各个方向的运动方式，其具体规则为：①如果 $V_i > V_{max}$，则 $V_i = V_{max}$；②否则，如果 $V_i < -V_{max}$，则 $V_i = -V_{max}$。

粒子群优化算法的流程如图 5.1 所示。

5.2.3　基于粒群优化的 LBG 改进算法

粒群优化算法对于解决大规模、非线性的全局寻优问题具有较好的性能。具体地说，将码书中的每个码矢当成 PSO 中的每个粒子，同时，把对码书的评价函数-总失真函数映射成粒子的适应度函数。设码书维数为 d，码书大小为 C，最终确定粒子的位置，也就确定了最终的码书。

基于粒群优化的 LBG 改进算法描述如下。

（1）种群的初始化。取图像子块的像素灰度值的量化级数生成训练矢量 $\{x_j: j=0,1,\cdots,M-1\}$，每个矢量维数为 d，作为初始粒子的位置，并初始化粒子的速度。随机取 C 组矢量组成一个初始码书 $\hat{A}_n = (y_i: i=1,2,\cdots,C)$，$n=0$。

（2）根据初始码书 $\hat{A}_n = \{y_i\}$，找到训练矢量 $\{x_j\}$ 关于 $\hat{A}_n$ 的最小失真划分 $P(\hat{A}_n) = \{s_i: i=0,1,\cdots,C\}$（对于点 y_i，距离最小的 $\{x_j\}$ 集合），计算总平均失真

$$D_n = D(\hat{A}_n, P(\hat{A}_n)) = \frac{1}{M} \sum_{j=0}^{M-1} \sum_{i=1}^{C} \min_{y \in A_n} d(x_j, y_i).$$

（3）若 $\dfrac{D_{n-1} - D_n}{D_n} \leqslant \varepsilon$，则 $\hat{A}_n$ 为最终码本，否则继续。

（4）对每个粒子（每个码矢），比较其适应度函数和经历过的最佳位置 P_i，如果更好，则更新 P_i。

（5）对于每个粒子，比较其适应度函数和整个群体所经历的最好位置 P_g，如果更好，则更新 P_g。

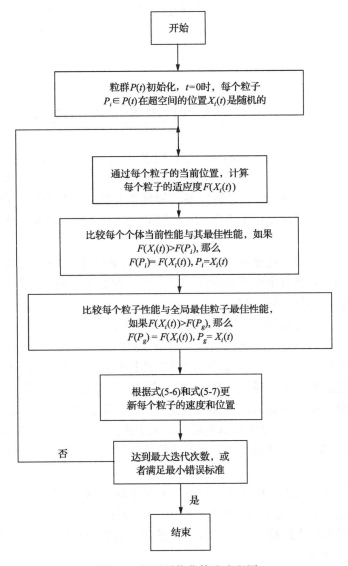

图 5.1　粒子群优化算法流程图

（6）根据式(5-6)和式(5-7)调整每个粒子的速度和位置，即更新码书中的每个码矢。

（7）$n=n+1$，根据步骤(6)算出的粒子新位置，更新码矢，得到新码书 $\hat{A}_n$。重新确定所有训练矢量对该码书的最小失真划分 $P(\hat{A}_n)$，计算总平均失真 D_n，转步骤(3)。

由于矢量量化码书设计的数学实质就是寻找一个具有全局意义下的最优解。

无论是用聚类的观点还是神经网络的观点,所解决的都是一个全局寻优的策略或者方法的问题。而粒群优化算法对于连续空间的优化问题求解具有较好的效果,因此,基于粒群优化的 LBG 改进算法为图像数据压缩编码研究引入了一个全新的视角。

5.3　计算智能在信息检索中的应用

为了实现大数据背景下的高效率信息检索,作为降维的主要方法之一,特征选择的研究再一次受到学者的关注。特征选择的本质是实现 n 维特征向量→d 维特征向量($d<n$)的特征降维,也是解决最优解搜索问题的一类方法。目前,求解典型组合优化问题的算法有以下三类:分支定界法、次优搜索法和基于计算智能的组合优化方法。

分支定界法也称最优搜索算法,是唯一能获得最优结果的搜索方法,其效率比盲目穷举法高。具有自上而下和回溯功能。可分性测度 J 对维数是单调的,当 J 最大时,即找到了最优特征组合。

次优搜索法包含单独最优特征组合法、顺序前进法和顺序后退法。①单独最优特征组合法计算各特征单独使用时的可分性测度 J 并加以排序,取前 d 个作为选择结果,但其结果不一定保证最优;②顺序前进法是一种自下而上的搜索方法,每次从未入选的特征中选择一个特征,使得它与已入选的特征组合在一起时所得的可分性或分类识别率最大,直至特征数增加到 d,该方法考虑了所选特征与已入选特征之间的相关性;③顺序后退法根据特征子集的分类表现来选择特征,从全体特征开始,每次剔除一个特征,使得所保留的特征集合具有最大的可分性或分类识别率。

基于计算智能的组合优化方法是本节要讨论的重点,计算智能模拟自然界中各种智能现象,为解决建模、推理和搜索等诸多问题提供了智能化的计算框架。我们提出基于模拟退火的特征选择和基于禁忌搜索的特征选择算法,旨在解决文本挖掘的特征降维问题。

5.3.1　特征选择

特征选择是指从整个特征集中选择最有效的子集,构成分类用特征向量。有监督学习中特征选择的主要目标就是寻找最优的特征子集,以便产生最佳的分类效果;对于无监督学习中的特征选择,其目标是寻找最优的特征子集,以便产生高质量的聚类[189,190]。

特征选择(feature selection)是指从 n 个特征项集合 $\{x_1, x_2, \cdots, x_n\}$ 中按一定准则选出供分类用的特征子集(d 维,$d<n$)。

从 n 个特征中挑选 d 个特征,所有可能的特征子集数为 $C_n^d = \dfrac{n!}{(n-d)!d!}$,由此可知计算量很大,难以实现。

如果将特征选择规划为一个多目标决策问题。从这个框架中,我们可以根据拟定的多个目标对每个特征进行评价。传统的方法是构造一个特征评估函数,对特征集合中的每个特征进行评估,并为每个特征打分,这样每个词都获得一个评估值(又称为权值)。然后将所有特征按权值大小排序,选取若干评分值最高的作为特征词,即提取预定数目的最优特征作为提取结果的特征子集。显然,对于这类算法,决定文本特征提取效果的主要因素是评估函数的质量,常用的评估函数有以下几项。

(1) 信息增益(information gain):信息增益是一种基于熵的评估方法,涉及较多的数学理论和复杂的熵理论公式,定义是某特征项为整个分类所能提供的信息量,不考虑任何特征的熵与考虑该特征后的熵的差值。根据训练数据计算出各个特征项的信息增益,删除信息增益很小的项,其余的按照信息增益从大到小排序。

(2) 互信息(mutual information):特征项和类别的互信息体现了特征项与类别的相关程度,是一种广泛用于建立词关联统计模型的标准。互信息与期望交叉熵的不同之处在于没有考虑特征出现的频率,这样导致互信息评估函数不选择高频的有用词而有可能选择稀有词作为文本的最佳特征。因为对于每一主题来讲,特征的互信息越大,说明它与该主题的共现概率越大。因此,以互信息作为提取特征的评价时,应选择互信息最大的若干特征。

(3) 词频(word frequency):词频是一个词在文档中出现的次数。通过词频进行特征选择就是将词频小于某一阈值的词删除,从而降低特征空间的维数。这种方法基于这样一个假设,即出现频率小的词对过滤的影响也较小。但是在信息检索的研究中认为,有时出现频率小的词包含更多的信息。因此,在特征选择的过程中不宜根据词频简单地进行大幅度删词。

(4) TF-IDF 算法:这种算法是由 Salton 等在 1988 年提出的,它是单词权重最为有效的实现方法,可以由 TF×IDF 算出[191]。其中 TF 称为词频,用于计算该词描述文档内容的能力;IDF 称为反文档频率,用于计算该词区分文档的能力。用 TF-IDF 算法来计算特征词的权重值:表示当一个词在这篇文档中出现的频率越高,同时在其他文档中出现的次数越少,则表明该词对于表示这篇文档的区分能力越强,所以其权值就应该越大。将所有词的权值排序,根据需要可以有两种选择方式:①选择权值最大的 n 个(某一固定数)关键词;②选择权值大于某一阈值的关键词。

此外,还有文本证据权(weight of evidence for text)、x^2 统计量方法、条件熵等评价方法。

5.3.2　基于模拟退火的特征选择

如果说神经网络和进化计算是模拟有机界智能现象产生的计算方法,那么模拟退火则是成功模拟无机界自然规律的结晶。

作为一种非导数的优化方法,SA 基于能量最低原理。原子的稳定状态取决于其所在的能级:能级越高,越不稳定;反之则越稳定。如果将目标函数的最小值视为寻求原子的最小能级,则可巧妙地应用于诸如金属原子由高能级(宏观上反映为高温金属)到低能级状态变化(金属冷却)时的物理性质。高能级时,原子有较高概率跃迁到更不稳定的状态;而随着温度的降低,这种概率越来越小,进行优化,从而使得处于局部极小的解能够得以跃迁。这种问题求解策略与进化计算一样很好地克服了许多传统方法面临的局部极小困难。SA 提出的初衷是解决组合优化问题,后来的应用证明它在连续优化问题中仍然十分有效。

1. 模拟退火原理和 Metropolis 准则

模拟退火的思想源自 Metropolis 等 1953 年对统计热力学的研究。1983 年 Kirkpatrick 意识到组合优化与物理退火的相似性,并受到 Metropolis 准则的启迪,提出了模拟退火算法[192]。SA 是基于蒙特卡罗迭代求解策略的一种随机优化算法,其出发点是基于物理中固体物质的退火过程与一般组合优化问题之间的相似性。模拟退火算法在某一较高温度开始,利用具有概率突跳特性的 Metropolis 抽样策略在解空间中进行随机搜索,伴随着温度的不断下降重复抽样过程,最终得到问题的全局最优解,即局部优化解能概率性地跳出并最终趋于全局最优。现在,模拟退火已经成为一种解决大规模最优化问题的有效近似算法。由于该算法具有描述简单、使用灵活、运行效率高和较少受初始条件限制等优点,目前已在工程中得到了广泛应用,诸如 VLSI、生产调度、控制工程、机器学习、神经网络、图像处理等领域。

模拟退火算法最早是针对组合优化问题提出的,其目的在于:①为具有 NP 复杂性的问题提供有效的近似求解算法;②克服优化过程陷入局部极小;③克服初值依赖性。模拟退火算法的基本思想基于物理退火过程,简言之,物理退火过程由以下三部分组成。

(1)加温过程。其目的是增强粒子的热运动,使其偏离平衡位置。当温度足够高时,固体将熔解为液体,从而消除系统原先可能存在的非均匀态,使随后进行的冷却过程以某一平衡态为起点。熔解过程与系统的熵增过程相联系,系统能量也随温度的升高而增大。

(2)等温过程。物理学的知识告诉我们,对于与周围环境交换热量而温度不变的封闭系统,系统状态的自发变化总是朝自由能减少的方向进行,当自由能达到最小时,系统达到平衡态。

(3) 冷却过程。其目的是使粒子的热运动减弱并渐趋有序,系统能量逐渐下降,从而得到低能的晶体结构。

固体在恒定温度下达到热平衡的过程可以用蒙特卡罗方法加以模拟,虽然该方法简单,但必须大量采样才能得到比较精确的结果,因而计算量很大。

鉴于物理系统倾向于能量较低的状态,而热运动又妨碍它准确落到最低态的图像,采样时着重取那些有重要贡献的状态可较快达到较好的结果。因此,Metropolis 等在 1953 年提出了重要性采样法,即以概率接受新状态[193]。具体而言,在温度 t,由当前状态 i 产生新状态 j,两者的能量分别为 $E(i)$ 和 $E(j)$,若 $E(j) < E(i)$ 则接受新状态 j 为当前状态;否则若概率 $e^{\frac{E(i)-E(j)}{kT}}$ 大于 $[0,1)$ 区间内的随机数则仍旧接受新状态 j 为当前状态,若不成立,则保留状态 i 为当前状态,其中 k 为 Boltzmann 常数。当这种过程多次重复,即经过大量迁移后,系统将趋于能量较低的平衡态,各状态的概率分布将趋于某种正则分布,如 Gibbs 正则分布。同时,我们也可以看到,这种重要性采样过程在高温下可接受与当前状态能量差较大的新状态,而在低温下基本只接受与当前能量差较小的新状态,这与不同温度下热运动的影响完全一致,而且当温度趋于零时,就不能接受比当前状态能量高的新状态。这种接受准则通常称为 Metropolis 准则,它的计算量相对蒙特卡罗方法要显著减小。

2. SA 的计算步骤

SA 的模拟要求包含:①初始温度足够高;②降温过程足够慢;③终止温度足够低。在 SA 中将目标函数 $f(i)$ 作为能量函数。模拟物理退火的过程:初始高温→温度缓慢下降→终止在低温,这时能量函数达到极小,目标函数最小,即 $\min f(i), i \in S, S$ 是离散有限状态空间,i 代表状态要素。SA 算法的搜索方式是随机的邻域移动。算法具有如下特点:①达到热平衡⇒内循环;②冷却控制⇒外循环。

SA 的计算步骤如下。

(1) 初始化,任选初始解 $i, i \in S$,给定初始温度 T_0、终止温度 T_f,令迭代指标 $k = 0, T_k = T_0$。

注:选择 T_0 时,要足够高,使 $E_i / T_k \to 0$。

(2) 随机产生 i 的一个邻域解 $j, j \in N(i)$,($N(i)$ 表示 i 的邻域) 计算目标值增量

$$\Delta f = f(j) - f(i)$$

(3) 若 $\Delta f < 0$,令 $i = j$ 转步骤(4)(j 比 i 好,无条件转移);否则产生 $\xi \in U(0,1)$,若 $\exp(-\Delta f / T_k) > \xi$,则令 $i = j$(j 比 i 好,有条件转移)。

注：T_k 高时，广域搜索；T_k 低时，局域搜索。

（4）若达到热平衡（内循环次数大于 $n(T_k)$）转步骤（5），否则转步骤（2）。

（5）$k = k+1$，降低 T_k，若 $T_k < T_f$ 则停止，输出 i；否则转步骤（2）。

降低 T_k 的方法有以下两种：

① $T_{k+1} = T_k \cdot r, r \in (0.95, 0.99)$

② $T_{k+1} = T_k - \Delta T$

模拟退火算法流程图见图 5.2。

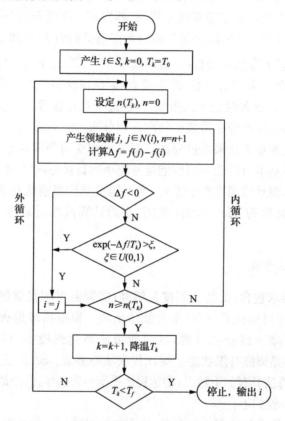

图 5.2　模拟退火算法流程图

从算法结构可知，新状态产生函数、新状态接受函数、退温函数、抽样稳定准则和退火结束准则以及初始温度是直接影响算法优化结果的主要环节。模拟退火算法的实验性能具有质量高、初值鲁棒性强、通用易实现的优点。但是，为寻到最优解，算法通常要求较高的初温、较慢的降温速度、较低的终止温度以及各温度下足够多次的抽样，因而模拟退火算法往往优化过程较长，这也是 SA 算法最大的缺点。因此，在保证一定优化质量的前提下提高算法的搜索效率，是对 SA 进行改进的主要内容。

3. 模拟退火实现技术

1) 数学模型

数学模型是对问题简单的数学描述,包括解空间、目标函数和初始解三部分。

(1) 解空间:解空间限定了初始解选取和新解产生的范围。对所有解均为可行解的问题,解空间定义为可行解集合;对存在不可行解的问题,或限定解空间为所有可行解集合,或在解空间中包含不可行解但在目标函数中使用惩罚函数来排除不可行解。

(2) 目标函数:即对优化目标的量化描述。通常为若干优化目标的一个和式。目标函数必须正确而准确地描述优化问题,这是优化目标的前提条件。例如,对包含不可行解的解空间,目标函数必须包含惩罚函数,来排除不可行解。另外目标函数应易于运算,这将有利于在优化过程中简化目标函数差值的计算,以提高算法的效率。

(3) 初始解:即算法迭代的起始点。初始解选取的好坏往往影响最终解质量和计算时间。但试验表明,模拟退火算法是一种鲁棒性较强的算法,即最终解的质量并不十分依赖于初始解,因此可在解空间中任意选取一个初始解。

2) 状态产生函数

通常,状态产生函数包括两部分,即候选解产生方式和候选解产生概率分布。前者决定了当前解产生候选解的方式,后者决定了不同候选解的选择概率,设计状态产生函数应尽可能保证产生的候选解遍布全部解空间。在函数优化问题中,通常利用直观距离的概念,附加某种扰动来构造邻域函数;在组合优化问题中,通常采用换、插和逆等邻域变换机制。首先由某种状态产生方式从当前解中产生一个迭代解,所有可能产生的解则构成了当前解的邻域,另外对包括不可行解的解空间必须首先判断新解是否可行,然后计算迭代解与当前解目标函数差值,通常可由解变化增量直接求得。迭代解可能优化也可能劣化,根据 Metropolis 准则判断是否接受迭代解。

4. 基于模拟退火算法的特征选择

根据模拟退火算法的基本思想,我们给出基于模拟退火的特征选择算法。流程如下。

(1) 令 $i=0$,给出初始温度 $T_i=T_0$,在 n 维向量空间中,选择任一 d 维初始特征向量 $x(k)$。

(2) 根据 $x(k)$ 邻域移动随机产生一个邻域解 x',即新特征向量。$x' \in N(x(k))$,($N(x(k))$ 表示 $x(k)$ 的邻域)。

根据其能量函数 $f(x(k))$,以概率 P 接受 $x(k)=x'$

$$P(x(k)=x')=\begin{cases} 1 & f(x')<f(x(k)) \\ e^{\frac{f(x')-f(x(k))}{T_i}} & \text{otherwise} \end{cases} \tag{5-8}$$

(3) 如果在 T_i 下还未达到平衡,则转到步骤(2);否则转步骤(4)(内循环)。

(4) $i=i+1$,降低 T_i,如果已经冷却,则停止,输出 $x(k)$,即当前的特征向量即为算法的结果;否则转到步骤(2)(外循环)。

可见,优化的过程即是交替寻找新解和缓慢降低温度,最终的解是对该问题寻优的结果。

5.3.3　基于禁忌搜索的特征选择

禁忌搜索(tabu search 或 taboo search,TS)算法的思想最早由 Glover(美国工程院院士,科罗拉多大学教授)在 1986 年提出,20 世纪 90 年代初得到广泛重视。它是对局部邻域搜索的一种扩展,是一种全局邻域搜索算法(全局逐步寻优),是人类智能的一种体现,是遗传算法之后提出的另一启发式优化方法[194-196]。

TS 算法模仿人类的记忆功能,使用禁忌表封锁刚搜索过的区域,以避免迂回搜索;同时,根据特赦准则,赦免禁忌区域中的一些优良状态,进而保证多样化、全面化的有效探索,最终实现全局优化。迄今为止,TS 算法在组合优化、生产调度、机器学习、电路设计和神经网络等领域取得了很大的成功,近年来又在函数全局优化方面得到较多的研究,具有很好的发展趋势。

1. TS 算法的基本思想

禁忌搜索算法的基本思想就是在搜索过程中将近期的历史搜索过程存放在禁忌表(tabu list)中,阻止算法重复进入,这样就有效地防止了搜索过程的循环。禁忌表模仿了人类的记忆功能,禁忌搜索因此得名,所以,它也是一种智能优化算法。

具体的思路如下:禁忌搜索算法采用了邻域选优的搜索方法,为了能逃离局部最优解,算法必须能够接受劣解,也就是每一次迭代得到的解不必一定优于原来的解。但是。一旦接受了劣解,迭代就可能陷入循环。为了避免循环,算法将最近接受的一些移动放在禁忌表中,在以后的迭代中加以禁止。即只有不在禁忌表中的较好解(可能比当前解差)才能接受作为下一次迭代的初始解。随着迭代的进行,禁忌表不断更新,经过一定迭代次数后,最早进入禁忌表的移动就从禁忌表中解禁退出。

为了找到全局最优解,就不应该执着于某一个特定的区域。局部搜索的缺点就是太贪婪地对某一个局部区域以及其邻域进行搜索,导致一叶障目,不见泰山。禁忌搜索就是对于找到的一部分局部最优解,有意识地避开它,从而获得更多的搜索区间。

　　为了说明禁忌搜索,在这里举一个兔子寻山的例子。兔子找到了泰山,它们之中的一只就会留守在这里,其他的再去别的地方寻找。就这样,一大圈后,把找到的几个山峰一比较,最高的珠穆朗玛峰脱颖而出。在兔子寻找的时候,一般会有意识地避开泰山,因为它们知道,这里已经找过,并且有一只兔子在那里看守了。这就是禁忌搜索中"禁忌表"的含义。那只留在泰山的兔子一般不会就在那里安家,它会在一定时间后重新回到找最高峰的大军,这个归队时间在禁忌搜索里面称为"禁忌长度(tabu length)"。如果在搜索的过程中,留守泰山的兔子还没有归队,但是找到的地方全是比较低的山峰,兔子就不得不再次考虑选中泰山,也就是说,当一个有兔子留守的地方优越性太突出,超过了"best so far"的状态,就可以不顾及有没有兔子留守,重新把这个地方考虑进来,这就叫"特赦准则(aspiration criterion)"。这三个概念是禁忌搜索和一般搜索准则最不同的地方。

　　2. TS 的构成要素

为深入理解算法思想,首先对禁忌搜索的几个关键构成要素进行详细说明。

1) 解的表达和目标函数

随机产生初始解,或者采用启发式方法产生一个可行解。如果将目标函数定义为 $f(x)$,则问题可描述为

$$\min f(x) \quad \text{s.t.} \quad x \in X, \quad X \text{ 是离散值空间} \tag{5-9}$$

同时可以定义适值函数用来对搜索状态进行评价,通常用 $C(x)$ 表示,$C(x)$ 的取值称为适配值。显然,每次移动将导致适配值(反比于目标函数值)的变化。

2) 邻域及邻域移动

移动是产生新解的途径,邻域是由当前解 x 及其通过定义的邻域移动能够达到的所有解组成的集合。因此移动规则的设计是算法的关键。移动规则类似于交叉算子,根据具体问题进行分析设计。移动的意义是灵活的,目的是便于搜索。例如,排序问题中一次换位可称为一次移动,还可以定义为选一个切点,两部分进行交叉运算。

由于 TS 是局部邻域搜索的一种扩充,所以邻域结构的设计很关键,它决定了当前解的邻域解的产生形式和数目,以及各个解之间的关系。

邻域移动是从一个解产生另一个解的途径。它是保证产生最优解和算法搜索速度的最重要因素之一。邻域移动定义的方法很多,对于不同的问题应采用不同的定义方法。通过移动,目标函数值将产生变化,移动前后的目标函数值之差称为移动值。如果移动值是非负的,则称此移动为改进移动;否则称为非改进移动。最好的移动不一定是改进移动,也可能是非改进移动,这一点就可以保证搜索陷入局部最优时,禁忌搜索算法能自动把它跳出局部最优。

3) 禁忌表的概念

为防止搜索过程中出现循环,引入禁忌表的概念,主要功能有:记录前若干步走过的点、方向或目标值,禁止返回;表是动态更新的——把最新的解记入,最老的解从表中释放(解禁);表的长度称为 tabu-size,一般取 5、7、11,表长越大分散性越好;禁忌表中存放的不是解,而是解的移动。

4) 邻域搜索规则

每一步移动到不在 T 表中的邻域中的最优解,即

若 $C(s_k(x)) = \mathrm{Opt}\{C(s(x)) \mid s(x) \in S(x) - T\}$,则令 $x = s_k(x)$,则本次移动到最优解 $s_k(x)$。

邻域搜索规则的作用是保证 TS 的优良局部搜索功能。

5) 渴望水平函数

为实现全局搜索,往往设置渴望水平,若一个移动达到渴望水平,就能跳离局部最优,该移动可以不受禁忌表的限制,称为破禁。

$A(s,x)$ 是一个取决于 s 和 x 的值,若有 $C(s(x)) > A(s,x)$,则 $s(x)$ 不受 T 表限制。即使 $s(x) \in T$,仍可取 $x = s(x)$。对于 $A(s,x)$ 渴望水平,一般为历史上曾经达到的最好目标值。

3. TS 算法步骤

禁忌搜索算法的具体步骤如下。

(1) 选一个初始解 x,$x \in X$,令 $T = \varphi$,迭代指标 $k = 0$。

(2) 利用当前解 x 的邻域移动产生其邻域 $S(x)$;若 $S(x) - T = \varphi$ 则停止,否则令 $k = k + 1$;若 $k > \mathrm{NG}$(其中 NG 为最大迭代数),则停止,输出 x、$C(x)$。

注:$S(x) - T = \varphi$ 表示非正常终止,造成的原因:邻域小,T 表长。正常设置为 T 表长度 < 邻域大小。步骤(2)的作用是设置循环体出口。

(3) 若

$$C(s_k(x)) = \mathrm{Opt}\{C(s(x)) \mid s(x) \in S(x) - T\}$$

令 $x = s_k(x)$,更新 $C(x)$($C(x)$ 为当前邻域最优目标函数值)。

注:步骤(3)的作用是邻域选优。

(4) 若 $C(s_L(x)) > A(s,x)$,$s_L(x) \in T$ 且 $C(s_L(x)) > C(x)$,令 $x = s_L(x)$,更新 $C(x)$,$C(x) = C(s_L(x))$)。

注:步骤(4)的作用是破禁检查。

(5) 设初始 $A(s,x) = 0$,若 $C(x) > A(s,x)$,令 $A(s,x) = C(x)$。

注:步骤(5)的作用选优并记录历史最好点,更新渴望水平。

(6) 更新 T 表,转步骤(2)(存入 T 表中的第一个位置)。

TS 具体流程图见图 5.3。

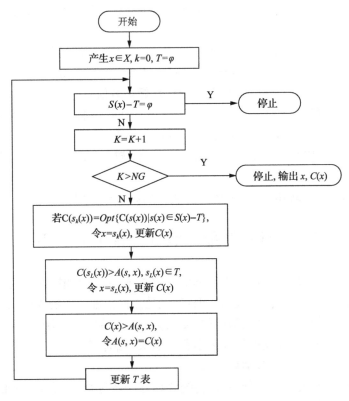

图 5.3　禁忌搜索算法流程图

4. 基于 TS 的特征选择

简单 TS 算法的基本思想是:给定一个当前解(初始解)和一种邻域移动,产生当前解的邻域(所有或若干候选解)。若最佳的候选解对应的目标值优于"best so far"状态,则忽视其禁忌特性,用其代替当前解和"best so far"状态,并将相应的对象加入禁忌表,同时修改禁忌表中各对象的任期。若不存在上述候选解,则在候选解中选择非禁忌的最佳状态为新的当前解,而无视它与当前解的优劣,同时将相应的对象加入禁忌表,并修改禁忌表中各对象的任期。如此重复上述迭代搜索过程,直至满足停止准则。

根据 TS 思想,我们给出基于 TS 的特征选择流程。

(1) 在 n 维特征向量中,任意产生一个 d 维初始特征向量 x,令 $T=\varphi$,迭代指标 $k=0$。

(2) 利用当前解的邻域移动产生其邻域 $S(x)$(所有或若干 d 维特征向量)。

(3) 设置循环出口:若 $S(x)-T=\varphi$ 则停止,否则令 $k=k+1$;若 $k>NG$(其

中 NG 为最大迭代数) 则停止,输出 x、$C(x)$。

注：$S(x)-T = \varphi$ 表示非正常终止,造成的原因:邻域小,T 表长。正常设置为 T 表长度<邻域大小。

(4) 根据目标函数值 $f(x)$(适值函数值 $C(x)$) 进行解的邻域选优。

若 $C(s_k(x)) = Opt\{C(s(x))\,|\,s(x)\in S(x)-T\}$,令 $x = s_k(x)$,更新 $C(x) = C(S_k(x))$($C(x)$ 为当前邻域最优目标函数值)。

(5) 破禁检查:若 $C(s_L(x))>A(s,x)$,$s_L(x)\in T$ 且 $C(s_L(x))>C(x)$,令 $x = s_L(x)$,更新 $C(x)$,$C(x) = C(s_L(x))$。

(6) 更新渴望水平:记录历史最好点,设初始 $A(s,x) = 0$,若 $C(x)>A(s,x)$,令 $A(s,x) = C(x)$。

(7) 更新 T 表,转步骤(2)(存入 T 表中的第一个位置)。

5.4　计算智能在数据挖掘中的应用

在大数据时代,作为一门处理数据的新兴技术,数据挖掘具有许多新特征:首先,数据挖掘面对的是空前庞大的数据,这也是数据挖掘产生的原因;其次,这些数据可能是不完全的、有噪声的、随机的、复杂数据结构的以及高维的;最后,为了提高解决问题的能力,数据挖掘是许多学科的交叉,结合了统计学、计算机、数学、机器学习以及人工智能等诸多学科的技术。

常见的算法和模型大致分为:①传统统计方法,包括抽样技术、多元统计分析、统计预测方法、最大期望(EM)算法等;②关联规则挖掘方法,如 Apriori 算法;③分类方法,包括决策树(如 CART、CHAID、ID3、C4.5、C5.0)、K 最近邻(k-nearest neighbor)分类算法、朴素贝叶斯模型(naive Bayesian model)等;④聚类方法,包括 K-means 算法等;⑤回归分析法,包含一元回归分析、多元回归分析、线性回归分析和非线性回归分析等。当面临结构复杂、种类多样以及规模巨大的海量数据时,有些传统的数据挖掘技术在算法鲁棒性和可扩展性,以及数据及模式的智能化表达等方面存在不足。作为计算智能的主要分支,支持向量机旨在模拟人类特殊的模式识别能力,而模糊逻辑则模拟人类处理问题的不确定性,在解决复杂高维数据集(尤其是不确定数据集)的分类及聚类问题时,支持向量机和基于模糊集理论的模糊聚类方法表现出很大的优势。

5.4.1　支持向量机

支持向量机(support vector machine,SVM)是 Cortes 和 Vapnik 于 1995 年首先提出的[197],它在解决小样本、非线性及高维模式识别中表现出许多优势,并能够推广应用到函数拟合等其他机器学习问题中。支持向量机方法是建立在统计学习理论的 VC 维理论和结构风险最小原理基础上的,根据有限的样本信息在模型的复杂性(对特定训练样本的学习精度)和学习能力(无错误地识别任意样本的能力)之间寻求最佳折中,以期获得最好的推广能力(或称泛化能力)[198,199]。

1. 传统分类方法存在的问题

分类问题是机器学习的一个分支,也是信息领域中研究的热门方向。基于统计学的机器学习方法是样本数目趋于无穷大基础上的渐进理论,然而,在实际问题中,能够得到的样本数目非常有限,因此一些理论上非常优秀的分类方法在实际应用中却表现得不尽如人意。例如,KNN 算法比较适用于样本容量较大的类域的自动分类,而那些样本容量较小的类域采用这种算法比较容易产生误分。

此外,根据统计学习理论,机器学习的实际风险由经验风险值和置信范围值两部分组成。而基于经验风险最小化准则的学习方法只强调了训练样本的经验风险最小误差,没有最小化置信范围值,因此很多机器学习分类方法的推广能力较差。基于结构风险最小化的统计学习理论针对有限样本问题,建立了一套新的理论体系,在这种理论下,机器学习方法不仅满足对推广能力的要求,而且追求在有限样本条件下的最优结果。

2. SVM 基本思想

SVM 方法是通过一个非线性映射 p,把样本空间映射到一个高维乃至无穷维的特征空间中(Hilbert 空间),使得在原来的样本空间中非线性可分的问题转化为在特征空间中线性可分的问题。简单地说,就是升维和线性化。升维就是把样本向高维空间进行映射,一般情况下这会增加计算的复杂性,甚至会引起"维数灾难",因而人们很少问津。但是作为分类问题,很可能在低维样本空间无法线性处理的样本集,在高维特征空间中却可以通过一个线性超平面实现线性划分(或回归)。一般的升维都会带来计算的复杂化,SVM 方法巧妙地解决了这个难题:应用核函数的展开定理,就不需要知道非线性映射的显式表达式;由于是在高维特征空间中建立线性学习机,所以与线性模型相比,不但几乎不增加计算的复杂性,而且在某种程度上避免了"维数灾难"。这一切要归功于核函数的展开和计算理论。选择不同的核函数,可以生成不同的 SVM,常用的核函数有以下 4 种:

①线性核函数 $K(x,y)=x \cdot y$;

②多项式核函数 $K(x,y)=[(x \cdot y)+1]^d$;

③径向基函数 $K(x,y)=\exp(-|x-y|^2/d^2)$;

④二层神经网络核函数 $K(x,y)=\tanh(a(x \cdot y)+b)$;

SVM 是一种有坚实理论基础的新颖的小样本学习方法,它基本上不涉及概率测度及大数定律等,其算法效率明显优于传统分类方法,主要表现在以下几方面。

（1）从算法本质上看，SVM 避开了从归纳到演绎的传统过程，实现了高效的从训练样本到预报样本的"转导推理（transductive inference）"，大大简化了通常的分类和回归等问题。

（2）针对文本数据向量高维的问题，SVM 的最终决策函数只由少数的支持向量所确定，计算的复杂性取决于支持向量的数目，而不是样本空间的维数，这在某种意义上避免了"维数灾难"。当文本数据向量维数很高时，支持向量机具有其他传统机器学习分类方法不可比拟的优势。

（3）针对文本向量特征相关性大的问题，许多文本分类算法建立在特征独立性假设基础上，受特征相关性的影响较大，而支持向量机对于特征相关性不敏感。

（4）算法具有较好的鲁棒性。少数支持向量决定了最终结果。这不但可以帮助我们抓住关键样本，剔除大量冗余样本，而且注定了该方法不但算法简单，而且具有较好的鲁棒性，具体地：①增、删非支持向量样本对模型没有影响；②支持向量样本集具有一定的鲁棒性；③很多成功的应用表明，SVM 方法对核函数的选取不敏感。

（5）SVM 的求解最后转化成二次规划问题的求解，因此 SVM 的解是全局唯一的最优解。

SVM 以训练误差作为优化问题的约束条件，以置信范围值最小化作为优化目标，即 SVM 是一种基于结构风险最小化准则的学习方法，其分类性能，尤其是泛化能力明显好于传统的分类方法。SVM 在解决小样本、非线性及高维模式识别问题中表现出许多特有的优势，并能够推广应用到函数拟合等其他机器学习问题中。

3. 基本术语及凸二次规划问题求解

SVM 针对两类分类问题，基于计算学习理论的结构风险最小化原则，其主要思想是，在高维空间中寻找一个超平面作为两类的分割，并且到离它最近的训练样本的距离要最大，即最优分割超平面（optimal hyper plane）最大化训练样本边界。其基本模型定义为特征空间上的间隔最大的线性分类器，学习策略便是间隔最大化，最终可转化为一个凸二次规划问题的求解。基本术语定义如下，见图 5.4。

（1）超平面（hyper plane）：如果数据集是 N 维的，就需要 $N-1$ 维的某对象来对数据进行分割。该对象称为超平面，也就是分类的决策边界（decision boundary）。

（2）间隔：数据集中所有的点到分割面的最近距离的 2 倍，称为分类器或数据集的间隔（margin）。

（3）最大间隔：SVM 的目的就是找到最大间隔的超平面。

（4）支持向量（support vectors）：离分割超平面最近的那些点。

SVM 考虑寻找一个满足分类要求的超平面，并且使训练集中的点距离分类面

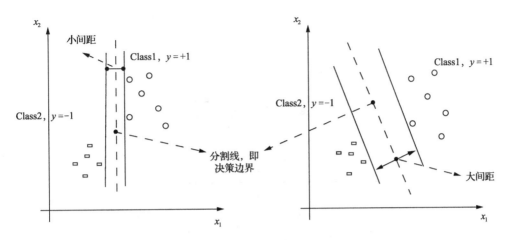

图 5.4　分类间隔与决策边界示意图

尽可能远,也就是寻找一个最优分割超平面(optimal hyper plane),使它两侧的空白区域(margin)最大,见图 5.5。

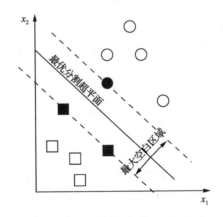

图 5.5　最优分割超平面

如图 5.6 所示,假定有训练数据 $(x_1, y_1), \ldots, (x_n, y_n), x \in R^n, y \in \{+1, -1\}$,可以被一个超平面分开

$$(\omega, x) + b = 0, \omega \in R^N, b \in R$$

这个超平面将所有训练样本分为两类

$$\begin{cases} \omega x_i + b \geqslant 1, & y_i = 1 \\ \omega x_i + b \leqslant -1, & y_i = -1 \end{cases} \tag{5-10}$$

我们进行正归化处理,即

$$y_i((\omega \cdot x_i) + b) \geqslant 1, i = 1, 2, \cdots, n$$

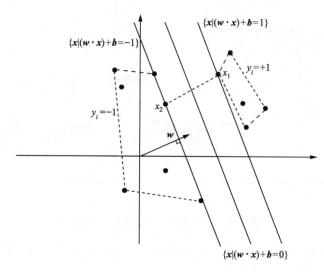

图 5.6　分类间隔计算示意图

其中，x_i 为向量，x_1 为 $\omega x_i + b = 1$ 上的点，即 $\omega x_1 + b = 1$；x_2 为 $\omega x_i + b = -1$ 上与 x_1 距离最近的点，即 $\omega x_2 + b = -1$；对于向量 w，设实数 λ，则有 $x_1 = x_2 + \lambda \omega$，分类间隔 $M = |x_1 - x_2|$。可求得

$$\lambda = \frac{2}{\omega \cdot \omega}$$

此时分类间隔等于

$$M = |x_1 - x_2| = \lambda |\omega| = \frac{2}{\sqrt{\omega \cdot \omega}} = \frac{2}{\|\omega\|} \tag{5-11}$$

因此，SVM 最优分类面问题可以表示成约束优化问题。使 $\dfrac{2}{\|\omega\|}$ 最大，即使 $\dfrac{\|\omega\|^2}{2}$ 最小化的问题。表达如下

$$\begin{cases} \text{Minimize} \quad \Phi(\omega) = \dfrac{1}{2}\|\omega\|^2 = \dfrac{1}{2}(\omega \cdot \omega) \\ \text{Subject to} \quad y_i((\omega \cdot x_i) + b) \geqslant 1, \; i = 1, \cdots, n \end{cases} \tag{5-12}$$

　　分析：目标函数是二次的，约束条件是线性的，所以它是一个凸二次规划问题。这个问题可以用现成的 QP（quadratic programming）优化包进行求解。一言以蔽之：在一定的约束条件下，目标最优，损失最小。

　　此外，由于这个问题的特殊结构，还可以通过拉格朗日对偶性（Lagrange duality)变换到对偶变量（dual variable）的优化问题，即通过求解与原问题等价的对偶问题（dual problem）得到原始问题的最优解，这就是线性可分条件下支持向量机的对偶算法，这样做的优点在于：①对偶问题往往更容易求解；②可以自然地引入核函数，进而推广到非线性分类问题。

什么是拉格朗日对偶性呢？简单来讲，通过给每一个约束条件加上一个拉格朗日乘子（Lagrange multiplier）α，定义拉格朗日函数（通过拉格朗日函数将约束条件融合到目标函数里去，从而只用一个函数表达式便能清楚地表达出我们的问题）

$$L(\omega,b,\alpha) = \frac{1}{2} \parallel \omega \parallel^2 - \sum_{i=1}^{n} \alpha_i(y_i \cdot ((x_i \cdot \omega) + b) - 1) \tag{5-13}$$

可见，通过引入拉格朗日乘子 α，原始问题已经转化成了对偶问题。我们可以通过以下三个步骤求解这个对偶学习问题。

（1）首先固定 α，要让 L 关于 ω 和 b 最小化，我们分别对 ω、b 求偏导数，即

$$\frac{\partial}{\partial \omega}L(\omega,b,\alpha) = 0,\text{可得}\ \omega = \sum_{i=1}^{n}\alpha_i y_i x_i \tag{5-14}$$

$$\frac{\partial}{\partial b}L(\omega,b,\alpha) = 0,\text{可得}\ \sum_{i=1}^{n}\alpha_i y_i = 0 \tag{5-15}$$

将以上结果代入之前的式（5-13）得

$$
\begin{aligned}
L(\omega,b,\alpha) &= \frac{1}{2}\sum_{i,j=1}^{n}\alpha_i\alpha_j y_i y_j(x_i^{\mathrm{T}} \cdot x_j) - \sum_{i,j=1}^{n}\alpha_i\alpha_j y_i y_j(x_i^{\mathrm{T}} \cdot x_j) - b\sum_{i=1}^{n}\alpha_i y_i + \sum_{i=1}^{n}\alpha_i \\
&= \sum_{i=1}^{n}\alpha_i - \frac{1}{2}\sum_{i,j=1}^{n}\alpha_i\alpha_j y_i y_j(x_i^{\mathrm{T}} \cdot x_j)
\end{aligned}
$$

$$\tag{5-16}$$

（2）得到的拉格朗日函数式 L 已经没有了变量 ω 和 b，只有 α。现在对 α 求极大值，即关于对偶问题的最优化问题

$$
\begin{cases}
\text{Maximize} & \sum_{i=1}^{n}\alpha_i - \frac{1}{2}\sum_{i,j=1}^{n}\alpha_i\alpha_j y_i y_j(x_i^{\mathrm{T}} \cdot x_j) \\
\text{Subject to} & \alpha_i \geqslant 0, i = 1,\cdots,n, \sum_{i=1}^{n}\alpha_i y_i = 0
\end{cases}
\tag{5-17}
$$

因此，α_i 可求，根据 $\omega = \sum_{i=1}^{n}\alpha_i y_i x_i$ 即可求出 ω，然后通过

$$b = -\frac{\text{Max}_{i:y_i=1}\omega^{\mathrm{T}} \cdot x_i + \text{Min}_{i:y_i=-1}\omega^{\mathrm{T}} \cdot x_i}{2}$$

即可求出 b,最终得出分离超平面和分类决策函数。

　　(3) 关于我们的超平面,对一个数据点 x 进行分类,实际上是通过把 x 代入到 $f(x) = \omega^T \cdot x + b$ 中计算出结果,然后根据其正负号来进行类别划分的。因此分类函数为

$$f(x) = \text{sgn}(\sum_{i=1}^{n} a_i y_i \cdot (x_i^T \cdot x) + b) \tag{5-18}$$

其中, $(x_i^T \cdot x)$ 是通过线性核函数变换后的结果,不再展开说明。当遇到一个新的数据点 x,将 x 代入 $f(x)$ 中,如果 $f(x)$ 小于 0 则将 x 的类别赋为 -1,如果 $f(x)$ 大于 0 则将 x 的类别赋为 1。

　　支持向量机是在统计学习理论的基础上发展起来的一种新的学习方法,它的准确率一般优于传统的分类方法。该方法具有很好的分类能力和较高的计算效率,不需要对原始数据进行预处理就可达到满意的效果,适合于多类分类。由于采用了结构风险最小化原则代替经验风险最小化原则,较好地解决了小样本学习的问题;又由于采用了核函数思想,把非线性空间的问题转换到线性空间,降低了算法的复杂度。SVM 的一个重要优点是可以处理线性不可分的情况。正是因为其完备的理论基础和出色的学习性能,该技术已成为机器学习界的研究热点,并在很多领域都得到了成功的应用,如人脸检测、手写体数字识别、文本自动分类等。

5.4.2　模糊聚类及其算法优化方案

　　不同于传统的聚类分析,基于模糊集理论,通过建立事物间模糊相似关系对事物进行聚类,就称为模糊聚类分析。常用的模糊聚类方法大致可分为两类。

　　(1) 分类数不定,根据不同要求对事物进行动态聚类,此方法是基于模糊关系(矩阵)的聚类分析方法,主要有模糊传递闭包法、直接聚类法、最大树法等。

　　(2) 分类数给定,寻找出对事物的最佳聚类方案,此类方法是基于目标函数的聚类分析方法,主要有模糊 C 均值(fuzzy C-means)聚类算法,或称为模糊 ISODA-TA 聚类分析法。

1. 传统聚类方法存在的问题

　　聚类是数据挖掘中广泛应用的技术之一。传统的聚类分析是一种硬划分,如 K-means 聚类法,把每个待辨识的对象严格地划分到某个类中,具有非此即彼的性质,因此这种分类的类别界限是分明的。现实的分类(聚类)问题往往伴有许多模糊性,实际上大多数对象并没有严格的属性,它们在性态和类属方面存在着中介性,这就需要借助模糊数学的手段和方法来描述和处理分类中的大量模糊性,进行适当的软划分[200,201]。

Zadeh 提出的模糊集理论为这种软划分提供了有力的分析工具,即元素(对象)以不同程度隶属于某一集合。从而,人们开始用模糊集理论来处理聚类问题,这就形成了模糊聚类分析方法。

2. 模糊传递闭包法

基于模糊关系的聚类分析一般分为三个步骤:①数据预处理(也叫数据规格化);②构造模糊相似矩阵;③模糊聚类。下面介绍应用传递闭包进行模糊聚类的方法。

设被分类对象的集合为 $X = \{x_1, x_2, \ldots, x_n\}$,每个对象 x_i 有 m 个特性指标(可反映对象特征),即 x_i 可由如下 m 维特性指标向量来表示

$$x_i = \{x_{i1}, x_{i2}, \cdots, x_{im}\}, \ i = 1, 2, \cdots, n$$

其中,x_{ij} 表示第 i 个对象的第 j 个特性指标。则 n 个对象的所有特性指标构成一个矩阵,$X^* = (x_{ij})_{n \times m}$,称为 X 的特性指标矩阵,且

$$X^* = \begin{bmatrix} x_{11}, & x_{12} & \cdots & x_{1m} \\ \vdots & \vdots & & \vdots \\ x_{n1}, & x_{n2} & \cdots & x_{nm} \end{bmatrix}_{n \times m}$$

第一步:对数据进行标准化处理。

由于 m 个特性指标的量纲和数量级不一定相同,故在运算过程中可能突出某数量级特别大的指标对聚类的作用,从而降低甚至排除了某些数量级很小的特性指标的作用。数据规格化就是使每一个指标的值统一于某种共同的数值特性范围。数据规格化的方法有以下几种。

(1) 平移-标准差变换(标准化公式)

$$x'_{ij} = \frac{x_{ij} - \bar{x}_j}{\sigma_j}, \ i = 1, 2, \cdots, n; \ j = 1, 2, \cdots, m \tag{5-19}$$

其中

$$\bar{x}_j = \frac{1}{n} \sum_{i=1}^{n} x_{ij}, \quad \sigma_j = \sqrt{\frac{1}{n} \sum_{i=1}^{n} (x_{ij} - \bar{x}_j)^2}, \ j = 1, 2, \cdots, m$$

经过这样的变换后,每个变量的均值为 0,标准差为 1,而且消除了量纲的影响。但是这样得到的 x'_{ij} 不一定属于 $[0,1]$,还需要进一步利用极差变换把它压缩到 $[0,1]$ 上。

(2) 均值规格化方法:对特征矩阵 X^* 的第 j 列,计算标准差 σ_j,然后作变换

$$x'_{ij} = x_{ij} / \sigma_j, \ i = 1, 2, \cdots, n; \ j = 1, 2, \cdots, m \tag{5-20}$$

(3) 中心规格化方法:对特征指标矩阵 X^* 的第 j 列,计算平均值 $\bar{x}_j$,然后作

变换

$$x'_{ij} = x_{ij} - \bar{x}_j, i = 1,2,\cdots,n;\ j = 1,2,\cdots,m \tag{5-21}$$

（4）最大值规格化法：对特征指标矩阵 X^* 的第 j 列，计算最大值 $M_j = \max\limits_{i=1,2,\cdots,n}\{x_{ij}\}$，$(j=1,2,\cdots,m)$，然后作变换

$$x'_{ij} = \frac{x_{ij}}{M_j},\ i=1,2,\cdots,n;\ j=1,2,\cdots,m \tag{5-22}$$

第二步，建立模糊相似矩阵。

聚类是按某种标准来鉴别 X 中元素间的接近程度，把彼此接近的对象归为一类，为此，用$[0,1]$中的数 r_{ij} 来表示 X 中元素 x_i 和 x_j 的接近或相似程度。经典聚类分析中的相似系数以及模糊集之间的贴近度，都可作为相似程度（相似系数）。设数据 x_{ij}（$i=1,2,\cdots,n;\ j=1,2,\cdots,m$）均已规格化，对于对象 $x_i = \{x_{i1},x_{i2},\cdots,x_{im}\}$ 和 $x_j = \{x_{j1},x_{j2},\cdots,x_{jm}\}$，$(i,j=1,2,\cdots,n)$ 之间的相似程度记为 $r_{ij} \in [0,1]$，于是得到对象之间的模糊相似矩阵 $R = (r_{ij})_{n\times n}$。

对于相似程度（相似系数）的确定有很多种方法，有数量积法、夹角余弦法、相似系数法、贴近度法和距离法等。其中一种常用的方法，即最大最小法来构造模糊相似矩阵 $R = (r_{ij})_{n\times n}$

$$r_{ij} = \frac{\sum\limits_{k=1}^{m}(x_{ik} \wedge x_{jk})}{\sum\limits_{k=1}^{m}(x_{ik} \vee x_{jk})},\quad i,j=1,2,\cdots,n \tag{5-23}$$

第三步，模糊聚类。

模糊等价矩阵能对论域进行等价的划分，这就能满足聚类分析的需求。然而，由上述方法构造出的对象与对象之间的模糊关系矩阵 $R = (r_{ij})_{n\times n}$，一般来说只是模糊相似矩阵，而不是模糊等价矩阵，不一定具有传递性。因此，要从 R 出发，构造一个新的模糊等价矩阵，然后，以此模糊等价矩阵为基础进行动态聚类。模糊相似矩阵 R 的传递闭包 $t(R)$ 就是一个模糊等价矩阵。因此，求模糊等价矩阵最自然的方法就是求该模糊相似矩阵 R 的传递闭包 $t(R)$（$R \circ R$ 极大-极小）。当模糊等价矩阵生成以后，适当选取置信水平值 $\lambda \in [0,1]$，求出 $t(R)$ 的 λ 截矩阵 $t(R)_\lambda$，它是 X 上的一个等价 Boole 矩阵，便可得到论域 X 的一个等价划分。即

$$t(R)_\lambda = (r'_{ij}(\lambda))_{n\times n}$$
$$r'_{ij}(\lambda) = \begin{cases} 1, & r'_{ij} \geq \lambda \\ 0, & r'_{ij} < \lambda \end{cases} \tag{5-24}$$

3. 模糊 C 均值(fuzzy C-means,FCM)聚类算法及其优化方案

模糊 C 均值算法的目标函数与 R^s 的希尔伯特空间结构(正交投影和均方逼近理论)有密切的关系,因此具有深厚的数学基础[202,203]。

FCM 算法设计简单,可转化为优化问题,也可借助最优化理论的研究成果,其算法复杂度较低,在许多领域获得了非常成功的应用。以 FCM 算法为基础,学者又提出了基于其他原型的模糊聚类方法,形成了一批 FCM-type 算法。

对于模糊 C 均值聚类算法,隶属度函数表示一个对象 x 隶属于集合 A 的程度的函数,通常记为 $\mu_A(x)$,其自变量范围是所有可能属于集合 A 的对象(集合 A 所在空间中的所有点),取值范围是$[0,1]$,即 $0 \leqslant \mu_A(x) \leqslant 1$。$\mu_A(x)=1$ 表示 x 完全隶属于集合 A,相当于传统集合概念上的 $x \in A$。一个定义在空间 $X=\{x\}$ 上的隶属度函数就定义了一个模糊集合 A,对于有限个对象 $x_1,x_2,\cdots,x_n$,模糊集合 A 可以表示为

$$A = \{(\mu_A(x_i),x_i) \mid x_i \in X\} \tag{5-25}$$

有了模糊集合的概念,一个元素隶属于模糊集合就不是硬性的了,在聚类的问题中,可以把聚类生成的簇看成模糊集合,因此,每个样本点隶属于簇的隶属度就是$[0,1]$区间里面的值。

FCM 算法需要两个参数,一个是聚类数目 C,另一个是参数 m。一般来讲,C 要远远小于聚类样本的总个数,同时要保证 $C>1$。对于 m,它是一个控制算法的柔性的参数,如果 m 过大,则聚类效果会很差,而如果 m 过小则算法会接近 HCM 聚类算法。

算法的输出是 C 个聚类中心点向量和 $C \times N$ 的一个模糊划分矩阵,这个矩阵表示每个样本点属于每个类的隶属度。根据这个划分矩阵按照模糊集合中的最大隶属原则就能够确定每个样本点归为哪个类。聚类中心表示的是每个类的平均特征,可以认为是这个类的代表点。

聚类算法是一种比较新的技术,基于层次的聚类算法文献中最早出现的 Single-Linkage 层次聚类算法是 1957 年在 Lloyd 的文章中最早出现的,之后 MacQueen 独立提出了经典的模糊 C 均值聚类算法,FCM 算法中模糊划分的概念最早起源于 Ruspini 的文章中,但关于 FCM 算法的详细分析与改进是由 Dunn 和 Bezdek 完成的。

模糊 C 均值聚类算法因算法简单、收敛速度快、能处理大数据集、解决问题范围广、易于应用计算机实现等特点受到了越来越多人的关注,并应用于各个领域。

1) 算法描述

模糊 C 均值聚类算法的步骤还是比较简单的,模糊 C 均值聚类即众所周知的

模糊 ISODATA,是用隶属度确定每个数据点属于某个聚类的程度的一种聚类算法。FCM 算由 Dunn 在 1973 年提出,并在 1981 年由 Bezdek 进行改进[204,205]。

在普通分类的基础上,Bezdek 利用模糊集合的概念提出了模糊分类的方法,认为被分类样本集合中的每一个样本均以不同的隶属度隶属于某一类。因此某一类就认为是样本集合上的一个模糊子集,于是每一种这样的分类结果所对应的分类矩阵就是一个模糊分类矩阵。

FCM 把 n 个向量 $x_i(i=1,2,\cdots,n)$ 分为 c 个模糊组,并求每组的聚类中心,使得非相似性指标的价值函数达到最小。

设 $U=(\mu_{ij})_{c\times n}$ 为模糊分类矩阵(其中,n 表示样本个数,c 表示分类数,μ_{ij} 为第 j 个样本属于第 i 个分类的隶属度,设 $X=\{x_1,x_2,\cdots,x_n\}$ 为被分类样本集合,其中每一个样本 x_j 可以是多维向量。将样本集合 X 分成 c 类($2\leqslant c\leqslant n$),设 c 个聚类中心向量为 ω,为了得到最优模糊分类,Bezdek 定义了一个目标函数 J_m,见式(5-27)。

FCM 与 HCM 的主要区别在于 FCM 用模糊划分,使得每个给定数据点用值在[0,1]区间的隶属度来确定其属于各个组的程度。与引入模糊划分相对应,隶属矩阵 U 允许有取值在[0,1]区间的元素。不过,加上归一化规定,一个数据集的隶属度的和总等于 1

$$\text{s. t.}\begin{cases}\sum_{i=1}^{c}u_{ij}=1,\forall j=1,\cdots,n\\\mu_{ij}\in[0,1],\forall i=1,\cdots,c,\forall j=1,\cdots,n\\\sum_{j=1}^{n}u_{ij}=1,\forall i=1,\cdots,c\end{cases}\tag{5-26}$$

那么,FCM 的目标函数 $J_m(U,\omega_1,\cdots,\omega_c)$ 为每个数据点到各聚类中心的加权距离平方和,则价值函数(或目标函数)的一般化形式为

$$J_m(U,\omega_1,\cdots,\omega_c)=\sum_{i=1}^{c}J_i=\sum_{i=1}^{c}\sum_{j=1}^{n}u_{ij}^m d_{ij}^2(x_j,\omega_i)\tag{5-27}$$

其中,x_j 为样本空间数据,$j=1,\cdots,n$;ω_i 为模糊组 i 的聚类中心,$i=1,\cdots,c$;μ_{ij} 为第 j 个样本 x_j 属于第 i 个分类 ω_i 的隶属度;$m\in(1,\infty)$ 为模糊指数,控制分类矩阵的模糊程度,m 越大,分类的模糊程度越高,通常取值为 2;$d_{ij}(x_j,\omega_i)=\parallel x_j-\omega_i\parallel$ 表示数据点 x_j 与第 i 类中心 ω_i 之间的欧氏距离(欧几里德距离),欧氏距离准则适合于类内数据点为超球形分布的情况,d_{ij} 采用不同的距离定义,可将聚类算法用于不同分布类型数据的聚类问题。

FCM 算法就是一个使目标函数 $J_m(U,\omega_1,\cdots,\omega_c)$ 最小化的迭代求解过程。构造如下新的目标函数,可求得使式(5-27)达到最小值的必要条件

$$\bar{J}_m(U,\omega_1,\omega_2,\cdots,\omega_c,\lambda_1,\cdots,\lambda_n)=J_m(U,\omega_1,\omega_2,\cdots,\omega_c)+\sum_{j=1}^{n}\lambda_j\left(\sum_{i=1}^{c}u_{ij}-1\right)$$

$$=\sum_{i=1}^{c}\sum_{j=1}^{n}u_{ij}^m d_{ij}^2(x_j,\omega_i)+\sum_{j=1}^{n}\lambda_j\left(\sum_{i=1}^{c}u_{ij}-1\right)$$

$$(5\text{-}28)$$

其中，$\lambda_j(j=1,\cdots,n)$ 是式(5-26)的 n 个约束式的拉格朗日乘子。对所有输入参量求导，使式(5-27)达到最小，可得聚类中心计算公式

$$\omega_i=\frac{\sum\limits_{j=1}^{n}u_{ij}^m x_j}{\sum\limits_{j=1}^{n}u_{ij}^m},\ \forall\,i=1,\cdots,c \qquad (5\text{-}29)$$

和

$$u_{ij}=\frac{1}{\sum\limits_{k=1}^{c}\left(\dfrac{d_{ij}(x_j,\omega_i)}{d_{kj}(x_j,\omega_k)}\right)^{2/(m-1)}},\ \forall\,i=1,\cdots,c,\ \forall\,j=1,\cdots,n \qquad (5\text{-}30)$$

由上述两个必要条件，模糊 C 均值聚类算法是一个简单的迭代过程。FCM 用下列步骤确定聚类中心 ω_i 和隶属矩阵 U，使 J_m 最小。

(1) 给定类别数 c、参数 m、容许误差 ε 的值。

(2) 随机初始化 c 个聚类中心 $\omega_i(k),i=1,\cdots,c$，令循环次数 $k=1$。

(3) 按隶属度计算公式(5-30)计算 u_{ij}，使其满足式(5-26)中的约束条件。

(4) $k=k+1$，根据式(5-29)修正所有的聚类中心 $\omega_i(k)$。

(5) 计算误差 $e=\sum\limits_{i=1}^{c}\parallel\omega_i(k)-\omega_i(k-1)\parallel^2$，如果 $e<\delta$，则算法停止，否则转步骤(3)。

(6) 样本归类，算法结束后，可按下列方法将所有样本归类

$$d_{ij}^2(x_j,\omega_i)<d_{kj}^2(x_j,\omega_k),\ i,k=1,2,\cdots,c,k\neq i$$

该公式表示样本 x_j 与聚类中心 ω_i 的距离，小于该样本与其他任何聚类中心 ω_k 的距离，也就是说，可将该样本 x_j 归入第 i 类。

从算法的推导过程中我们不难看出，算法对于满足正态分布的数据聚类效果会很好，另外，算法对孤立点是敏感的。

2) 优化方案

根据流程可看出，上述算法先初始化聚类中心，再执行迭代过程。由于不能确保 FCM 收敛于一个最优解。算法的性能依赖于初始聚类中心。因此，我们可以用另外的快速算法确定初始聚类中心，或者每次用不同的初始聚类中心启动该算

法,多次运行 FCM。

　　算法停止迭代的条件是相邻两次迭代所得的聚类中心变化很小,则认为算法已收敛。由于算法的每一次迭代都是沿着使目标函数减小的方向进行的,而 $J_m(U,\omega_1,\cdots,\omega_c)$ 可能有多个极值点,若初始聚类中心选在了一个局部极小点附近,就可能会使算法收敛到局部极小,也就是说,FCM 算法对初始值敏感,如果数据集中各类样本数目相差较大,往往得不到理想的结果。而且在目标函数 $J_m(U,\omega_1,\cdots,\omega_c)$ 中只考虑了每个数据点到各聚类中心的距离,却没有考虑聚类中心之间的影响。这样容易造成分类准确率下降。

　　针对上述问题,可以将随机设置转变为有目的地选择初始聚类中心,同时,考虑在目标函数中添加聚类中心分离度一项(聚类中心之间相互作用),以保证获得的聚类结果为全局最优解。这些也是下一步有待研究的内容。

5.5　计算智能在知识发现中的应用

　　如何对挖掘出的模式进行评价(选优)和优化,是发现有趣模式和知识的前提。对于模式的评价,需要根据不同的模式类型制定不同的评价指标。而对于模式的优化,我们关心的问题有:如何将数据抽象地表达成模式,模式应该朝着什么样的方向(按照什么样的标准)进化,以及基于什么样的方式进化。作为模式进化的有效途径,本书提出一种基于遗传算法的模式评价及优化方法。遗传算法以两种方式应用于大数据分析中。外部支持是指对另一个学习系统,评估或优化它的某些参数,一些混合系统经常使用数据挖掘工具,如聚类或决策树等。在这个意义上,遗传算法可以帮助其他数据挖掘工具更有效地操作。另外,遗传算法也可以直接应用于模式评价及优化,即对数据(data)进行有效表示为模式(pattern)后,基于遗传操作和适应度函数,对初始模式(种群)进行评价及优化。这方面有许多具体应用,包括医疗数据挖掘和财务数据预测。在商业上,遗传算法已被应用于客户细分、信用评分、金融安全选择。

　　遗传算法在大数据分析及挖掘中是非常有用的,用于处理数据的多属性和多观测值,尤其是多维时间序列数据的预测。GA 可以节省所有组合变量的值,使得一些数据挖掘算法更有效。然而,遗传算法需要将数据转化为离散结果的表达,具有计算功能价值的基础选择,这并不适合所有的数据挖掘应用。

5.5.1　多维时间序列数据挖掘及其模式表达

　　大数据技术的研究领域,其中之一是揭示大数据集的隐藏关系和规律性。特别是,在连续的数据中发现频繁出现的模式这一类数据挖掘问题。多维数据的分析和预测是许多领域研究的难点,如金融、电气工程、理论物理、计算机科学。各种数学方法已经被相继提出,用于多变量时间序列相互依存关系的描述与分析。

本书提出一种普适的对多维时间序列数据进行表示的非参数方法,实现了多维时间序列数据挖掘。该方法通过使用用户自定义的字母表,对数据集进行编码。编码后的时间序列数据(time series data)可以被表示成模式,这些模式可由这些字母表中的字母和基本的操作算子组成。

一种简洁而灵活的模式描述语言相当于一个有效的数据挖掘工具,它提供基础数据生成过程的基本理论依据。在处理多维数据时,该方法显示了其特殊的力量,可以基于不同的标准对给定的数据集进行编码,每一个标准通常是指字母表中的一个字母。通过这种挖掘方法提取出的模式可以被规范地表达,它们可以被自动操作、组合和评价。同时,这些模式也可以应用遗传算法,朝着更好的描述和预测数据的方向进化。

首先,通过使用字母表对数据进行编码,我们实现了一个确定的模式产生机制,确保有效的模式搜索或进化过程。这也是 GA 应用的一个前提条件,即基于匹配度(matching)或适应度函数(fitness function)对模式进行评价。此外,设计特定数据字母表的方法,不仅适用于高度多样化的数据记录,而且允许每个研究人员根据各种特殊的语言,对相同的数据进行不同的解析。

对于任何给定的多维时间序列 x,定义一组字母表 $[A^1,\cdots,A^K]$,下列算法用于产生 $T \times K$ 多维文本矩阵 a,用于对时间序列数据进行描述。具体如下:

　　　　For 每一个时间 $t = 1,2,\cdots,T$;

　　　　　　For 每一个字母表 $k = 1,2,\cdots,K$;

　　　　　　　　a_t^k 表示在 t 时刻 x 取值为真时,对应字母表 A^k 中的状态序号。

其中,每一列 a_t^k 表示 x 通过字母表 A^k 进行编码的结果。a_t^k 为字母表中对应的字母编号(ordinal),即 $a_t^k = i$ 表示在 t 时刻来自第 k 个字母表的第 i 个字母,因此,矩阵 a 是用自然数描述的多维文本。

反过来说,一个字母(letter)通过[字母的状态编号:字母表]这样一对数据来表示。例如,[2:1]表示来自第一个字母表的第二个字母。

举例见图 5.7。

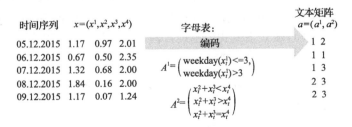

图 5.7　基于字母表的多维时间序列数据挖掘

基于给定的字母表,就可以将基础数据简洁、抽象地描述为一种模式,模式通过字母([字母的状态编号:字母表])、操作算子和括号进行表达。三个基本的模式操作算子有串联(concatenation)、与(or)、和(and)。

(1) 串联(concatenation),表示模式在时间上的顺承。例如,模式$[2:1][3:2]$表示t时刻第一个字母表的第二个字母,后面是$t+1$时刻第二个字母表第三个字母:即$a_t^1 = 2, a_{t+1}^2 = 3$。

(2) 或(or,+):对于两个子模式P_1和P_2,存在一个匹配,当且仅当P_1或P_2(或两者)发生。

(3) 和(and,*):对于两个子模式P_1和P_2,存在一个匹配,当且仅当P_1或P_2二者同时发生。

因此,通过使用字母表的方法对数据挖掘的结果进行编码后,就可以基于这些给定的模式,应用遗传算法进行进化(优化)。

5.5.2 基于 GA 的模式评价及优化

作为一个很好建立的和灵活的启发式搜索,遗传算法似乎是一种很有前途的方法,用于产生具有预测能力的模式。虽然 GA 的数学基础和性质还有待解决,但有一些证据表明,GA 可能成为普适性计算的一种通用工具。

进化理论把物种生存的概率与它适应环境的能力相联系。这些适应性的改变使其后代得到优化,把最好的性质从这一代传到下一代。遗传算法应用相同的思想,它们模仿这些进化机制创造一个适应性的方法解决优化问题。

在搜索问题中,遗传算法是寻找尽可能的最优解的一种搜索技术,以达到全局寻优的目标。GA 通常通过计算机模拟来实现,使候选解组成的初始化种群(染色体)朝着最优解的方向不断进化。

如果通过上述字母表的编码方法,将多维时间序列数据编码后提取为模式(使用字母、括号和操作算子的一种标准化表达),就可以基于遗传算法对这些模式进行进化。通过组合和修改具有最佳表现的父母模式(parent patterns),可以产生具有较高适应度的新一代子女模式(new generations of offspring),使模式集朝着满足用户兴趣度的方向不断进化。GA 采用交叉、变异和选择三种基本操作。

(1) 交叉(xover):从双亲模式中提取片段,通过基本的操作算子,将它们结合在一个有效的子女模式中,如下例所示

$$([1:1]+[1:2])[2:3]\,\mathrm{xover}\,[2:1][2:2]*[3:1]$$
$$\rightarrow ([1:1]+[1:2])+[3:1]$$

在这里,基因片段$([1:1]+[1:2])$和$[3:1]$从父代继承,而$[2:3]$和$[2:1][2:2]$则消失。

（2）变异（mutation）：将模式中的一部分变化为一个随机的有效子模式，例如

$$[1:1][2:1]([1:1]+[3:2])\rightarrow_{\mathrm{mut}}[1:1][2:1]([1:2]*[3:3])$$

（3）选择（selection）：基于用户自定义的适应度函数（fitness function），挑选具有最优性能的模式子集。

遗传算法对模型评价和优化来说很重要。这些算法使我们可以以非常灵活的方式控制模型选择的过程，这是因为它们并没有一个内在的模型假设。值得注意的是，模式进化操作的结果（规范化表达）依旧符合定义过的模式的语义规则。模式的整个进化过程如图 5.8 所示。

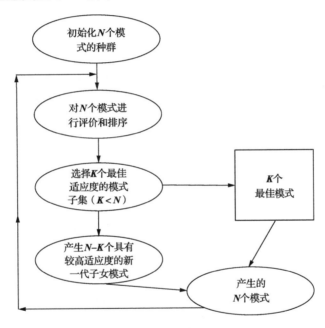

图 5.8　基于 GA 的模式进化

模式进化的流程如下：

①初始化具有 N 个模式的种群；

②根据适应度函数对 N 个模式进行评价和排序；

③选择 K 个最佳适应度的模式子集（$K<N$），作为父母模式，进行进化；

④根据各类遗传操作：交叉、变异和选择，对 K 个父母模式进行进化，产生 $N-K$ 个具有较高适应度的新一代子女模式；

⑤基于一定的性能指标（如平均适应度值），评价产生的 N 个模式（K 个最佳父母模式以及产生的 $N-K$ 个新一代子女模式），如果达标，则流程结束；如果不达标，则将这 N 个模式重新作为初始化训练种群，继续进化。

　　其基本的思想是,选择 N 中的最优 K 个(父母模式)进化,形成 $N-K$ 个子女模式,依次循环。当进化结束后,替换原来的种群,使模式集朝着最优解的方向不断进化。

第6章 计算智能在大数据领域的应用前景展望

6.1 蓬勃发展的大数据

伴随着社交媒体、物联网和电子商务的蓬勃发展,社会化数据涌现,结构化数据和非结构化数据并存,其复杂的交互关系使得利用现今的传统技术,捕获、存储、管理和分析大数据极其艰巨,已无法对其进行高效的分析。

"大数据"产业链条包含了数据生成、数据存储、数据处理和数据展示等多个环节。完整的生态系统还应当包括大数据处理结果的应用。随着大数据的蓬勃发展,各大 IT 巨头、高校也纷纷提出了自己的大数据管理解决方案以及大数据平台愿景,正式将大数据纳入其信息管理技术框架之中。

Gartner 在 2012 年将大数据的定义概括为具备大数据量、高变化速度以及多样性的信息资产。而这些信息资产需要通过利用符合成本效益的信息处理工具来获得更强的洞察和决策能力。然而,大数据的需求和当前的数据库管理系统(DBMS)之间,在存储、管理、共享、搜索以及可视化等方面都存在较大的差距。为了克服这个明显的差距,研究人员开发了 Hadoop,如今 Hadoop 也成为大数据的核心技术。Hadoop 的架构包含分布式文件系统、数据存储平台以及应用层。其中应用层负责分布式处理、并行计算、工作流以及非结构化数据的配置管理。

许多其他非结构化数据库,如 NoSQL 数据库、MPP(大规模并行处理机)系统都具备可扩展、面向网络、支持半结构化数据等特性。伴随着大数据的出现,通过将结构化的数据集处理为 Hadoop 或者 MapReduce 输出结果的方法,传统的 RDBMS(关系型数据库管理系统)以及 MPP 都转为新的形式,以支持对大数据的管理。

为了应对大数据可扩展性的问题,Google 提出一个名为 MapReduce 的编程模型。同时 GFS(谷歌文件系统)对 MapReduce 这一编程模型产生促进作用。在 GFS 这一分布式文件系统中,数据能够轻易地分配到同一集群中的上千个节点上。此后,Yahoo 和其他大公司共同开发了 Hadoop MapReduce,即 Google MapReduce 框架的 Apache 开源版本。这一框架依托 HDFS(Hadoop 分布式文件系统),即 Google GFS 的开源版本。

MapReduce 框架允许用户定义两个函数:map 函数和 reduce 函数。通过这两个函数来对大量数据进行并行处理。用户构造 map 函数来产生一系列的中间过程的键-值对。同时,用户构造 reduce 函数将中间过程产生的所有具有相同键的数值合并起来。大数据技术的不同架构见表 6.1。

表 6.1　大数据技术的不同架构

	RDBMS	MPP	Hadoop 框架
处理方式	顺序处理	部分处理支持并行	大规模并行处理/网格处理
可扩展性	纵向扩容	有限的横向扩容	大规模横向扩容
存储方式	关系型数据库(SQL)	专有的数据仓库	非关系型数据库(NoSQL)
数据类型	结构化	结构化	所有类型
框架结构	共享磁盘和内存	无共享架构	无共享架构
硬件设备	单处理器多核计算	数据仓库设备	集群或网格中的商用硬件
分析方法	基于模型	基于模型	非基于模型

其中,RDBMS 为关系型数据库管理系统,MPP 为大规模并行处理机。

6.1.1　Hadoop 平台

Hadoop 是一个流行的开源的 Google 的 MapReduce 模型的实现,最初是由雅虎开发的。Hadoop 被用于雅虎的服务器,其中至少 10000 个处理器内核产生数百 TB 的数据。Facebook 利用 Hadoop 每天处理超过 15 TB 的数据。除了雅虎和 Facebook,像亚马逊和 Last. fm 的各种网站利用 Hadoop 每天也要处理大量的数据。除了 Web 的数据密集型应用。科学计算的数据密集型应用程序(如地震模拟和自然语言处理)从 Hadoop 系统获得了最大帮助[206]。

Hadoop 系统有两个核心组件,第一个组件是分布式文件系统,称为 HDFS;第二个是 MapReduce 编程框架,用来处理大型数据集[207]。Hadoop 是一个能够对大量数据进行分布式处理的软件框架。Hadoop 是以一种可靠、高效、可伸缩的方式进行处理的。Hadoop 具有高可靠性,它假设计算元素和存储会失败,维护了多个工作数据副本,并且能够确保在处理失败时对节点进行重新分布。Hadoop 具有高效性,这是因为它可以在集群中并行执行。Hadoop 还具有高可扩展性,能够处理 PB 级数据。

1) HDFS

HDFS 采用主—从架构,系统架构如图 6.1 所示。它由一个主管理节点(Namenode)和 N 个从数据节点(Datanode)组成。使用上同单机文件系统类似,并提供了统一的应用程序编程接口(API),其底层实现是把文件切割成块并分散存储于不同数据节点上,每个块还会复制副份(可配置)到不同数据节点上,达到容错的目的。主管理节点是整个 HDFS 的核心,通过维护一些数据结构来记录每个文件切割情况及块存储位置等重要信息。主管理节点对相应各个数据节点的管理采用心跳机制,即主管理节点周期性地从集群中的每个数据节点接收心跳信号和块状态报告(块状态报告包含了一个该数据节点上所有数据块的列表)。接收到心跳信号意味着该数据节点工作正常[208]。

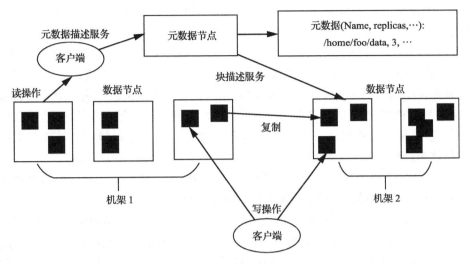

图 6.1　HDFS 的体系结构

HDFS 具有高容错性,硬件错误是正常而非异常事件,而且 HDFS 很适合大数据集的应用,在 HDFS 中一个典型的文件大小是 GB 甚至 TB 级别。由于HDFS 应用程序适合“一次写多次读”的文件访问模型,文件一旦被创建、写入、关闭后就不应再被修改,因此简化了数据一致性问题,从而保证了高吞吐量的数据访问。

HDFS 的主要目标就是即使在出错的情况下也要保证数据存储的可靠性。HDFS 中保障数据可靠性的机制主要包括数据复制机制、故障检测机制、空间回收机制等。

虽然 HDFS 很好地保证了数据的完整性、正确性,但当前也存在一些问题。当文件服务的负载过大时,HDFS 虽然可以通过增加数据节点对存储容量进行动态扩容。但是系统中唯一的用于管控系统统一名字空间的主管理节点会成为性能和可用性的瓶颈。这也是今后 HDFS 性能改善的方向之一。

2) MapReduce

MapReduce 最初是由 Google 在 2004 年提出的面向大规模数据集处理的编程模型,起初的主要用途是互联网数据的处理,如建立倒排索引、文档抓取等。但由于 MapReduce 对大规模并行执行、负载均衡及容错等实现细节的隐藏以及强大而简单的数据处理接口等,这项技术一推出便迅速被用在数据分析、数据挖掘、机器学习等领域。MapReduce 设计的初衷就是通过构建大规模廉价服务器的集群来实现大数据的并行处理,它的设计把扩展性和系统可用性放在了优先考虑的位置,而对性能的考虑则不是最主要的。在 MapReduce 模型中,我们只需要执行一些简单的计算,而把并行化、容错性、负载均衡等细节交给一个库来处理,不必关心。这个模型可以非常容易地实现大规模数据的并行处理,同时很容易实现容错性。

MapReduce 的构架包括三个主要部分:①分布式文件系统;②并行编程模型;③并行执行引擎。分布式文件系统运行在廉价处理机组成的大规模计算集群上面,其数据结构采用键-值(key-value)模式组织。整个文件系统在集群上采用元数据集中存储管理,数据块分块存储的模式,每个数据块至少有三个备份,这样就实现了高度容错性。数据块一般为 64MB 或 128MB。并行编程模型是处理数据的过程,这个过程分为两个阶段:map 阶段和 reduce 阶段。map 阶段通过 map 函数处理键-值对,并产生对应的中间结果键-值对;reduce 阶段通过 reduce 函数来合并所有具有相同键-值的中间结果的键-值对并计算出最终结果。

MapReduce 过程将数据处理任务抽象为一系列的 MapReduce 操作对(图 6.2)。其中,map 主要完成数据过滤任务,而 reduce 则主要完成数据的聚集任务。数据输入/输出形式均是<key, value>结构。用户在使用 MapReduce 编程模型时,只需要使用普通的编程语言(如 Java 等)实现 map 函数和 reduce 函数即可,MapReduce 框架会自动划分任务来进行并行处理。

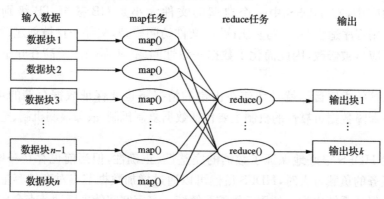

图 6.2　MapReduce 并行处理数据过程

Hadoop 因其在大数据处理领域具有广泛的实用性以及良好的易用性,自 2007 年推出后,很快在工业界得到了普及应用,同时得到了学术界的广泛关注和研究。在短短的几年中,Hadoop 很快成为到目前为止最成功、最广泛使用的大数据处理主流技术和系统平台,而且成为一种大数据处理的工业标准,得到了工业界大量的进一步开发和改进,并在业界和应用行业尤其是互联网行业得到了广泛的应用。

6.1.2　Spark 平台

Spark 是加利福尼亚大学伯克利分校 AMP 实验室开发的一种分布式计算框架。Spark 在最近几年内发展迅速，相较于其他大数据平台或框架而言，Spark 的代码库最为活跃。Spark 基于 MapReduce 实现分布式计算，拥有 MapReduce 具有的优点。不同于 MapReduce 的是，中间输出和结果可以保存在内存中，从而不再需要读写 HDFS。因此 Spark 能更好地适用于数据挖掘与机器学习等需要迭代的 MapReduce 的算法[209,210]。

Spark 的整体架构如图 6.3 所示。最上层提供了多种高级工具：用于即席查询(ad-hoc query)的 Shark SQL、用于流式计算的 Spark Streaming、用于机器学习的 MLlib，以及用于图像处理的 GraphX。Spark 可以基于自带的 Standalone 集群管理器独立运行，也可以部署在 Apache Mesos 和 Hadoop YARN 等集群管理器上运行。Spark 可以访问存储在 HDFS、HBase、Cassandra、Amazon S3、本地文件系统等系统上的数据，Spark 支持文本文件、序列文件以及任何 Hadoop 的输入文件格式[211]。

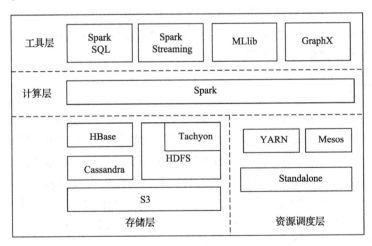

图 6.3　Spark 整体架构

弹性分布数据集(resilient distributed dataset，RDD)，是 Spark 最核心的东西。RDD 是一个容错的、并行的数据结构，可以让用户显式地将数据存储到磁盘和内存中，并能控制数据的分区。同时，RDD 还提供了一组丰富的操作来操作这些数据。RDD 数据可以缓存到内存中，每次对 RDD 数据集操作之后的结果都可以存放到内存中，下一个操作可以直接从内存中输入，省去了 MapReduce 大量的磁盘 I/O 操作。这对于迭代运算比较常见的机器学习算法、交互式数据挖掘来说，效率提升比较大。

Hadoop 是分布式批处理计算,强调批处理,常用于数据挖掘、分析;而 Spark 是一个基于内存计算的开源的集群计算系统,目的是让数据分析更加快速。Spark 具有以下优点。

(1) 架构先进。Spark 采用 Scala 语言编写,底层采用了 Actor Model 的 Akka 作为通信框架,代码十分简洁高效。基于 DAG 的执行引擎,减少了多次计算中间结果写到 HDFS 的开销。Spark 建立在统一抽象的 RDD 之上,使得它可以以基本一致的方式应对不同的大数据处理场景。

(2) 高效。Spark 的中间数据放到内存中,对于迭代运算效率更高。Spark 更适合于迭代运算比较多的 ML 和 DM 运算。因为在 Spark 里面,有 RDD 的抽象概念,提供 Cache 机制来支持需要反复迭代的计算或者多次的数据共享,大大减小了数据读取的 I/O 开销。与 Hadoop 的 MapReduce 相比,Spark 基于内存的运算比 MapReduce 要快 100 倍,比基于硬盘的运算也要快 10 倍。

(3) 易用。相比 Hadoop 只提供 map 和 reduce 两种操作,Spark 提供了 20 多种的数据集操作类型。Spark 支持 Java、Python 和 Scala API,支持交互式的 Python 和 Scala 的 Shell。可以说编程模型比 Hadoop 更灵活。Spark 可以很好地兼容 Hadoop 数据,它可以读取 HDFS、HBase 等一切 Hadoop 的数据。

不过由于 RDD 的特性,Spark 不适用异步细粒度更新状态的应用,如 Web 服务的存储或者是增量的 Web 爬虫和索引[212]。

6.1.3　NoSQL

传统关系型数据库在处理数据密集型应用方面显得力不从心,主要表现在灵活性差、扩展性差、性能差等方面。最近出现的一些存储系统摒弃了传统关系型数据库管理系统的设计思想,转而采用不同的解决方案来满足扩展性方面的需求。这些没有固定数据模式并且可以水平扩展的系统现在统称为 NoSQL(有些人认为称为 NoREL 更为合理),这里的 NoSQL 指的是"not only SQL",即对关系型 SQL 数据系统的补充。NoSQL 数据库的产生就是为了解决大规模数据集合多重数据种类带来的挑战,尤其是大数据应用难题[213]。

为了能够很好地应对海量数据的挑战,NoSQL 系统普遍采用的一些技术如下。

(1) 简单数据模型。不同于分布式数据库,大多数 NoSQL 系统采用更加简单的数据模型,这种数据模型中,每个记录拥有唯一的键,而且系统只需支持单记录级别的原子性,不支持外键和跨记录的关系。这种一次操作获取单个记录的约束极大地增强了系统的可扩展性,而且数据操作可以在单台机器中执行,没有分布式事务的开销。

(2) 元数据和应用数据的分离。NoSQL 数据管理系统需要维护两种数据:元数据和应用数据。元数据是用于系统管理的,如数据分区到集群中节点和副本的映射数据。应用数据就是用户存储在系统中的商业数据。系统之所以将这两类数据分开是因为它们有着不同的一致性要求。若要系统正常运转,元数据必须是一致且实时的,而应用数据的一致性需求则因应用场合而异。因此,为了达到可扩展性,NoSQL 系统在管理两类数据上采用不同的策略。还有一些 NoSQL 系统没有元数据,它们通过其他方式解决数据和节点的映射问题。

(3) 弱一致性。NoSQL 系统通过复制应用数据来达到一致性。这种设计使得更新数据时副本同步的开销很大,为了减小这种同步开销,弱一致性模型(如最终一致性和时间轴一致性)得到广泛应用。

NoSQL 数据库主要分为四大类:键-值存储数据库、列存储数据库、文档型数据库以及图形数据库[214,215]。

键-值存储因其易用性和普适性形成了 NoSQL 家族中最大的一支。这一类数据库主要会使用到一个哈希表,这个表中有一个特定的键和一个指针指向特定的数据。键-值模型对于 IT 系统来说其优势在于简单、查找速度快、易部署。键-值是最简单的一种数据模型,在此之上可以实现更丰富的数据模型。目前,基于不同一致性和存储介质(内存、SSD 或硬盘)形成了很多选择。例如,亚马逊 Dynamo 以最终一致性为主,而 Berkeley DB 则保证串行一致性;Memcached 和 Redis 是基于主内存的,而 BigTable 一族则是基于磁盘的。内存键-值存储是发展较快的一支,例如,Facebook 历时多年提升 Memcached 的可扩展性。MICA 是一种新的针对多核架构的内存键-值存储,在数据划分、并行优化、轻量网络栈和数据结构设计方面作了整体的优化,最高达到每秒 7690 万次访问操作。但是如果 DBA 只对部分值进行查询或更新的时候,键-值模型就显得效率低下了。

列存储数据库以列簇式存储,将同一列数据存在一起,通常用来应对分布式存储的海量数据。键仍然存在,但是它们的特点是指向了多个列,这些列是由列家族来安排的。列存储使压缩率获得数量级的提升,而它本身也是由大变小的方法,因为往往查询并不需要访问所有列,所以数据加载时无须读入不相干的列。其优点是查找速度快,可扩展性强,更容易进行分布式扩展,但功能相对局限。列存储数据库的源头是谷歌的 BigTable,并且在此之上发展出 HBase、Hypertable、Cassandra 和注重安全的 Accumulo(美国国安局使用)[216]。

文档型数据库的灵感来自于 Lotus Notes 办公软件,它的数据模型与键-值模型类似,不同的是值是结构化的数据。该类型的数据模型是版本化的文档,半结构化的文档以特定的格式存储,如 XML 或 JSON 文件。一般文档数据库可以通过键-值或内容进行查询。该类型数据库的优点是数据结构要求不严格,表结构可变,不需要像关系型数据库一样需要预先定义表结构;缺点是查询性能不高,而且缺乏统一的查询语法。典型的文档数据库包括 CouchDB、MongoDB,其中 MongoDB 是 DB 引擎排行榜中排名最前的 NoSQL 数据库(前十当中只有两个 NoSQL 数据库,另一个是 Cassandra)[217]。

图形结构的数据库(图数据库)同其他行列以及刚性结构的 SQL 数据库不同,它使用灵活的图形模型,并且能够扩展到多个服务器上。图数据库主要关注数据之间的相关性以及用户需要如何执行计算任务。图数据库按照图的概念存储数据,把数据保存为图中的节点以及节点之间的关系,在处理复杂的网络数据时,重点解决了传统关系数据库在查询时出现的性能衰退问题。图数据库以事务性方式执行关联性操作,这一点在关系型数据库领域只能通过批量处理来完成。在实际应用方面,虽然 Facebook 是典型代表,图数据库的应用领域已经远远超过社交网络领域,在地理空间计算、搜索与推荐、网络/云分析以及生物信息学等各种大数据应用的热门领域,都已经广泛应用,商业价值日益凸显。常见的图数据库包括 Neo4J、AllegroGraph、InfiniteGraph。Neo4J 是一个基于 Java 的、高性能的、开源的图数据库。InfiniteGraph 是由 Objectivity 公司推出的商用、分布式、可伸缩的图形数据库。InfiniteGraph 基于 RAM 和磁盘,通过灵活的配置算法实现更快速的查询,拥有高级高速缓存的高性能查询服务器可自动分配导航工作量,工作负载可扩展至 PB 级数据。AllegroGraph 是一个为管理和查询资源描述框架(RDF)而开发的图形数据库。目前的新版本的 AllegroGraph 针对 SPARQL 查询优化器、性能提升和内存管理等诸多方面进行了改进和优化。

相对于关系型数据库,NoSQL 数据存储管理系统的主要优势如下。

(1) 避免不必要的复杂性。关系型数据库提供各种各样的特性和强一致性,但是许多特性只能在某些特定的应用中使用,大部分功能很少被使用。NoSQL 系统则提供较少的功能来提高性能。

(2) 高吞吐量。一些 NoSQL 数据系统的吞吐量比传统关系型数据管理系统高很多,如 Google 使用 MapReduce 每天可处理 20PB 存储在 BigTable 中的数据。

(3) 高水平扩展能力和低端硬件集群。NoSQL 数据系统能够很好地进行水平扩展,与关系型数据库集群方法不同,这种扩展不需要很大的代价。而基于低端硬件的设计理念为采用 NoSQL 数据系统的用户节省了很多硬件上的开销。

(4) 避免了昂贵的对象-关系映射。许多 NoSQL 系统能够存储数据对象,这就避免了数据库中关系模型和程序中对象模型相互转化的代价。

NoSQL 向人们提供了高效便宜的数据管理方案,许多公司不再使用 Oracle 甚至 MySQL,他们借鉴 Amazon 的 Dynamo 和 Google 的 BigTable 的主要思想建立自己的海量数据存储管理系统,一些系统也开始开源,如 Facebook 将其开发的 Cassandra 捐给了 Apache 软件基金会。

虽然 NoSQL 数据库提供了高扩展性和灵活性,但是它也有自己的缺点。

(1) 数据模型和查询语言没有经过数学验证。SQL 这种基于关系代数和关系演算的查询结构有着坚实的数学保证,即使一个结构化的查询本身很复杂,但是它能够获取满足条件的所有数据。由于 NoSQL 系统都没有使用 SQL,而使用的一些模型还没有完善的数学基础。这也是 NoSQL 系统较为混乱的主要原因之一。

(2) 不支持 ACID 特性。这为 NoSQL 带来优势的同时也是其缺点,毕竟事务在很多场合下还是需要的,ACID 特性使系统在中断的情况下也能够保证在线事务准确执行。

(3) 功能简单。大多数 NoSQL 系统提供的功能都比较简单,这就增加了应用层的负担。例如,如果在应用层实现 ACID 特性,那么编写代码的程序员一定极其痛苦。

(4) 没有统一的查询模型。NoSQL 系统一般提供不同的查询模型,这一定程度上增加了开发者的负担。

因此,NoSQL 数据库在以下几种情况下比较适用:数据模型比较简单;需要灵活性更强的 IT 系统;对数据库性能要求较高;不需要高度的数据一致性;对于给定键,比较容易映射复杂值的环境。

6.2　大数据应用案例

在大数据时代,互联网中信息呈爆炸式增长,对互联网的数据应用模式,乃至于人们的生产生活都产生了深远影响。人们逐渐认识到,大数据改变了人们的思维模式,刷新了对数据分析的认识,由过去的“向后分析”变成“向前分析”。

大数据技术的广泛重视、研究和应用给人类的生活带来了前所未有的发展机遇。因为蕴涵着社会价值和商业价值,大数据已成为一项重要的生产要素。大数据应用也由互联网领域开始向制造业、医疗卫生、金融商业等各个领域渗透。数据已经成为传统行业的核心资产,对产业和传统商业模式的升级起着关键作用。来自各个行业的机构和企业逐渐意识到数据挖掘的重大意义,不断推进大数据应用的布局和探索,希望从类型多样、结构复杂、来源众多的大数据中挖掘出有价值的信息,帮助快速、准确地制定决策。

6.2.1　围棋人工智能程序 AlphaGo

AlphaGo 是一款围棋人工智能程序,由谷歌旗下位于英国伦敦的 DeepMind 公司的戴维·西尔弗、艾佳·黄和戴密斯·哈萨比斯与他们的团队开发。这个程序利用“价值网络”计算局面,用“策略网络”选择下子。2015 年 10 月阿尔法围棋以 5∶0 完胜欧洲围棋冠军、职业二段选手樊麾;2016 年 3 月对战世界围棋冠军、职业九段选手李世石,并以 4∶1 的总比分获胜。

可以说,AlphaGo 的胜利需要归功于大数据和深度学习。利用基于大数据的深度学习技术来减少搜索量,在有限的搜索时间和空间内寻找最大获胜概率的下子方案。同时在研发过程中,通过不断进行大量数据训练对 AlphaGo 的策略训练模型进行不断升级[218]。

　　AlphaGo 总体上可以分为离线学习(图 6.4 左半部分)和在线对弈(图 6.4 右半部分)两个过程。其中离线学习过程分为三个训练阶段[219,220]。

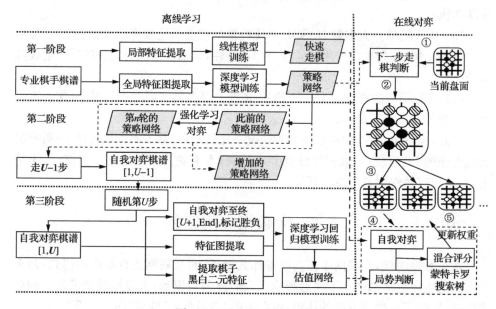

图 6.4　AlphaGo 原理示意图

　　第一阶段:首先利用 3 万多幅专业棋手对局的棋谱对两个网络进行训练。策略网络(policy network)基于全局特征和深度卷积网络(CNN)进行训练,输入盘面状态后,能够输出盘面其余空地上落子的概率。快速走棋策略(rollout policy),利用局部特征和线性模型进行训练,能够较快地输出落子策略,但精度较低。而策略网络则与之相反。

　　第二阶段:通过不同策略网络的对弈,利用增强式学习的方法来获得增强的策略网络。第 n 轮的策略网络与此前训练好的策略网络对弈,根据学习的结果修正第 n 轮策略网络的参数。

　　第三阶段:基于普通策略网络生成棋局的前 $U-1$ 步,其中 U 为[1,450]区间的随机变量。然后,为了增加棋的多样性,利用随机采样的方法来确定第 U 步的位置。接着利用增强的策略网络完成剩下棋局的自我对弈过程。此时,以第 U 步的盘面作为特征,自我对弈的胜负结果作为标记,构造价值网络(value network),能够根据盘面状况判断最终胜负。通过大量的自我对弈,AlphaGo 积累 3000 万盘棋局,用以训练价值网络。然而,棋局对应的搜索空间过于庞大,3000 万盘棋局的训练并不能完全解决胜负判决的问题。

在线对弈的核心思想是在蒙特卡罗搜索树中嵌入了深度神经网络,减小搜索空间。对弈过程包括以下 5 个关键步骤。

(1) 根据当前盘面落子情况提取特征。

(2) 基于策略网络预测棋盘其他空地的落子概率。

(3) 根据落子概率计算该分支权重,初始值为落子概率本身。

(4) 分别利用价值网络和快速走棋网络对局势进行判断,混合两个局势评分得到最终获胜的得分。快速走棋策略从被判断的位置开始快速对弈到盘终。每一次落子都能推演到一个输赢结果,然后综合获得这个节点的对应胜率。而价值网络根据当前盘面状态评估最终结果。两种策略相互补充,各有优劣。

(5) 基于步骤(4)的计算得分对当前走棋位置的权重进行更新。此后,选择从权重最大的那条边开始搜索和更新。同时权重的更新过程并行执行。当某个节点的被访问次数超过一定阈值的时候,在蒙特卡罗搜索树上展开下一级别的搜索。

6.2.2　深度问答系统

互联网上的数据量飞速增长,从海量数据中提取相关信息已经成为一个巨大挑战。当前,除了搜索引擎外,自动问答系统也是一个重要的信息搜索工具。自动问答(question and answering)系统可以理解为一个能够回答任意自然语言形式的自动机。自动问答系统能够支持相对复杂的语法和语义分析,用户输入自然语言形式的问题,系统能够输出简明精确的答案。搜索引擎更多的是基于关键词查询,而且用户需要进一步阅读搜索引擎返回的信息列表来获取答案。

而深度问答系统(Deep QA)通过建立一套基于概率化证据的大规模并行架构,综合利用数千种自然语言处理、信息检索、机器学习和推理算法,用基于规则的深度语法分析和统计分类方法来确定一个问题是否应该被分解,以及如何分解,然后根据检索的内容生成并分析多种假设。接着收集、评估、权衡各种证据,最终给出最佳答案。

为了回答各个领域的问题,DeepQA 需要建立知识库。首先搜集各个领域的材料,然后分析一些模拟问题,并根据这些问题来确定知识库所要涵盖的范围。综合新闻、词典、百科全书等多种内容资料形成一个基本知识库,然后按照下述步骤对知识库进行扩展[221]。

(1) 根据基本知识库中某个"种子文档",从互联网上搜集相关文档。

(2) 从相关文档中提取需要的信息。

(3) 根据这些信息与"种子文档"的相关程度给信息打分。

(4) 将信息量最大的内容加入知识库扩展包中。

对深度问答系统的处理流程如图 6.5 所示。

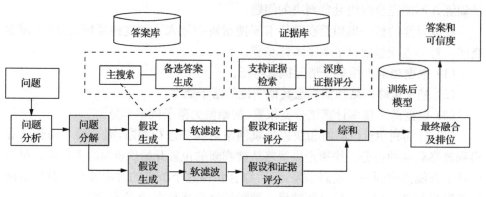

图 6.5 DeepQA 顶层架构图

1. 问题分析

DeepQA 首先进行问题分析。在分析中尝试理解问题,确认询问的内容。同时进行初步分析来决定在之后的流程中选择哪种方法来应对这个问题。

1)问题分类

DeepQA 先提取问题中需要特殊处理的部分,包括潜在的一词多义、从句、语义、修辞等,而这些部分的内容可能为后续步骤提供信息。同时 DeepQA 能判断问题的类型,包括谜语、数学题、定义题等多种不同类型,而每种类型都需要使用各自的应对方法。

2)焦点和 LAT 检测

焦点通常包括与答案相关的信息。焦点可能是某种关系中的主语或者宾语,所以用某个备选答案替换焦点是一种获取分类证据的有效方法。有些题目中存在一些关键字让 DeepQA 不需语义分析就能判断出答案的类型。这类关键字称为定型词(lexical answer type,LAT)。判断一个备选答案是否对应一个 LAT 是重要的评分方法,不过也容易带来误差。DeepQA 系统的一大优势就是利用各种相互独立的答案分类算法,然而其中许多算法都依赖于独自不同的分类系统。研究小组发现,将 LAT 映射到它们各自的分类系统中,相对于整合到同一个分类系统中能取得更好的效果。

3)关系检测

绝大多数题目内部要素间存在相互关系的,可能是主谓宾结构,也可能是语义相关。从焦点和 LAT 检测到篇章和答案评分,都普遍进行关系检测[222]。

4)问题分解

借助基于规则的深度语法分析和统计分类方法,DeepQA 可以确定一个问题是否应该被分解,以及怎样分解更便于理解和回答[223]。分解方法基于一个假设:

当对所有有效证据和相关算法进行考虑后,最合适的问题解读和回答应该比不进行充分考虑获得更高的得分。有些问题并不需要进行分解,但是这种方法能够提高系统所有答案的可信度。

对能够并行分解的问题,DeepQA 对每个分支线索都会执行完整的答案生成流程,然后由一个支持定制的合成模块来综合出最终答案。这一过程用浅灰色的模块表示在图 6.5 所示的 DeepQA 顶层结构图中。同时,对于那些分解后各子线索呈网状交织的问题,对各子线索也执行同样的流程,不过可能需要定制特定的合成模块来适配。

2. 假设生成

利用问题分析的结果,DeepQA 从知识库中寻找那些与所需答案相近的知识片段,产生备选答案。将每个备选答案填入题目中后就成为一种假设,而 DeepQA 需要根据不同可信度来证明这一假设的正确性。对“假设生成”中进行的搜索称为“主搜索”,用以区别后面将提到的“证据搜集”中的搜索。

1) 主搜索

主搜索的目标是根据问题分析,找出尽可能多包含答案的潜在内容。无论找到的证据是正面还是反面的,都期望通过深入的内容分析来提高备选答案的精确性。因此,DeepQA 设计了一个在速度、召回和精度之间平衡的系统。通过不断调整这个系统,研究人员能够得到合适数量的搜索结果和备选答案,使得准确性和计算资源之间取得最佳平衡。

其中运用了各式各样的搜索技术,包括不同构造的多文本搜索引擎、文件搜索、段落搜索、以 SPARQL 三元组存储的基于知识的搜索、单个问题产生多个搜索请求、回填信息列表等,从而满足问题中提到的关键限制。三元组查询是基于线索中的已命名实体。例如,在数据库中寻找线索里提到的已命名实体的所有相关实体,或者在检测到语义关系时使用更加精确的查询。

2) 产生备选答案

主搜索的结果用于产生备选答案。对于包含一个精确标题的资料,标题本身将作为备选答案。DeepQA 会通过子字符串分析和链接分析来产生一些基于这一标题的变形备选答案。段落搜索的结果需要更细致的篇章文本分析方法,如已命名实体检测法,才能确认备选答案。对于三元组存储或者反向字典搜索,搜索结果也将会直接作为备选答案。

这一步骤中,DeepQA 重视数量,降低精度要求,使得备选答案的数量可能会变得非常庞大;同时期望后续步骤能够从大量的备选答案定位出明确答案。因此,问答系统设计的其中一个目标就是在处理流程的初期接受大量无关信息,并准确地执行后续处理步骤。通常在这一阶段会生成数以百计的备选答案。

3. 软过滤

轻量级的评分算法是计算资源与答案精度之间权衡过程的一个关键步骤。这一轻量的方法能将大量的初始备选答案筛选到一个合理的数量，再执行深度评分算法。例如，一个轻量级评分器可能会判断一个备选答案对应一个 LAT 的似然概率，这一步称为"软过滤"。

DeepQA 综合各种轻量分析的分值形成一个软过滤得分算法。如果备选答案的软过滤得分大于阈值，则会进入"假设及证据评分"阶段，否则直接进入"最终融合"阶段。软过滤评分的模型和阈值是基于机器学习算法不断训练得到的。

4. 假设及证据评分

对于超出软过滤阈值的备选答案将进行严格评估，包括收集针对各个备选答案或者假设的额外支持证据，并利用多样的深度评分算法来评估这些支持证据。

1）证据检索

为了更好地评价通过软过滤的备选答案，系统中引入多种信息搜集技术。其中一个有效的方法是，对主搜索中备选答案所在段落进行检索，这将有助于发现原始问题的上下文。支持证据也可能存储在其他来源，如三元组存储。检索到的支持证据将传入深度证据评分模块，利用支持证据的上下文对备选答案进行评估。

2）评分

大部分深度内容分析在评分阶段执行。评分算法判定所检索证据支持备选答案的可信度。DeepQA 架构支持并鼓励使用不同的组件和评分器，从不同方面考察证据，以确认针对特定的问题，这一证据对备选答案的支持程度。

DeepQA 为评分器产生的假设（或备选答案）和可信度提供了一个通用格式，同时只对分数的语义作少量限制。这使 DeepQA 的开发者能够快速部署、组合以及调整不同的组件来相互支持。系统中支持大量不同的评分组件，产生的评分类型涉及概率分布，乃至于分类特征数量等，基于的证据来源包括非结构化的文本、半结构化的文本以及三元组等。这些评分器能够考虑段落的谓词-论元结构与问题的契合程度、篇章来源的可信度、空间上的位置、时间关系、系统分类、备选答案的词汇和语义关系、与问题条目的互相关性、流行程度或者别名等。

5. 最终融合及排位

从问题中提取关键字并搜索相关文档是一方面，而分析问题和上下文给出足够可信的精确答案就是另一个重要方面。最终融合及排位的目的是，根据潜在的成千上万的评分，基于证明信息从数百种假设中找到一个最优结果，并计算出其可信度。

6. 答案融合

一个问题的多个备选答案可能表达形式不同,但含义相同。所以根据备选答案间的相对差异进行排位,容易产生令人困惑的结果。如果不进行合并,排位算法会无谓地浪费时间在这些含义相同但形式不同的答案上。有的研究认为,对这些存在相似备选答案的,可以提高其可信度。而 DeepQA 小组则观察到:表面形态不同的答案通常被不同的证据支持,并可能得到完全不同但潜在互补的分数。因此,考虑将答案分数在排名和可信度计算之前先进行合并[224]。

将匹配、标准化、共指消解算法整合在一起后,系统可以识别等价或者相关的假说,并将对应的特征合并来得到最终融合分数。其中"共指消解"是对文章中同一实体的不同描述进行合并的动作。人类可以轻易分辨出共指现象,然而计算机需要专门的算法来解决这一问题。

7. 排名和可信计算

答案融合后,DeepQA 系统需要给假设排名,并根据融合后的分数来估计可信度。DeepQA 系统采用机器学习的方法:先准备一系列已知正确答案的问题,让 DeepQA 给对应的备选答案评分,从而训练出一个评分模型。

对于智能的排名方法,排名和可信估计分为两个步骤进行。在各自的步骤中,多组分数根据类型匹配或者段落评分的结果,归入对应分组中。同时利用常理和任务对应的方法来训练中间模型。基于这些中间模型,系统产生包含不同中间分数的一个集合,用以训练出元学习器。当 DeepQA 中的评分器增加或者修改时,这个方法允许递归地用更复杂的分级模型来增强系统,同时保持实验的健壮性和灵活性。系统的元学习器使用多个训练过的模型来处理不同的问题类型。因为某些评分也许对判断一个事实类问题的正确答案非常关键,但对于谜题类问题毫无用处。最后,由于基于自然语言的评分器提供的功能不多,所以准确的可信估计需要使用可信加权的学习方法。

8. DeepQA 的应用

IBM Waston 是基于 DeepQA 开发的,支持用自然语言来回答问题的人工智能系统,其中包含信息分析、自然语言处理和机器学习领域的大量技术创新。

用户用自然语言向 Watson 提问,Watson 反馈精确的答案。Watson 使用数百种算法来搜索问题的候选答案,并对每个答案进行评估打分,同时为候选答案收集相关支持材料。

基于自然语言处理技术,对搜集到的相关材料进行深度评估。越多的算法结果聚焦到某一个答案,这个答案的可信度就越高。Watson 综合考虑每个备选答案的支持证据,来计算各个备选答案的可信度。当某一答案的可信度达到一定程度时,Watson就将其选为最佳答案。

2011年,Watson参加某精准问答抢答的游戏节目,并赢得最终冠军。Watson数据包含200万页结构化和非结构化的信息,包括维基百科的全文。同时采用多种技术保障在短暂几秒钟内系统得到问题的答案。

现IBM Watson已经广泛应用于全球医疗、智慧城市、能源/电力、汽车、电子等不同行业。例如,在医疗保健方面,将大量病例数据和医学期刊内容存入系统数据库。医生输入患者的系列病例和病状,系统将提供具有证据的医疗建议,辅助医生诊断并制定治疗方案。

国内企业也出现了一些将DeepQA应用于类似智能客服的产品,如电商企业中用于售前售后的客服服务。企业拥有大量用户咨询语料,系统根据用户的问题从海量的语料库中找到正确答案,通过机器学习算法拟合大量特征来判断用户问题与一条具体的回答是否匹配。而智能问答系统的产生也突破了传统人工客服的瓶颈,带来更快的响应速度和不错的回答准确率,为用户带来更好的服务体验。

6.2.3 互联网企业大数据

互联网行业作为当今发展最快的行业,在大数据领域有许多重要的应用[225]。

1. 电商领域

大数据覆盖着电商的整个流程,从采购、库房、销售、配送到售后、客服,产生海量数据,需要形成完整的数据链条。现以京东为例,介绍电子商务领域在大数据应用方面取得的成果[226]。

京东建立了大数据平台,并称其为"京东大脑"。基于京东在用户、商品和运营等方面积累的数据,以及对电商运营中各环节、实体及之间相互联系的深刻理解,该平台利用人工智能和机器学习的技术与方法,为用户和商家提供个性化服务,在提高电商运营效率的同时,以求达到更好的用户体验。

京东大脑架构分为3层:基础数据层、知识层和服务层。基于基础数据层中的原始数据,依托数据建模和数据挖掘的方法,知识层把基础数据加工成用户画像、小区画像、知识图谱等知识。基于基础数据和知识两层的知识信息,服务层为电商平台提供预测、搜索推荐、商业智能等服务业务。

京东大脑的具体应用包括以下几方面。

1) 用户画像

用户画像即用户信息标签化。根据消费者的消费行为、生活习惯、社会属性等信息,产生关于消费者特性的用户画像。用户画像能够支持个性化的推荐,精准营销,基于用户需求为目标客户群体推送促销邮件。

2) 智能客服

当前,人工客服人员难以满足巨量的电话咨询需求,需要智能客服提供网上咨询通道。智能客服对用户提出的问题进行分析解读,并从相应的资料库中匹配相应的问题答案并反馈给用户。

3) 供应商数据罗盘

当前,京东作为一个全品类运营的平台,销售各种各样的商品。对于海量的型号、品类和供应商,采购人员根本没有办法进行决策。因此,大量的采购决策需要数据驱动,而不能靠经验判断。通过辅助工具,数据可以为销量预测、自动补货、库存情况、选品和定价等多种问题提供支撑。

4) 搜索推介

对于庞大的电商网页,各个页面会向消费者推荐具有关联度的商品。针对列表层面、搜索层面、单品页的不同情况和需求,各个层面都有不同推介的算法。尤其在移动购物方面,由于手机的屏幕限制,为了给消费者提供更个性化的购物体验,商品排序就显得尤为重要。

5) 交易风控

对于电商中的一些消费金融产品,允许用户进行透支消费。金融产品的风险控制、消费者透支额度的决定,都依赖于大量数据的支撑。消费者有交易数据、页面点击流等大量的用户行为数据,这些数据汇集到基础数据库,再基于用户个人信用数据,汇集成完整的数据集合,对用户判别并授信。

2. 行业服务领域

百度占有国内市场搜索引擎领域最大的市场份额,对公众发布大数据引擎,向外界提供大数据存储、分析及挖掘的技术能力[227]。

如图 6.6 所示,百度大数据引擎主要包含三大组件:开放云、数据工厂和百度大脑。开放云解决数据存储和计算瓶颈的问题,将企业中结构多样、价值密度低的小数据汇聚成可虚拟化、可检索的大数据;数据工厂对数据进行加工,将数据进行关联,挖掘出其中的价值;基于深度学习和大规模机器学习,百度大脑能够实现具有前瞻性的智能数据分析及预测功能,以支持科学决策与创造。积极开放百度大脑,不仅能推动国家在人工智能、大数据等技术上的整体提升,还可帮助企业转型升级,提升企业的核心竞争力。

百度掌握了大量的行业数据,同时依托大数据引擎的开放平台,能够为各个行业应用提供有力支持。百度在各个细分行业有不少大数据的应用实例。

1) 公众生活领域——大数据预测

基于海量的数据处理能力,以及机器学习和深度学习等手段建立模型,百度能

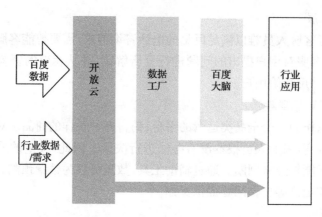

图 6.6　百度大数据引擎结构图

够实现公众生活的预测业务。目前,百度已经推出了景点舒适度预测、城市旅游预测、高考预测和世界杯预测等服务。

以世界杯预测为例,在 2014 年巴西世界杯的四分之一决赛前,百度准确预测了 4 强结果;最终,百度又成功预测了德国队夺冠。预测准确度依赖于对大数据的强大分析能力和超大规模机器学习模型。百度收集了 2010～2013 年全世界范围内所有国家队及俱乐部的赛事数据,构建了赛事预测模型,并通过对多源异构数据的综合分析,综合考虑球队实力、近期状态、主场效应、博彩数据和大赛能力等 5 个维度的数据。最终实现了对 2014 年巴西世界杯的成功预测。

2) 公共卫生领域——疾病预测

百度将搜索数据与医疗数据、医保数据等进行关联,并结合图像识别、语音识别、可穿戴设备数据采集等多种信息来源,利用大数据分析能够实现人群疾病分布关联分析等。对大量临床电子病历、临床的治疗经验以及科研成果等多种医疗数据进行整合和学习,绘制人类疾病图谱(人群分布),建立疾病分析模型和治疗路径模型。这将极大地推动疾病研究、药物研发、医疗服务和健康教育等多方面事业的发展。

同时,百度与中国疾病预防控制中心合作开发了疾病预测的产品,针对网民每日在互联网上的搜索行为数据进行分析与建模,收集流感、手足口、艾滋病等传染病以及糖尿病、肺癌、高血压等流行病的爆发数据,对疾病的流行情况进行预测和反馈。结合大数据舆情分析,开发基于互联网的公共卫生领域的危机预警产品,为公众提供服务。

3) 企业 IT 应用——智能化运维

随着大数据的飞速发展,百度在服务器规模、数据规模、单集群规模等方面呈爆发性增长。服务器已达到数十万台,数据规模达到 EB 级别。面对如此庞大的规模,云计算平台及相关数据的管理问题已成为云计算的核心问题之一。

同样利用大数据技术,百度建立智能化管理的在线运维服务。运维数据仓库中包括服务器、网络、系统、程序和变更等各个方面的实时及历史状态数据,每天有接近 100TB 的数据更新量。基于历史数据学习和异常模式识别,对运维大数据进行挖掘,以实现流量预测和故障检验。对访问速度、系统容量、带宽、成本等十多个因子进行实时自动分析,自动对多个数据中心之间的流量进行调度,提高了决策的效率,同时减轻了故障带来的影响。

6.3　方兴未艾的计算智能

信息技术的飞速发展带来了前所未有的数据浪潮,不仅在学术界,而且在工业界和政府领域,大数据已经成为研究的焦点并且越来越受欢迎,这可以归因于大数据能够给现实世界的很多应用提供的重大承诺以及带来的巨大挑战,如商业智能、金融、医疗保健、气候科学、生命科学和网络安全等。数据驱动和数据密集型的方法已被认为是在未来几十年的科学发现和技术创新的新型范例[228]。

处理大数据的主要挑战不仅在于大数据的特性,即巨大的数量、复杂的数据类型、速度方面的实时性以及可变性(如不断变化的数据结构和用户解释)等,而且在于人们理解数据的方法。因此,大数据在理论、研究方法以及工具等方面都需要一个革命性的变化。进一步说,大数据时代迫切期待处理海量数据的智能型方法及理论,以获取数据中蕴涵的知识,对当前环境进行分析,甚至对未来世界进行预测。

6.3.1　大数据分析中的计算智能方法

计算智能是计算机科学的一个领域,主要解决不能准确地进行形式化表达,或者直接应用数学公式求解的现实世界的问题。计算智能试图模拟人类的智能,可以处理不确定和不完整的信息,适应新的环境,从错误中学习,并找到解决问题的最佳方式,为大规模复杂问题的求解提供了有效手段。

计算智能为解决大数据挑战提供了强大的工具集,CI 的主要分支,如神经计算和进化计算不依赖于人工智能领域中的先验知识,不需要对问题建立精确的模型,可以基于数据直接进行分析和求解;而模糊逻辑的本质就是为了消除模糊性,FIS 实现了近似推理的过程。这些算法本质上能够处理各种数据的不确定性,非常适合用于解决大数据的多种类和可变性。

同样,大数据的规模和速度等特性也给现有的计算智能技术带来了挑战。因此,新的计算智能技术有待开发,以有效地处理大量的数据,并迅速应对变化的环境。事实上,这些新技术不会从无到有;相反,它们是基于分散在不同的应用领域中并且正在进行的研究课题,例如,面向组合优化问题和学习问题的计算智能方法,包括大规模优化[229]、多对象优化[230]、非平稳环境下的学习[231]和自然语言处理[232,233]等。最近,基于进化计算和元启发式优化算法(meta-heuristics in optimization)的生物系统也已经被开发[234]。

为了响应大数据的急剧发展,IEEE 计算智能协会(IEEE CIS)已经采取了一些措施,包括设置第一个 IEEE 研讨会 Computational Intelligence in Big Data,并修改数据挖掘技术委员会的名称,以覆盖更广的大数据分析范围,并增设了 IEEE 计算智能期刊(computational intelligence magazine),阐述在应用 CI 技术解决大数据问题过程中的最新进展、面临的机遇和挑战。

我们给出几个例子。应用 CI 解决大数据的最重要的课题之一就是,计算智能技术必须能够处理大规模的数据。在 20 世纪 90 年代初期,有数百个特征的分类或回归问题就可能被称为高维。而现在,在流行的机器学习数据库中发现的基准问题的维数增加到数以百万计,甚至数以千万计。对于这样的高维问题,大多数现有的机器学习方法都是失败的,所以特征选择变得不可或缺。开发高性能的、突出的特征选择算法是一个主要挑战;其次,在一个高维特征空间中,特征之间的相关性有可能是非常稀疏的。以遗传算法为代表的进化算法,根据环境适应度函数,使初始解朝着最优解方向不断进化,如果将特征向量作为初始种群,基于 EC 的思想,就可以实现全部特征向量的进化及优选,这也为高维数据处理提供了一个有前途的研究路线。

另一个具体而重要的课题是计算智能在大型天文时间序列数据库的应用和挑战。在时间域天文学(TDA)领域,CI 技术可以发挥重要的作用[235]。天文时间序列数据分析的特点不仅是它具有巨大的规模,还包含高度不均匀和嘈杂的样本数据,以及不同样品类别之间的不平衡。因此,无监督、半监督学习和主动学习技术被广泛应用于解决 TDA 中的许多难题。计算智能是基于数据的智能,依据一种自底向上涌现的计算模式,因此,对于数据集没有具体的指标要求,可以基于任意规模和种类的底层数据进行训练和学习,这种特性使得计算智能具有卓越的环境适应能力及处理大规模噪声数据的本领。像 TDA 中这样典型的大数据问题及挑战,如巨型数据、噪声数据以及异构数据等,理论上可以通过计算智能的计算性能及效率进行解决。

下面结合大数据的特点,从人工神经网络和模糊推理系统两个方面总结和梳理大数据环境下计算智能方法的相关研究进展。

1. 人工神经网络

计算机科学领域越来越关注有关于理解和模拟人脑功能的新型计算。在这方面,很多研究人员致力于研究应用计算机代码建模人脑的可能性,试图分析人脑的功能,并且通过获取的这些认知,更好地实现建立机器智能系统(包括人工神经网络)的目标。图 6.7 所示为人脑模型图。

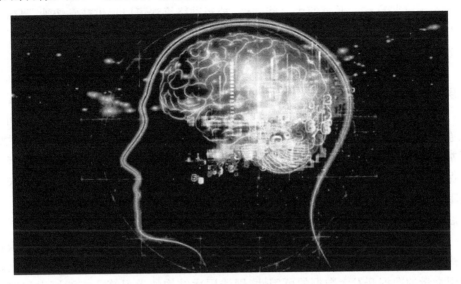

图 6.7　人脑模型图

作为计算智能的主要分支,神经网络结合很多专业领域(如神经科学、计算机科学等相关学科)探讨脑启发类型的计算智能。神经网络的关键要素之一是它的学习能力。神经网络不仅仅是一个复杂的系统,更是一个复杂的自适应系统,这意味着它可以基于外部信息流,改变其内部结构,进而适应新的环境。

对于神经网络的研究人员来说,模拟人类大脑学习和适应的这种弹性和可塑性是智力计算形式的一个灵感来源。例如,一些机器人技术的根本思想就是,任何智能算法需要通过经验和环境的输入,比拟人类大脑学习的方式进行感知和学习。这样的机器人项目编程较少,但需要更多的行为训练,在重复、模仿和社会互动中理解,通过反馈改变行为,以适应环境。和人类一样,机器人也拥有塑料的大脑。

目前,从大数据中进行学习已经成为一个重大的挑战,需要开发新的算法,发现数据的意义并利用数据的价值。在急速扩大的数据规模、数据维度、数据速度和种类等方面,大多数机器学习算法都遇到了理论上的挑战。神经网络领域历来侧重于在线学习和增量模式的算法,而不需要太多的内存存储及大量的数据访问。大脑可以说是最好的和最简洁的大数据处理器,这也是神经网络创作的灵感。神经网络的学习能力不仅可以处理流数据(如工业互联网或物联网),而且可以用于存储和分析大数据。

对于流数据,需要实时和快速的分析而不必存储所有的数据。这也就意味着,在线和增量式学习算法对于数据的大小不太敏感。特别地,神经网络算法可以利用类似于人脑的大规模并行计算,它使用相对简单的处理器,这也是其他机器学习技术做不到的。专门的神经形态硬件可进行大规模的人脑模拟,以大规模并行的方式实现这些算法。通过使用这些硬件,神经网络算法可以提供非常快速、高效的实时学习,这对于处理工业互联网中的流数据也非常有用。因而,神经网络技术可以成为大数据分析平台的重要组成部分。

在很多情况下,由于大规模应用程序数据集功能和数量的增加,人工神经网络的层次及神经元的数目也需要增加,以适应输入数据集增长的尺寸。在一定程度上,网络规模变得如此之大,由于增加的复杂性导致网络中的节点(神经元)之间相互连接的指数增长,算法的有效实现几乎是不可能的。这种现象在机器学习领域通常表述为"维数灾难"。因此,通过优化神经元的数量和它们之间的互连并有效地保持神经网络大小的同时,迫切需要处理大规模数据集的神经网络模型。未来的工作将围绕着改进及优化神经网络进行。有几种不同的方法可实现这一点,将在后面进行介绍。

考虑到大数据的四个主要特点,即数量、种类、速度和准确性,深度学习算法和架构更适合解决大规模和多种类的各种大数据分析相关问题。深度学习本质上是利用大量的数据开发大数据的可用性,即浅层次结构的学习算法未能探索和理解的更高数据模式及复杂性。此外,由于深度学习可处理数据抽象和表达,它也很适合于分析不同格式和/或不同来源的原始数据,解决大数据的可变性。

作为一种新的算法和模型,深度学习概念提供了这样一个计算架构,以解决大数据相关的具体问题。例如,通过深度学习所提取的描述(表示),对于决策、语义索引、信息检索和其他目的的大数据分析来说,是一个非常重要的知识来源。这带来的好处是,当复杂的数据以更高的抽象形式进行表示时,简单的线性建模技术就可以用于大数据分析。

Hinton 等[236]描述了一个深度学习生成模型用于学习文件的二进制代码。深度学习网络的最低层表示的是文档的字计数向量(高维数据),而最高层代表文档学习后的二进制代码。文件的二进制代码(使用 128 位代码)可以用于信息检索。对于每个查询文档,它与数据库中的所有其他文件之间的汉明距离可以进行计算,其中最类似的 D 个文件可作为检索结果。二进制代码需要相对较小的存储空间,此外,通过快速计算两个二进制码之间的汉明距离,算法提供了相对更快的搜索。我们的结论是,使用这些二进制代码的文档检索比基于语义的分析更准确和更高效。

为了进行更好的表示和提取,我们可以用有监督的数据来训练深度学习模型。Ranzato 等[237]提出了一种方法,可以通过有监督数据和无监督数据来调节深度学习模型的参数。该方法无须对大量数据进行全部标注(需要一部分无标注数据),同时,模型应用部分先验知识(有监督数据)来获取数据的相关类别信息。换句话说,该模型可以训练得到较好的表示从而对输入进行数据重构,同时提供更好的文档类标预测。作者表明,在训练压缩表示方面,深度学习模型优于其他浅层的学习模型。压缩表示方法效率更高,因为该方法只需要少量用于索引的计算量,同时存储量也更小。

大数据中的判别分析可以作为数据分析的主要目标,也可以进行标记(如语义标注)等,实现对数据进行搜索的目的。例如,Li 等[238]开发了微软研究院音频视频索引系统(microsoft research audio video indexing system,MAVIS),它使用基于深度学习(结合人工神经网络)的语音识别技术来解决语音和视频资料搜索问题。MAVIS 通过自动生成电视字幕和关键词,将数字音频和视频信号转换成文字,进而增强有语音信息的音频和视频资料的可访问性和可解读性。

现在,越来越多患者的健康问题会引起手术并发症、高昂的医疗消费、极度的生理折磨、肌体功能失调甚至死亡。因此,准确的预测能够及时提供有效的预防措施,从而大大减少后续麻烦。医疗数据预测的通用模型框架和针对性的应用算法还没有正式开发出来,同时,日益增加的医疗数据亟需辅助临床决策的患者健康状态预测系统。结合人工神经网络的诊断策略为患者临床健康治疗提供了一种崭新的方式。这种新型医疗策略正是在医疗大数据的背景下提出的:数据积累的速率远远超过专业内科医生分析大量数据从而作出决定的认知能力。

Ghavami 提出了一种辅助医疗预测的人工神经网络框架,该框架开发了一个控制系统,结合前馈和反馈控制机制来生成一个框架,用于医疗预测,同时引入一个基于规则的诊断预测引擎,采用人工神经网络算法帮助识别患者是否有特殊疾病或者医疗并发症;另外,它提供了综合大量临床医疗数据预测患者健康状况和医疗并发症的一套通用医疗模型专家库。该方法结合四种 ANN 模型形成一个多算法诊断框架来增强预测精度。同时,它配置了一个可调制程序来帮助选取与医疗从业者期望最相近的模型。该方法对 1073 个患者临床数据进行建模、训练及验证,从而预测深静脉血栓形成和肺栓塞(DVT/PE)。所有这三种观念的目的是提高医生从大量的数据中作出预测和决策的能力,主动预防医学干预措施之前并发症的发生[239]。

在过去几年,现实世界中的数据量正呈爆炸性的增长,为了实现数据价值的发现,大数据分析也变得相当流行和必要;与此同时,神经网络获得与大数据同等的重视程度。从直觉来看,一般认为,相对于小规模样本,基于大规模样本进行训练能获得更好的训练结果。因此,对于那些基于神经网络的应用程序,为了获得理想的精度和结果,大规模神经网络的训练和学习就显得尤为重要。

早期,研究人员更倾向于利用一些专用硬件(神经网络硬件或神经网络计算机)来提高训练速度。Glesner 等[240]在他们的书中对专用硬件进行了概述。专用型设备能够带来快速高效的处理效果。然而,在灵活性和可扩展性上存在不足。在 20 世纪 90 年代之后,基于通用架构设计并行神经网络计算,如并行计算模型或者网格计算模型已成为研究的主流[241]。这些系统大多在集群和多处理器计算机上实现。然而,以往的论文较少研究大规模训练数据集的管理问题,更多的是关注如何实现对神经网络的并行训练过程,而实验一般是只采用数千个样本和 MB 级别的数据规模来进行训练[242]。

近年来,一些研究人员基于大规模数据对神经网络进行训练,利用 MapReduce 训练样本,数据集存储在 HDFS 上。然而,Hadoop 是设计用于处理离线的数据密集型计算任务的,而不是计算密集型任务。因此,在 Hadoop 上训练人工神经网络速度较慢,训练集的大小也受 GPU 内存大小的限制。曾有研究人员从未标记数据中建立特征,进行大规模无监督学习[243],他们在训练算法上投入大量精力,如模型并行化和异步随机梯度下降。

因为 Hadoop 不适合迭代处理,所以许多研究工作提出改进方法,如 Twister[244]和 HaLoop[245]。这些研究尽量缩短了任务的初始化时间,或者在迭代过程中支持数据在节点内存中缓存。Zaharia 等提出了 Spark,一个面向内存并行计算的全新分布式系统[246]。

不同于上述研究,Gu 等提出 cNeural 作为定制的并行计算平台,不仅考虑加速大规模神经网络的训练,还关注大数据管理,以支持并行算法的快速执行[247]。相比于其他处理引擎,cNeural 中实现了并行的神经网络训练算法,它的底层处理引擎也考虑了类似内存计算的功能。此外,为了更好地支持顶层的算法和应用,cNeural 还支持定制化实现。

2. 模糊推理系统

模糊逻辑是一种基于“真实度”,而不是布尔逻辑上的“真或假”(1 或 0)的先进计算方法。模糊逻辑的概念最先由加利福尼亚大学伯克利分校的 Zadeh 教授提出。Zadeh 博士致力于研究能够被计算机理解的自然语言处理问题。自然语言(如生活中的大多数其他活动)不容易被翻译成 0 和 1 的绝对条件。一切事物是否最终都被描述成二进制形式,这是一个哲学问题,但是在实际中,我们更希望输入计算机中的状态是介于 0 和 1 之间的中间值。

模糊逻辑不仅包括 0 和 1 作为事实的两种极端情况(或者说物质状态),而且包含 0 和 1 之间的各种事实状态,例如,描述两个事物的结果可能不是“冷”或“热”,而是“有些热”。可见,布尔逻辑只是模糊逻辑的一种特殊情况,见图 6.8。

模糊逻辑似乎更能模拟人类大脑的工作。人类收集数据,并形成一些部分的真理,然后,我们验证这些真理,再形成更多的真理,反过来,当认知超过某些阈值时,就会导致某些进一步的结果,如运动反应。

不确定性是大数据固有的特性,主要是由于:①海量异构的数据源;②数据类型的多样化;③缺失的或不完整的数据;④数据的不准确性等。模糊逻辑模拟人

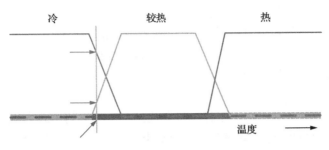

图 6.8　模糊隶属度函数

脑,通过近似推理的方式工作,非常适合处理大数据的不确定性、模糊性、数据缺失或数据碎片等问题。

目前,在大数据领域,模糊逻辑应用广泛。Hullermeier 将数据挖掘中的模糊学习方法进行了完整性回顾,尤其是对模糊关联规则挖掘进行了有益的探索。还有三种方法也得到了较多的关注:模糊决策树(fuzzy decision trees)、模糊原型(fuzzy prototypes)和模糊聚类(fuzzy clustering)。前两种方法属于有监督学习的框架,也就是说,他们认为每个数据点都与一个类别关联;而模糊聚类属于无监督学习的框架,即没有一个先验、可用的数据集类别。

模糊决策树经常用于数据挖掘和信息检索,因为它们允许用户对数据或案例(符号)进行不精确的描述[248-251]。Janikow 等提出了模糊决策树模型,并对模型进行了解释。模型定义了一个基于案例与决策之间关系的语义描述,用于进行类别划分。通过 FDT 获得的规则使用户和系统(专家)更容易交互,并且理解、确定和修正所得的知识。此外是 FDT 的鲁棒性,因为一个小的描述的变化不能彻底改变决定或分类的结果,保证了抵抗测量的误差性和避免相似描述的明显结果差异。

模糊的原型构成数据类型描述的另一种方法[252-254]。Lesot、Mouillet、Rifqi和 Zadeh 分别提供了数据集的描述或解释汇总,以帮助用户更好地理解数据的内容:原型是一个代表了一组数据的元素,总结和强调其最重要的特征。从统计的角度来理解,原型可以被定义为,如数据的平均值或中位数;或是更复杂的代表,如所有数据中最典型的值[255]。

Rosch 等指出,从认知科学的角度来看,原型具有很多具体的特性[256]:原型强调类别成员的共同特征,也包含区别于其他类别的鲜明特点,特别是群体的特异性。此外,原型的典型性概念,即所有的数据在群体中不具有相同的地位:小组成员就是最好的例子,即一些人比其他人更具代表性或更具特色。这也显示出一个点的典型性既取决于它与群体中其他成员的相似性(内部相似性),也取决于与其他组的成员的相异性(外部相异性)。

这些定义也被 Rifqi 所应用,他提出了实施这些原则的构建方法,并且开发出相似性度量框架。更确切地说,该方法包括:首先计算每个数据点的内部相似性和外部相异性,它们分别被定义为组成员之间相似性的聚合(平均或中位数),以及与其他组成员相异性的聚合,这些指标可以基于给定的相似性和相异性度量进行计算;在接下来的步骤中,一个数据点的典型性程度根据其第一步中内部相似性和外部相异性的聚合进行计算;在最后一步中,原型本身被定义为最典型的类成员的聚合。

经典的聚类算法基于每一个样本被分配到一个集群的模式产生一个聚类。这些算法也被称为"硬划分",其理论依据是经典集合理论:从数据分类矩阵得到的元素值只能包含 0 或 1;0 表示非成员,1 表示成员,也就是说,元素对于某个具体的划分非此即彼。

模糊划分也可以看成硬划分的普适化,它具有与硬划分相同的条件和限制,除此之外,也可以依据 0 和 1 之间的值(部分隶属度)进行划分。因此,样本可能根据隶属度属于一个以上的组,使得样本选择和聚类的能力增强。

最著名的模糊聚类算法是模糊 C 均值算法,由 Bezdeck 在 1981 年提出,并在各个学科领域广泛使用。它基于数据点和聚类中心两点之间的距离最小化进行聚类,为达到这个目的,使用成本函数最小化。

Aroba 在 2003 年提出一个新型的计算机工具—PreFuRGe[257],它是基于 1993 年 Sugeno 和 Yasukawa 描述的模糊模型。最初的方法已被调整和改进,主要体现在以下几方面。

(1) 它允许面向定量数据库进行工作,可设定 n 个输入和 m 个输出参数。

(2) 通过分配权重,可以对不同的变量对象进行研究,以计算两点之间被划分的空间距离。

(3) 这种算法可处理和解决输入空间的多个投射的情况。

(4) 在原始方法中的输出通过实现规则的图形界面被改进。

(5) 算法自动提供自然语言中模糊图形规则的解释。

6.3.2　存在的问题和进一步的研究方向

在今天的大数据背景下,为实现任意规模的大数据集自动化和高效率分析,灌输计算智能的思想是一项重要的任务。计算智能提供解决大数据问题及挑战的各种计算方法。这些技术包括能够处理大数据集不确定性的模糊系统,实现模式及特征向量进化及优化的进化计算,提供流数据在线和增量式学习模型的人工神经网络;此外,还包含基于非导数优化的模拟退火、模仿人类记忆功能的禁忌搜索、面向非线性及高维模式识别的支持向量机,以及受生物种群智能启发的群体智能等。

从大数据属性的角度出发,再一次地,对计算智能及其分支算法的计算本质及未来发展进行探讨。这些智能化的方法为大数据问题研究提供了一个新的、广泛接受的视角以及技术及理论方面的坚实基础。大数据属性及相应解决算法如

图 6.9 所示。

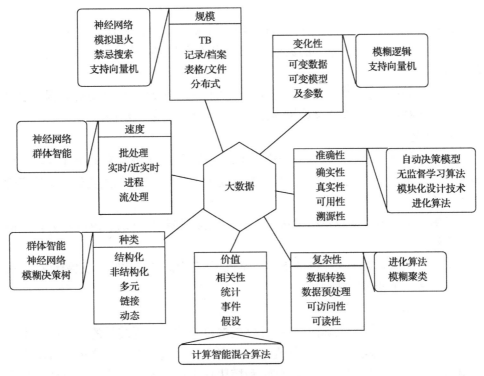

图 6.9　大数据属性及相应解决算法

1）规模

每天上传到 Facebook、Twitter 和其他在线平台的数据以百万计，Akamai 每天进行 750 万事件的在线分析，沃尔玛每小时处理 100 万的客户交易……这些呈指数级增长的在线数据只是大数据来源的一部分。

如此庞大规模的数据可以使用受生物启发的计算智能技术来处理。基于大规模数据训练的神经网络模型可提供海量数据的并行计算框架。针对高维数据的降维问题，模拟退火和禁忌搜索等方法提供了很好的理论和思路。此外，支持向量机在解决高维数据的分类问题时，具有其他传统机器学习分类方法不可比拟的优势。

2）速度

大数据时代，需要对快速的数据流进行实时处理。每一分钟，数以万计的数据如洪水般在线上传或下载，对数据分析结果的实时性迫切需要新一代智能算法。

神经网络可以处理流数据，而并不需要存储所有的数据。这也就意味着，这种在线和增量式的学习算法可作为实时数据流的处理范式。

大数据可以通过由蚁群、粒群及其他一系列优化算法组成的群体智能（swarm intelligence，SI）进行实时的优化分析。例如，粒群优化提供了一个针对巨大的问题空间域的分析和搜索,以便快速进行决策活动。

3) 种类

结构化和非结构化数据,其中包括博客、图像、音频和视频是大数据的一部分。在早期,公司只能够处理单一的数据格式,但如今大数据提供了一个包含所有数据的平台。

各种不同的计算智能技术,如群体智能可以用于处理多种类型的数据。也可以通过使用神经网络、模糊决策树等方法进行多类型的数据挖掘。

4) 变化性

大数据技术要求处理数据的变化和不确定性,用来预测未来的企业或客户的各种行为。基本上,数据的含义也是不断变化的,这就需要近似人类处理不确定性能力的算法。

模糊逻辑模拟人脑在不精确状态下的近似推理能力,可以有效应对大数据的不确定性。

采用结构风险最小化原则的支持向量机,具有很好的泛化能力及鲁棒性,也可以很好地适用于变化的数据集。

5) 准确性

为了保证大数据的准确性,需要解决数据以及数据分析结果的信任度和不确定性问题,开发确保数据的潜在价值的各种安全性算法及工具。这包含自动决策模型、基于反馈数据的无监督学习算法和模块化设计技术。这些技术保证了数据的真实性、可用性和准确性。此外,进化计算等方法也为噪声及不完整数据集的优化提供了思路。

6) 复杂性

数据来自于多个来源,很难实现连接、匹配、清洗和跨系统的数据转换。计算智能可对数据进行解释,保证数据的可读性和可访问性。

计算智能中的各种优化算法(如进化计算)可实现复杂数据的预处理及转换,为数据分析提供基础的支撑。

基于模糊集理论的软划分(如模糊聚类)也为处理数据样本中的模糊性和复杂性提供了方法论。

7) 价值

大数据的价值是巨大的,可用于情绪分析、预测和建议。数据是海量的和迅速的,当没有对嘈杂、混乱和快速变化的数据进行适当的分析和提取时,大数据便失去了它的价值。因此,开发计算智能混合算法具有较少的时间和更优的效果,将其应用到大数据领域,便于发现知识、挖掘价值并实现利益最大化。本书重点讨论了模糊逻辑和神经网络的混合模型,其他分支的混合算法是未来大数据及 CI 的主要研究热点和方向。

　　本书对于计算智能及其分支算法计算本质进行了探讨,研究了大数据获取、存储、分析及处理等不同层次的问题,并给出了对应的解决方案和算法理论,由于时间有限,其中部分方法有待进一步实验论证。

　　本书的内容及中心思想旨在讨论大数据给计算智能技术带来的机遇及希望,以及点燃计算智能作为解决大数据问题主要处理手段的研究激情。

参 考 文 献

[1] 黄冠乔. 你从未见过的宇宙[J]. 新发现, 2012 (10): 46-53.

[2] Neale M. No Maps for These Territories[M]. UK: Reel23, 2006.

[3] Testart-Vaillant P, Bettayeb K. La lecture change, nos cerveaux aussi: e—book, Internet, smartphone [J]. Science et Vie, 2009, 1104: 42-57.

[4] Bǎdicǎ A, Bǎdicǎ C, Brezovan M. FSP Modeling of a Generic Distributed Swarm Computing Framework [M]. Intelligent Distributed Computing IX. UK: Springer International Publishing, 2016.

[5] 李国杰, 等. 中国大数据技术与产业发展白皮书[M]. 2014.

[6] 李国杰. 大数据研究的科学价值[J]. 中国计算机学会通讯, 2012, 8(9): 8-15.

[7] Chatterjee P. Big data: The greater good or invasionof privacy? [EB/OL]https://www.theguardian.com/commentisfree/2013/mar/12/big-data-greater-good-privacy-invasion.

[8] Lohr S. Big data is opening doors, but maybe too many[EB/OL]. http://www.realclearpolitics.com/2013/03/24/big_data_is_opening_doors_but_maybe_too_many_304499.html.

[9] Cox M, Ellsworth D. Application-controlled demand paging for out-of-core visualization[C] // Proceedings of the 8th conference on Visualization'97. IEEE Computer Society Press, 1997: 235-244.

[10] Laney D. 3D data management: Controlling data volume, velocity and variety[J]. META Group Research Note, 2001, 6: 70.

[11] Bryant R, Katz R H, Lazowska E D. Big-data computing: Creating revolutionary breakthroughs in commerce, science and society[R]. US: Comput. Commun. Consortium (CCC), 2008:1-15.

[12] NIST Big Data Working Group (NBD-WG)[EB/OL]. Big Data Information. http://www.nist.gov/itl/bigdata/bigdatainfo.cfm.

[13] Beyer M A, Laney D. The Importance of Big Data: A definition[M]. Stamford, CT: Gartner, 2012: 2014-2018.

[14] IBM. What is big data? -Bringing big data to theenterprise[EB/OL]. http://www-01.ibm.com/software/data/bigdata.

[15] Dijcks J P. Oracle: Big data for the enterprise[R]. Oracle White Paper, 2012.

[16] Manyika J, Chui M, Brown B, et al. Big data: The next frontier for innovation, competition and productivity. http://www.mckinsey.com/bussiness-functions/bussiness-technology/our-insights/big-data-the-next-frontier-for-innovation,2011.

[17] Intel. Peer research on big data analysis[EB/OL]. http://www.intel.co.za/content/www/za/en/big-data/data-insights-peer-research-report.html.

[18] The big bang: How the big data explosion is changing the world[EB/OL]. http://blogs.msdn.com/b/microsoftenterpriseinsight/archive/2013/04/15/big-bang-how-the-big-data-explosion-is-changing-the-world.aspx.

[19] Google. Google Trends for Big Data[DB]. 2013.

[20] Smolan R. The human face of big data[M]. US:Radio Adelaide, 2013.

[21] 赵国栋. 大数据思维[J]. 中国经济和信息化, 2014 (15): 88-90.

[22] 杜小勇, 陈峻, 陈跃国. 大数据探索式搜索研究[J]. 通信学报, 2015, 36(12):77-88.

[23] Newton I. Axioms or laws of motion[J]. The Mathematical Principles of Natural Philosophy, 1729, 1: 19.

[24] Sommerfeld A, Heisenberg W. Eine bemerkung über relativistische röntgendubletts und linienschärfe

［J］. Zeitschrift Für Physik A Hadrons & Nuclei, 1922, 10(1):393-398.

［25］樊文飞，怀进鹏. Querying big data: Bridging theory and practice［J］. Journal of Computer Science & technology, 2014, 29(5):849-869.

［26］王元卓，靳小龙，程学旗. 网络大数据:现状与展望［J］. 计算机学报, 2013, 36(06):1125-1138.

［27］李德毅. 大数据挖掘与价值发现［J］. 中国科技奖励, 2014(9):31-33.

［28］Barabási A L. Bursts: The Hidden Patterns Behind Everything We Do, From Your E-mail to Bloody Crusades［M］. New York: Penguin, 2010.

［29］Maclennan T. Moneyball: The art of winning an unfair game［J］. Journal of Popular Culture, 2005, 38 (4):780-781.

［30］邬贺铨. 大数据时代的机遇与挑战［J］. 求是, 2013(04):9-10.

［31］李国杰，程学旗. 大数据研究:未来科技及经济社会发展的重大战略领域——大数据的研究现状与科学思考［J］. 中国科学院院刊, 2012, 27(06):647-657.

［32］北大哲学系. 古希腊罗马哲学［M］. 北京:商务印书馆,1982:292.

［33］北大哲学系. 古希腊罗马哲学［M］. 北京:商务印书馆,1982:249.

［34］邓仁娥. 马克思恩格斯选集［M］. 北京:人民出版社,1998.

［35］许良英，范岱年. 爱因斯坦文集［M］. 北京:商务印书馆,1976:302.

［36］罗素. 西方哲学史［M］. 北京:商务印书馆,1976:196.

［37］罗素. 人类的知识［M］. 北京:商务印书馆,1983:370.

［38］Russell B. On the notion of cause［C］// Proceedings of the Aristotelian society. Reprinting in Readings in Philosophy of Science. Appleton-Century-Corfts, 1912:387-396.

［39］Mayer-Schnberger V, Cukier K. Big Data: A Revolution That Will Transform How We Live, Work and Think［M］. New York: Houghton Mifflin Harcourt, 2014.

［40］James W. What is an emotion? ［J］. Mind, 1884 (34): 188-205.

［41］Lange C G. The mechanism of the emotions［J］. The Emotions. Williams & Wilkins, 1885, 1:33~92.

［42］James W. The Principles of Psychology［M］. New York: Dover Publications, 1950.

［43］Gantz J, Reinsel D. The digital universe in 2020: Big data, bigger digital shadows and biggest growth in the far east［R］. 2012.

［44］Hey T, Tansley S, Tolle K. The fourth paradigm: Data-intensive scientific discovery［J］. General Collection, 2009, 317(8):1.

［45］胡毅. 大数据的特征、价值及在政府中的应用［C］// 第十七次全国统计科学讨论会，2013.

［46］Silver N. The Signal and the Noise: The Art and Science of Prediction［M］. UK: Penguin, 2012.

［47］Ginsberg J, Mohebbi M H, Patel R S, et al. Detecting influenza epidemics using search engine query data. ［J］. Nature, 2009, 457(7232):1012-1014.

［48］Preis T, Moat H S, Stanley H E. Quantifying trading behavior in financial markets using Google Trends［J］. Scientific Reports, 2013, 3(7446):542

［49］Chen M, Mao S, Zhang Y, et al. Big Data［M］. UK: Springer International Publishing, 2014.

［50］Liu X. Intelligent data analysis: Issues and challenges［J］. Knowledge Engineering Review, 1996, 11 (4):365-371.

［51］Berry M, Linoff G. Mastering data mining: The art and science of customer relationship management ［J］. Industrial Management & Data Systems, 2013, 100(5):245-246.

［52］Wahab M H A, Mohd M N H, Hanafi H F, et al. Data pre-processing on web server logs for generalized association rules mining algorithm[C]// Proceedings of World Academy of Science Engineering &. Technology, 2008:970.

[53] Nanopoulos A, Manolopoulos Y, Zakrzewicz M, et al. Indexing web access-logs for pattern queries[C] // International Workshop on Web Information and Data Management, 2002:63-68.

[54] Joshi K P, Joshi A, Yesha Y. On using a warehouse to analyze web logs[J]. Distributed &. Parallel Databases, 2003, 13(2):161-180.

[55] Selavo L, Wood A, Cao Q, et al. LUSTER: Wireless sensor network for environmental research[C]// International Conference on Embedded Networked Sensor Systems, Sydney, Nsw, 2007:103-116.

[56] Barrenetxea G, Ingelrest F, Schaefer G, et al. SensorScope: Out-of-the-box environmental monitoring [C]// International Conference on Information Processing in Sensor Networks. IEEE, 2008:332-343.

[57] Cho J, Garcia-Molina H. Parallel crawlers[C]// Proceedings of the 11th International Conference on World Wide Web ACM, 2002:124-135.

[58] Ghani N, Dixit S, Wang T S. On IP-over-WDM integration[J]. IEEE Communications Magazine, 2000, 38(3):72-84.

[59] Manchester J, Anderson J, Doshi B, et al. IP over SONET[J]. IEEE Communications Magazine, 1998, 36(5):136-142.

[60] Armstrong J. OFDM for optical communications[J]. Journal of Lightwave Technology, 2009, 27(3): 189-204.

[61] Shieh W. OFDM for flexible high-speed optical networks[J]. Journal of Lightwave Technology, 2011, 29(10):1560-1577.

[62] Barroso L A, Hölzle U. The datacenter as a computer: An introduction to the design of warehouse-scale machines[J]. Synthesis Lectures on Computer Architecture, 2009, 8(3):1-154.

[63] Guo C, Lu G, Li D, et al. BCube: A high performance, server-centric network architecture for modular data centers[J]. ACM SIGCOMM Computer Communication Review, 2009, 39(4):63-74.

[64] Farrington N, Porter G, Radhakrishnan S, et al. Helios: A hybrid electrical/optical switch architecture for modular data centers[J]. ACM SIGCOMM Computer Communication Review, 2010, 41(4): 339-350.

[65] Abu-Libdeh H, Costa P, Rowstron A, et al. Symbiotic routing in future data centers[J]. ACM SIGCOMM Computer Communication Review, 2010, 40(4):51-62.

[66] Ye X, Yin Y, Yoo S J B, et al. DOS-A scalable optical switch for datacenters[C]// ACM/IEEE Symposium on Architecture for Networking and Communications Systems, ANCS 2010, San Diego, California, 2010:1-12.

[67] Liboiron-Ladouceur O, Cerutti I, Raponi P G, et al. Energy-efficient design of a scalable optical multiplane interconnection architecture[J]. IEEE Journal of Selected Topics in Quantum Electronics, 2011, 17(2):377-383.

[68] Zhou X, Zhang Z, Zhu Y, et al. Mirror mirror on the ceiling: Flexible wireless links for data centers [J]. ACM SIGCOMM Computer Communication Review, 2012, 42(4):443-454.

[69] Cafarella M J, Halevy A, Khoussainova N. Data integration for the relational web[C]// Proceedings of the VLDB Endowment, 2009, 2(1):1090-1101.

[70] Maletic J I, Marcus A. Data Cleansing: Beyond Integrity Analysis[C]// MIT Conference on Information Quality, 2000:200-209.

[71] Tsai T H, Lin C Y. Exploring contextual redundancy in improving object-based video coding for video sensor networks surveillance[J]. IEEE Transactions on Multimedia, 2012, 14(3): 669-682.

[72] Sarawagi S, Bhamidipaty A. Interactive deduplication using active learning[C]// Eighth ACM SIGKDD International Conference on Knowledge Discovery and Data Mining, 2002: 269-278.

[73] Gaonkar P E, Bojewar S D. A survey: Data storage technologies[J]. International Journal of Engineering Science and Innovative Technology (IJESIT), 2013, 2: 547-554.

[74] Chirillo J, Blaul S. Storage Security: Protecting, SANs, NAS and DAS[M]. New York: John Wiley & Sons Ltd, 2003.

[75] Han J, Haihong E, Le G, et al. Survey on NoSQL database[C]// Pervasive Computing and Applications (ICPCA), 2011 6th International Conference on. IEEE, 2011: 363-366.

[76] Ron A, Shulmanpeleg A, Puzanov A. Analysis and mitigation of NoSQL injections[J]. IEEE Security & Privacy Magazine, 2016, 14(2): 30-39.

[77] 程旭, 芮超楠, 赵彦春. 云计算与云数据管理技术研究[J]. 无线互联科技, 2016(5): 133-134.

[78] 阮秋琦. 数字图像处理学[M]. 北京: 电子工业出版社, 2001: 235-237.

[79] Skodras A, Christopoulos C, Ebrahimi T. The JPEG 2000 still image compression standard[J]. IEEE Signal Processing Magazine, 2010, 18(5): 36-58.

[80] Usevitch B E. A tutorial on modern lossy wavelet image compression: Foundations of JPEG 2000[J]. IEEE Signal Processing Magazine, 2001, 18(5): 22-35.

[81] Linde Y, Buzo A, Gray R M. An algorithm for vector quantizer design[J]. IEEE Transactions on Communications, 1980, 28(1): 84-95.

[82] Ceri S, Bozzon A, Brambilla M, et al. An Introduction to Information Retrieval[M]. Cambriage: Cambridge University Press, 2013: 1-24.

[83] Berger A, Lafferty J. Information retrieval as statistical translation[C]// International ACM SIGIR Conference on Research and Development in Information Retrieval, 1999: 222-229.

[84] Sreeja P S, Mahalakshmi G S. Comparison of probabilistic corpus based method and vector space model for emotion recognition from poems[J]. Asian Journal of Information Technology, 2016, 15(5): 908-915.

[85] Xu H, Zeng W, Gui J, et al. Exploring similarity between academic paper and patent based on latent semantic analysis and vector space model[C]// International Conference on Fuzzy Systems and Knowledge Discovery. IEEE, 2015.

[86] Baraniuk R G, Cevher V, Wakin M B. Low-dimensional models for dimensionality reduction and signal recovery: A geometric perspective[J]. Proceedings of the IEEE, 2010, 98(6): 959-971.

[87] Bengio Y, Delalleau O, Roux N L, et al. Spectral dimensionality reduction[J]. Studies in Fuzziness & Soft Computing, 2004, 207(2004s-27): 519-550.

[88] Fayyad U, Piatetsky-Shapiro G, Smyth P. From data mining to knowledge discovery in databases[J]. Ai Magazine, 1996, 17(3): 37-54.

[89] Fayyad U, Piatetsky-Shapiro G, Smyth P. Knowledge discovery and data mining: Towards a unifying framework[J]. Shapiro, 2010: 82-88.

[90] Fayyad U M, Smyth P, Uthurusamy R, et al. Advances in Knowledge Discovery and Data Mining[M]. Menlo Park, CA: American Association for Artificial Intelligence, 1996.

[91] Fayyad U M. Data mining and knowledge discovery: Making sense out of data[J]. IEEE Expert Intelli-

gent Systems & Their Applications, 1996, 11(5):20-25.

[92] Fayyad U, Piatetsky-Shapiro G, Smyth P. The KDD process for extracting useful knowledge from volumes of data[J]. Communications of the ACM, 1996, 39(11):27-34.

[93] Berry M J, Linoff G. Data mining techniques: For Marketing, Sales and Customer Support[M]. New York: John Wiley & Sons, Inc, 1997.

[94] Bradley P S, Fayyad U M, Mangasarian O L. Mathematical programming for data mining: Formulations and challenges[J]. Informs Journal on Computing, 1999, 11(3):217-238.

[95] Chapman P, Clinton J, Kerber R, et al. Crisp-Dm 1. 0[R]. The CRISP - DM Consortium, 2000.

[96] Yang Q, Wu X. 10 Challenging problems in data mining research[J]. International Journal of Information Technology & Decision Making, 2006, 5(4):597-604.

[97] Jaseena K U, David J M. Issues, Challenges and solutions: Big data mining[C]// International Conference on Networks & Communications, 2014:131-140.

[98] Kumar A, Tyagi A K, Tyagi S K. Data mining: Various issues and challenges for future a short discussion on data mining issues for future work[J]. International Journal of Emerging Technology and Advanced Engineering, 2014, 4(1).

[99] Rao K V, Govardhan A, Rao K V C. Spatiotemporal data mining: Issues, tasks and applications[J]. International Journal of Computer Science & Engineering Survey, 2012, 3(1):39-52.

[100] Wirth R, Shearer C, Grimmer U, et al. Towards process-oriented tool support for KDD[M]. Berlin Heidelberg: Springer-Verlag, 1997:243-253.

[101] Agrawal R. Mining association rules between sets of items in large databases[J]. ACM Sigmod Record, 1993, 22(2):207-216.

[102] Shapiro G P, Matheus C J. The interestingness of deviations[C]// Proceedings of the AAAI-94 Workshop on Knowledge Discovery in Databases, 1994, 1:25-36.

[103] Mirzai A R. Artificial Intelligence: Concepts and Applications in Engineering[M]. Cambridge, MA: MIT Press, 1990.

[104] Winston P H. Artificial Intelligence[M]. MA: Addsion-Wesley, 1992.

[105] Simon H A. Some further notes on a class of skew distribution functions[J]. Information and Control, 1960, 3(1): 80-88.

[106] Minsky M. Society of Mind[M]. New York: Simon & Schuster, 1986.

[107] Barr A, Feigenbaum E A. Handbook of Artificial Intelligence[M]. CA:William Kaufmann Inc, 1981.

[108] Nilsson N J. Problem Solving Methods in Artificial Intelligence[M]. New York: McGraw Hill book Company, 1971.

[109] Dean T, Allen J, Aloimonos Y. Artificial Intelligence: Theory and Practice[M]. Beijing: Pearson Education North Asia and Publishing House of Electronics Industry, 2003.

[110] Nilsson N J. Artificial Intelligence: A New Synthesis[M]. MA:Morgan Kaufman, 1998.

[111] McLeod J R. Management information systems[J]. Science Research Associates, 1983: 574-576.

[112] Rich E, Knight K. Artificial Intelligence: A Modern Approach [M]. New York : MCGraw-Hill, 1991.

[113] Waldrop M M. Man-made Minds: The Promise of Artificial Intelligence [M]. New York: Walker, 1987.

[114] Caelli T, Guan L, Wen W. Modularity in neural computing[J]. Proceedings of the IEEE September,

1999, 87(9):1497-1518.

[115] Chellapilla K, Fogel D B. Evolution, neural networks, games and intelligence[J]. Proceedings of the IEEE September, 1999, 87(9):1471-1496.

[116] Newell A, Simon H A. Computer science as empirical inquiry: Symbols and search[J]. Communications of ACM, 1976, 19(3):113-126.

[117] Waterman D A. A Guide to Expert Systems[M]. MA: Addison-Wesley, 1986.

[118] Hutton R J B, Klein G. Expert decision making[J]. Systems Engineering, 1999, 2(1): 32-45.

[119] Linkens D A, Chen M. Expert control systems concepts, characteristics and issues[J]. Engng Applic. Artif. Intell. , 1995, 8(4): 413-421.

[120] Rumelhart D E, Hinton G E, Williams R J. Learning internal representations by error propagation [J]. Parallel Distributed Processing: Explorations in the Microstructure of Cognition, 1986, 1: 318-362.

[121] Pedrycz W, Peters J F. Computational intelligence in software engineering[J]. Computer Standards & Interfaces, 1999, 21(2): 180.

[122] Yager R R. Fuzzy modeling for intelligent decision making under uncertainty[J]. IEEE Transactions on Systems, M and Cybernetics-Part B: Cybernetics, 2000, 30(1):60-70.

[123] Bezdek J C. What is computational intelligence? [R]. USDOE Pittsburgh Energy Technology Center, PA (United States); Oregon State Univ. , Corvallis, OR (United States). Dept. of Computer Science; Naval Research Lab. , Washington, DC (United States); Electric Power Research Inst. , Palo Alto, CA (United States); Bureau of Mines, Washington, DC (United States), 1994.

[124] Lotfi A Z. Applied soft computing foreword[J]. Applied Soft Computing, 2001, 1:1-2.

[125] Lotfi A Z. A note on web intelligence, world knowledge and fuzzy logic[J]. Data & Knowledge Engineering, 2004, 50: 291-304.

[126] Lotfi A Z. The roles of soft computing and fuzzy logic in the conception, design and deployment of intelligent system[C]// Proceedings of IEEE Asia PMFC Confmence on Circuits and Systems'96, Seoul, 1996: 3-4.

[127] Takagi H. Interactive evolutionary computation: Fusion of the capabilities of ec optimization and human evaluation[C]// Proceedings of the IEEE September, 2001, 89(9): 1275-1296.

[128] Jang J S R, Sun C T. Neuro-fuzzy modeling and control[C]// Proceedings of the IEEE, 1995, 83(3): 378-406.

[129] Bezdek J C. On the Relationship between neural networks, pattern recognition and intelligence[J]. The International Journal of Approximate Reasoning, 1992, 6: 85-107.

[130] Marks R. Computational versus artificial[J]. IEEE Transactions on Neural Networks, 1993, 4(5): 737-739.

[131] Eberhart R, Simpson P, Dobbins R. Computational Intelligence PC Tools[M]. Boston: Academic Press, 1996.

[132] Eberhart R C. Computational intelligence: A snapshot[C]// Computational Intelligence-A Dynamic System Perspective Piscataway, 1995: 9-15.

[133] Fogel D B. Review of computational intelligence: Imitating life[J]. IEEE Transactions on Neural Networks, 1995, 6(6):1562-1565.

[134] Poole D L Goebel R G, Mackworth A K. Computational Intelligence: A Logical Approach [M]. New

York: Oxford University Press, 1998.

[135] Lotfi A Z. Soft computing and fuzzy logic[J]. IEEE Software, 1994, 11(6): 48-56.

[136] Yager R R. Fuzzy logics and artificial intelligence[J]. Fuzzy Sets and Systems, 1997, 90(2): 193-198.

[137] Bonissone P P. Soft computing: The convergence of emerging reasoning technologies[J]. Soft Computing, 1997, 1(1):6-18.

[138] Duch W. What is Computational intelligence and what could it become? [R]. Department of Informatics, Nicolaus Copernicus University and School of Computer Engineering, Nanyang Technological University, 2007.

[139] Berenji H R. Computational intelligence and soft computing for space applications[J]. IEEE AES Systems Muguzine, 1996, 11(8):8-10.

[140] Bonissone P P. Soft computing systems: Commercial and industrial applications[C]// 1999 IEEE International Fuzzy Systems Conference Proceedings Seoul, Korea, 1999 2: 580-585.

[141] Sterritt R. Autonomic computing: the natural fusion of soft computing and hard computing[C]// Systems, Man and Cybernetics, 2003. IEEE International Conference on. IEEE, 2003, 5: 4754-4759.

[142] Jang J S, Sun C T, Mizutani E. Neuro-Fuzzy and Soft Computing: A Computational Approach to Learning and Machine Intelligence[M]. New Jersey:Prentice Hall, 1997.

[143] Craenen B C, Eiben A E. Computational Intelligence[M]. Vrije Universiteit Amsterdam:Faculty of Exact Sciences, 2002.

[144] Yager R R. On a Hierarchical Structure for Fuzzy Modeling and Control[J]. IEEE Transactions on Systems, Man and Cybernetics, 1993, 23(4): 1189-1197.

[145] Eberhart R C. Overview of Computational Intelligence[C]// Proceedings of the 20th Annual International Conference of the IEEE Engineering in Medicine and Biology Society, 1998, 3: 1125-1129.

[146] Bonarini A. Evolutionary learning, reinforcement learning, and fuzzy rules for knowledge acquisition in agent-based systems[C]// Proceedings of the IEEE september, 2001, 89(9):1334-1346.

[147] Hoffmann F. Evolutionary algorithms for fuzzy control system design[C]// Proceedings of the IEEE september, 2001, 89(9): 1318-1333.

[148] Eberhart R C, Kennedy J. A new optimizer using particle swarm theory[C]// Proceedings of 6th International Symposium On Mico Machine and Human Science, 1995, 1: 39-43.

[149] Clerc M, Kennedy J. The particle swarm explosion, stability and convergence in multidimensional complex space[J]. IEEE Transactions on Evolutionary Computation, 2002, 6(1): 58-73.

[150] Lotfi A Z. Fuzzy set[J]. Information and Control, 1965, 8: 338-353.

[151] Lotfi A Z. Generalized theory of uncertainty(GTU)-principal concepts and ideas[J]. Computational Statistics & Data Analysis, 2006, 51: 15-46.

[152] Lotfi A Z. Fuzzy sets as a basis for a theory of possibility[J]. Fuzzy Sets and Systems 100 Supplement, 1999:9-34.

[153] Lotfi A Z. Fuzzy logic as a basis for a theory of hierarchical definability(THD)[C]// Multiple-Valued Logic, 2003. Proceedings. 33rd International Symposium on. IEEE, 2003: 3-4.

[154] Langholz G, Margaliot M. Design and analysis of fuzzy schedulers using fuzzy Iyapunov synthesis[J]. Engineering Applications of Artificial Intelligence, 2001, 14:183-188.

[155] Lotfi A Z. Fuzzy logic[J]. IEEE Computer, 1988, 21(4): 83-93.

[156] Pedrycz W, de Oliveira J V. Optimization of fuzzy models[J]. IEEE Transactions on Systems, Man

and Cybernetics-Part B: Cybernetics, 1996, 26(4): 627-636.

[157] Pedrycz W, Lam P C F, Rocha A F. Distributed fuzzy system modeling[J]. IEEE Transactions on Systems, Man and Cybernetics, 1995, 25(5): 769-780.

[158] Lotfi A Z. Outline of a new approach to the analysis of complex systems and decision processes[J]. IEEE Transactions on Systems, Man and Cybernetics, 1973, 3(1): 28-44.

[159] Gupta M M. Fuzzy logic and fuzzy systems: Recent developments and future directions[C]// The Biennial Conference of the North American Fuzzy Information Processing Society, 1996: 155-159.

[160] McCulloch W S, Pitts W. A logical calculus of ideas immanent in nervous activity[J]. Bulletin of Mathematical Biophysics, 1943, 5:115-133.

[161] Rumelhart D E. The basic ideas in neural networks[J]. Communications of the ACM, 1994, 37(3): 87-92.

[162] Yao X. Evolving artificial neural networks[C]// Proceedings of the IEEE, 1999, 87(9):1423-1447.

[163] De Castro L N, Timmis J. Artificial Immune Systems: A New Computational Intelligence Approach [M]. London: Springer-Verlag, 2002.

[164] Kercel S W. Softer than soft computing[C]// IEEE International Workshop on Soft Computing in Industrial Applications. Binghamton University, New York, 2003:27-32.

[165] Chrysostomos D, Groumpos P P. Fuzzy cognitive maps: A soft computing technique for intelligent control[C]// Proceedings of the 15th IEEE International Symposium on Intelligent Control (ISIC 2000), Rio, Patras, 2000, 7: 8.

[166] Hwang C R. Simulated annealing: Theory and applications[J]. Acta Applicandae Mathematicae, 1988, 12(1): 108-111.

[167] Nielsen M A, Chuang I L. Quantum Computation and Quantum Information[M]. Cambridge: University Press, 2000.

[168] Yager R R. Implementing fuzzy logic controllers using a neural network framework[J]. Fuzzy Sets and Systems 100 Supplement, 1999:133-144.

[169] Mamdani E H, Assilian S. An experiment in linguistic synthesis with a fuzzy logic controller[J]. International Journal of Man-Machine Studies, 1975, 7 (1):1-13.

[170] Takagi H, Hayashi I. NN-driven fuzzy reasoning[J]. International Journal of Approximate Reasoning, 1991, 5(3): 191-212.

[171] Lin C T, Lee C S G. Neural-network-based fuzzy logic control and decision system[J]. IEEE Transactions on Computers, 1991, 40(12):1320-1336.

[172] Lin C T, Lee C S G. Reinforcement structure/parameter learning for an integrated fuzzy neural network[J]. IEEE Transactions on Fuzzy Systems, February 1994, 2(1): 46-63.

[173] Wang L X, Mendel J M. Back-propagation fuzzy systems as nonlinear dynamic system identifiers[C]// Proceedings of the IEEE International Conference on Fuzzy Systems, San Diego, 1992:1409-1418.

[174] Wang L X, Mendel J M. Fuzzy basis functions, universal approximation and orthogonal least-squares learning[J]. IEEE Transactions on Neural Networks, 1992, 3(5):807-814.

[175] Esragh F, Mamdani E H. A general approach to linguistic approximation[J]. International Journal of Man-Machine Studies, 1979, 11(4): 501-519.

[176] Mamdani E H. Application of fuzzy logic to approximate reasoning using linguistic synthesis[J]. IEEE Trans. Computers, 1977, 26(12): 1182-1191.

[177] Hoptield, J J. Neural networks and physical systems with emergent collective computational abilities [C]// Proceedings of the National Academy of Sciences, National Academy of Sciences, Washington, D. C. , 1982, 79(8):2554-2558.

[178] Mason S J. Feedback Theory: I. Some Properties of Signal Flow Graphs[J]. Proceedings of the Ire, 1953, 41(9): 1144-1156.

[179] Rumelhart D E, McClelland J L. Levels indeed! A response to broadbent[J]. Journal of Experimental Psychology: General, 1985, 114(2): 193-197.

[180] Jang J S, Sun C T, Mizutani E. Neuro-Fuzzy and Soft Computing: A Computational Approach to Learning and Machine Intelligence[M]. New Jersey:Prentice Hall, 1997.

[181] Sadek A W. Transportation research circular. artificial intelligence in transportation-information for application[R]. Artificial Intelligence and Advanced Computing Applications Committee, Transportation Research Board, 2007.

[182] Manual H C. Highway Capacity Manual[M]. Washington, D. C. Transportation Research Board of the National Academies of Science, 2000.

[183] Tang S, Wang F Y. A new measure for evaluating level of service for traffic operational systems[C]// Intelligent Transportation Systems, Proceedings. 2003 IEEE, 2003, 1: 130-135.

[184] Yang H, Bell M G H, Meng Q. Modeling the capacity and level of service of urban transportation networks[J]. Transportation Research Part B, 2000, 34: 255-275.

[185] Furuhashi T. Fusion of fuzzy/neuro/evolutionary computing for knowledge acquisition[J]. Proceedings of the IEEE, 2001, 89(9): 1266-1274.

[186] Eberhart R C, Kennedy J. A new optimizer using particle swarm theory[C]// Proceedings of the Sixth International Symposium on Micro Machine and Human Science, 1995, 1: 39-43.

[187] An S F, Liu K Q, Liu B, et al. Improved weighted fuzzy reasoning algorithm based on particle swarm optimization[C]// Proceedings of Sixth International Conference on Machine Learning and Cybernetics, Hong Kong, 2007: 1304-1308.

[188] Trelea I C. The particle swarm optimization algorithm: convergence analysis and parameter selection [J]. Information Processing Letters, 2003, 85(6):317-325.

[189] Lee C K,Lee G G. Information gain and divergence-based feature selection for machine learning-based text categorization[J]. Information Processing and Management,2006,42(1) : 155-165.

[190] Cai J, Song F. Maximum entropy modeling with feature selection for text categorization[C]// Asia Information Retrieval Symposium, Berlin Heidelberg, 2008: 549-554.

[191] Salton G, Buckley C. Term-weighting approaches in automatic text retrieval[J]. Information Processing & Management, 1988, 24(5):513-523.

[192] Kirkpatrick S, Gelatt C D, Vecchi M P. Optimization by Simulated Annealing[J]. Science,1983,220 (4598):671-680.

[193] Metropolis N, Rosenbluth A W, Rosenbluth M N, et al. Equation of state calculations by fast computing machines[J]. The Journal of Chemical Physics, 1953, 21(6): 1087-1092.

[194] Glover F. Future paths for integer programming and links to artificial intelligence[J]. Computers & Operations Research, 1986, 13(5): 533-549.

[195] Glover F. Tabu search-part I[J]. ORSA Journal on Computing, 1989, 1(3): 190-206.

[196] Glover F. Tabu search: A tutorial[J]. Interfaces, 1990, 20(4): 74-94.

[197] Cortes C, Vapnik V. Support-vector networks[J]. Machine Iearning, 1995, 20(3): 273-297.

[198] Schölkopf B, Simard P, Vapnik V, et al. Improving the accuracy and speed of support vector machines [J]. Advances in Neural Information Processing Systems, 1997, 9: 375-381.

[199] Smola A J, Schölkopf B. A tutorial on support vector regression[J]. Statistics and Computing, 2004, 14(3):199-222.

[200] Hartigan J A. Printer graphics for clustering[J]. Journal of Statistical Computation and Simulation, 1975, 4(3): 187-213.

[201] Hartigan J A, Wong M A. Algorithm AS 136: A K-means clustering algorithm[J]. Journal of the Royal Statistical Society. Series C (Applied Statistics), 1979, 28(1): 100-108.

[202] Bezdek J C, Ehrlich R, Full W. FCM: The fuzzy C-means clustering algorithm[J]. Computers & Geosciences, 1984, 10(2-3): 191-203.

[203] Bezdek J C. A convergence theorem for the fuzzy ISODATA clustering algorithms[J]. IEEE Trans. Pattern Anal. Mach. Intell. , 1980, 2(1): 1-8.

[204] Dunn J C. A fuzzy relative of the ISODATA process and its use in detecting compact well-separated clusters[J]. Journal of Cybernetics 1973, 3(3): 32-57.

[205] James C B. Pattern recognition with fuzzy objective function algorithms[M]. New York: Plenum Press, 1981.

[206] Taylor R C. An overview of the Hadoop/MapReduce/HBase framework and its current applications in bioinformatics[J]. BMC bioinformatics, 2016: 11.

[207] Wang W, Zhu K, Ying L, et al. MapTask scheduling in MapReduce with data locality: Throughput and heavy-traffic optimality[J]. IEEE/ACM Transactions on Networking, 2016, 24(1): 190-203.

[208] Contini T, Epinat B, Bouché N, et al. Deep MUSE observations in the HDFS-Morpho-kinematics of distant star-forming galaxies down to 108M⊙[J]. Astronomy & Astrophysics, 2016, 591: A49.

[209] Gu L, Li H. Memory or time: Performance evaluation for iterative operation on hadoop and spark[C] // High Performance Computing and Communications & 2013 IEEE International Conference on Embedded and Ubiquitous Computing (HPCC_EUC), 2013 IEEE 10th International Conference on, 2013: 721-727.

[210] Karau H, Konwinski A, Wendell P, et al. Learning Spark: Iightning-fast Big Data Analysis[M]. MA:O'Reilly Media, Inc. , 2015.

[211] Karau H. Fast Data Processing with Spark[M]. Birmingham, UK:Packt Publishing Ltd, 2013.

[212] Zaharia M, Chowdhury M, Das T, et al. Resilient distributed datasets: A fault-tolerant abstraction for in-memory cluster computing[C] // Proceedings of the 9th USENIX Conference on Networked Systems Design and Implementation, USENIX Association, 2012: 141-146.

[213] Harrison G. Next Generation Databases[M]. UK: Apress, 2015: 39-51.

[214] Sharma S, Shandilya R, Patnaik S, et al. Leading NoSQL models for handling big data: A brief review[J]. International Journal of Business Information Systems, 2016, 22(1): 1-25.

[215] Klein J, Gorton I, Ernst N, et al. Performance evaluation of NoSQL databases: A case study[C]// Proceedings of the 1st Workshop on Performance Analysis of Big Data Systems, 2015: 5-10.

[216] Lambeau B. NoSQL Databases: Why NoSQL, principles, overview: 9, 12, 13, 2016[J]. Consulté en mai, 2016.

[217] Mohamed M A, Altrafi O G, Ismail M O. Relational vs. NoSQI databases: A survey[J]. Internation-

al Journal of Computer and Information Technology, 2014, 3(03): 598-601.

[218] 周志华. AlphaGo 专题介绍[J]. 自动化学报, 2016, 42(5): 670.

[219] Silver D, Huang A, Maddison C J, et al. Mastering the game of Go with deep neural networks and tree search[J]. Nature, 2016, 529(7587): 484-489.

[220] Na T, Mukhopadhyay S. Speeding up convolutional neural network training with dynamic precision scaling and flexible multiplier-accumulator[C] // Proceedings of the 2016 International Symposium on Low Power Electronics and Design. ACM, 2016: 58-63.

[221] Ferrucci D, Brown E, Chu-Carroll J, et al. Building Watson: An overview of the DeepQA project[J]. Ai Magazine, 2010, 31(3):59-79.

[222] Wang C, Kalyanpur A, Fan J, et al. Relation extraction and scoring in DeepQA[J]. IBM Journal of Research & Development, 2012, 56(3, 4):339-350.

[223] Kalyanpur A, Patwardhan S, Boguraev B K, et al. Fact-based question decomposition in DeepQA[J]. IBM Journal of Research & Development, 2012, 56(3):13:1-13:11.

[224] Gondek D C, Lally A, Kalyanpur A, et al. A framework for merging and ranking of answers in Deep-QA[J]. IBM Journal of Research & Development, 2012, 56(3):399-410.

[225] 官建文, 刘振兴, 刘扬. 国内外主要互联网公司大数据布局与应用比较研究[J]. 中国传媒科技, 2012 (9):45-49.

[226] 马松. 解密京东大数据[J]. 软件和集成电路, 2016(6): 44-45.

[227] 陈尚义. 百度大数据应用与实践[J]. 大数据, 2015(1):97-107.

[228] Lynch C. Jim Gray's fourth paradigm and the construction of the scientific record[R]. 2009: 177-183.

[229] Yang Z, Tang K, Yao X. Large scale evolutionary optimization using cooperative coevolution[J]. Information Sciences, 2008, 178(15): 2985-2999.

[230] Ishibuchi H, Tsukamoto N, Nojima Y. Evolutionary many-objective optimization: A short review [C]. IEEE Congress on Evolutionary Computation, 2008: 2419-2426.

[231] Polikar R, Alippi C. Guest editorial learning in nonstationary and evolving environments[J]. IEEE Transactions on Neural Networks and Iearning Systems, 2014, 25(1): 9-11.

[232] Cambria E, White B, Durrani T S, et al. Computational intelligence for natural language processing [J]. IEEE Comput. Intell. Mag, 2014, 9(1):19-63.

[233] Cambria E, White B. Jumping NLP curves: A review of natural language processing research[J]. IEEE Computational Intelligence Magazine, 2014, 9(2): 48-57.

[234] Thomas S A, Jin Y. Reconstructing biological gene regulatory networks: Where optimization meets big data[J]. Evolutionary Intelligence, 2014, 7(1): 29-47.

[235] Huijse P, Estevez P A, Protopapas P, et al. Computational intelligence challenges and applications on large-scale astronomical time series databases[J]. IEEE Computational Intelligence Magazine, 2014, 9 (3): 27-39.

[236] Hinton G, Salakhutdinov R. Discovering binary codes for documents by learning deep generative models[J]. Topics. Cogn. Sci. , 2011, 3(1):74-91.

[237] Ranzato M A, Szummer M. Semi-supervised learning of compact document representations with deep networks[C] // Proceedings of the 25th International Conference on Machine Learning. ACM, 2008: 792-799.

[238] Li G, Zhu H, Cheng G, et al. Context-dependent deep neural networks for audio indexing of real-life

data[C]. Spoken Language Technology Workshop (SLT), 2012 IEEE, 2012: 143-148.

[239] Ghavami P K. An investigation of applications of artificial neural networks in medical prognostics[D] Washington DC: University of Washington, 2012.

[240] Glesner M, Pöchmüller W. An Overview of Neural Networks in VLSI[M]. London: Chapman & Hall, 1994.

[241] Bo Y, Xun W. Research on the performance of grid computing for distributed neural networks[J]. International Journal of Computer Science and Netwrok Security, 2006, 6(4): 179-187.

[242] Seiffert U. Artificial neural networks on massively parallel computer hardware[J]. Neurocomputing, 2004, 57: 135-150.

[243] Le Q V. Building high-level features using large scale unsupervised learning[C]// 2013 IEEE International Conference on Acoustics, Speech and Signal Processing, 2013: 8595-8598.

[244] Ekanayake J, Li H, Zhang B, et al. Twister: A runtime for iterative mapreduce[C]// Proceedings of the 19th ACM International Symposium on High Performance Distributed Computing, 2010: 810-818.

[245] Bu Y, Howe B, Balazinska M, et al. HaLoop: Efficient iterative data processing on large clusters[J]. Proceedings of the VLDB Endowment, 2010, 3(1-2): 285-296.

[246] Zaharia M, Chowdhury M, Das T, et al. Resilient distributed datasets: A fault-tolerant abstraction for in-memory cluster computing[C]// Proceedings of the 9th USENIX Conference on Networked Systems Design and Implementation, 2012: 2-16.

[247] Gu R, Shen F, Huang Y. A parallel computing platform for training large scale neural networks[C]// Big Data, 2013 IEEE International Conference on, 2013: 376-384.

[248] Janikow C Z. Fuzzy decision trees: Issues and methods[J]. IEEE Transactions on Systems, Man and Cybernetics, Part B (Cybernetics), 1998, 28(1): 1-14.

[249] Ramdani M. UNE approche floue pour traiter les valeurs numériques en apprentissage[J]. Journées Francophones d'apprentissage et d'explication des connaissances, 1992: 105.

[250] Weber R. Fuzzy-ID3: A class of methods for automatic knowledge acquisition[C]// The Second International Conference on Fuzzy Logic and Neural Networks, 1992: 265-268.

[251] Yuan Y, Shaw M J. Induction of fuzzy decision trees[J]. Fuzzy Sets and Systems, 1995, 69(2): 125-139.

[252] Lesot M J, Bouchon-Meunier B. Descriptive concept extraction with exceptions by hybrid clustering [C]// Fuzzy Systems, Proceeding of 2004 IEEE International Conference on, 2004, 1: 389-394.

[253] Rifqi M. Constructing prototypes from large databases[C]// International Conference on Information Processing and Management of Uncertainty in Knowledge-based Systems, 1996: 301-306.

[254] Zadeh L A. A note on prototype theory and fuzzy sets[J]. Cognition, 1982, 12(3): 291-297.

[255] Friedman M, Ming M, Kandel A. On the theory of typicality[J]. International Journal of Uncertainty, Fuzziness and Knowledge-based Systems, 1995, 3(2): 127-142.

[256] Rosch E, Mervis C B. Family resemblances: Studies in the internal structure of categories[J]. Cognitive psychology, 1975, 7(4): 573-605.

[257] Aroba J. Avances en la toma de decisiones en proyectos de desarrollo de software[D]. Seviua: University of Sevilla, 2003.